本书系马丁·克里格作品

克里格教授的作品还包括

《纳萨尼尔·瓦立池：哥本哈根和加尔各答之间的植物学家》

《茶的历史：种植、贸易与全球饮用文化》

Cover Photo: *Coffee Tree (Coffee arabica), Line engraving by H. Burgh,*
c. 1726, Contributed by Jean de la Roque.

一种浸透人类社会的嗜好品

杯中的咖啡

Kaffee

Geschichte eines Genussmittels

作者　〔德〕马丁·克里格

　　　　Martin Krieger

译者　汤博达

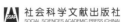

社会科学文献出版社

SOCIAL SCIENCES ACADEMIC PRESS (CHINA)

作者简介

马丁·克里格（Martin Krieger），克里斯蒂安阿尔布雷希特基尔大学（Christian-Albrechts-Universität zu Kiel）北欧历史系教授，持有该大学同名教席，研究方向为德国—丹麦关系、丹属印度史以及波罗的海文化史。他还是布劳出版社（Böhlau Verlag）"大陆历史（Geschichte der Kontinente）"丛书的编辑。

译者简介

汤博达，自由译者，毕业于首都师范大学，文艺学硕士，日常除翻译写作与编辑学术著作，尤爱阅读中国古籍和德意志古典哲学。

1. 咖啡树一枝，带花与果实（1776）

2. 欧洲的首张咖啡植株图绘（1592）

3. 《咖啡山峦》（也门），绘于布勒戈什与哈迪
（收录于卡斯滕·尼布尔的《阿拉伯记录》，哥本哈根，1774）

4. 帖哈麦地区，也门西部滨海山脉

5. 《端咖啡的伊斯法罕黑人女奴》
（科内利斯·德·布勒因绘，1714）

6. 《带调制室的土耳其咖啡馆》（迷你插图，16 世纪）

7. 流传最广的英国咖啡馆插画（1674）

8. 英国咖啡馆一景，一位绅士因激烈的辩论
而泼了对手一脸滚烫的咖啡

9. 1950 年代伦敦出现的第一家浓缩咖啡吧，
   吧内摩肩接踵、顾客盈门

10. 咖啡吧的成功秘诀：新潮的设计、宜人的装潢，
   还有与之相适的充满未来感的意式浓缩咖啡机

11. 《挤牛奶的妇女与蒸煮式咖啡壶》
（铜版画，约1800）

12. 《咖啡壶》（17 / 18 世纪）

13. 汉莎 - 劳埃德送货卡车（1930）

14. 咖啡样品品鉴室的工作人员（1975）

15. 德意志民主共和国的配给用混合咖啡

16. 1980 年代品类繁多的市售咖啡

17. 给烘焙后的咖啡豆降温

18. 西格弗里德·伦茨的《日德兰咖啡盛宴》插图
（克尔斯滕·莱因霍尔德绘）

19. 21世纪埃塞俄比亚卡法省的咖啡农

20. 2000年前后埃塞俄比亚卡法省分拣干燥咖啡豆的妇女

译者序

目前，咖啡已是人们最熟悉不过的嗜好品之一，相信阅读本书的绝大多数读者都曾品尝，甚至嗜瘾其中，无法自拔。但我们有否想过自己面前的这杯普普通通的黑色饮品究竟源自哪里？它是从何时开始为人所饮用，又是在哪些人的有意为之抑或机缘巧合下才出现在普罗大众的餐桌案头的？冲调这杯饮品的数十粒咖啡豆是在怎样的辛劳下种植而成，又是哪些加工才使其成为我们今日所饮用的样子？作者马丁·克里格（Martin Krieger）通过本书在一定程度上对这些问题进行了解答。

本书首先上承博物学传统，对咖啡植株的情态、性状作了较全面的介绍。克里格教授辅以绘画资料，在行文中穿插引用了大量早期欧洲旅行家的文字记录。因当时尚无照相技术，这些旅行家也多不具备学术背景，甚至并未亲见咖啡，仅凭罔信传言便作下了种种记录。他们的描摹往往似是而非，各执一词，却为文章增添了许多诙谐意趣。随着时代的发展，自19和20世纪之交以来，与咖啡及其文化现象有关的研究已变得愈发精准与科学。作者就此列举并详述了历史上不同地区、不同文化的咖啡种植、加工与调制方式，并由此将论述引入咖啡饮品的传播及这一过程所逐步构造出的文化意义乃至种种嬗变。与此同时，从植株到饮品，咖啡已逐步被现代社会认识并接受，因而我们可从时空两个维度来系统理解这种植物与人类社会已然割舍不断的联系。

作为北欧历史学教授，克里格先生曾在克里斯蒂安阿尔布雷希特基尔大学（Christian-Albrechts-Universität zu Kiel）学习中世纪史与近代史，并以丹麦全史和欧洲西北部国家的殖民扩张等为研究方向，因而在殖民史研究领域颇具建树，甚至还曾前往印度进行过多年的田野调查，并出版了《商人、海盗与外交官：丹麦在印度洋的贸易，1620~1868》[*Kaufleute, Seeräuber und Diplomaten. Der dänische Handel auf dem Indischen Ozean（1620-1868）*]、《茶的历史：种植、贸易与全球饮用文化》（*Geschichte des Tees: Anbau, Handel und globale Genusskulturen*）以及《欧洲人的坟场：17~19世纪的南印度》（*European Cemeteries in South India, 17th-19th Century*）等专著。回到本书，作者通过大航海时代以来欧洲对亚非拉地区的殖民活动，审视了咖啡产业及咖啡文化在全球化进程中的发展，进而以一部咖啡史不仅映见了殖民史较温和的一面，还勾勒出全世界打破藩篱、彼此交流，进而联为一体的经济文化历程。

　　诚如作者所述，本书是以欧洲人的视角书写的。毋庸讳言，在咖啡蔓延全球的过程中，欧洲人的嗜好与种种商业行为无疑起到了决定性的作用。可以说没有他们的经营，当今世界所熟知的绝大多数咖啡文化均无从谈起。因而某些欧洲人所特有的观察必能为与咖啡有关的历史叙事提供弥足珍贵的一环。如在谈及咖啡的起源时，克里格教授就写道："咖啡在很多人的印象中诞生于前东方地区，所以'阿拉比卡咖啡'实际上暗示着'最高级的咖啡品种'。鲜为人知的是，咖啡并非源自阿拉伯，而是源自非洲的原始森林。"此处的"前东方"即指"阿拉伯地区"，因为欧洲人早期接触到的咖啡皆来自那里，所以这种认识至今仍延续在许多人的脑海中——那里就是咖啡的故乡。但对于从20世纪中后期才开始逐渐接触咖啡的我国民众而言，这些小黑豆源自非洲可谓常识。这种差异虽然细微，却令人深感我们平日里的许多认知并非孤立的存在，而是文化和历史经验共同作用的结果。

此外，作者在叙述时自然而然地将欧洲视作一个整体，并在某种程度上将欧洲以外的地区视为"他者"。显而易见的是，本书会更多地谈及德意志的人、事、物，但当克氏谈论法兰西早期旅行家、英格兰教士和意大利修士的见闻经历，甚至论及尼德兰联合东印度公司的殖民行为时，他并不只是在冰冷地罗列历史记录，而更是在欧洲文化一体感的框架下转述邻人旅行归来后于街头巷尾畅谈的异乡趣闻。比如在述及法国旅行家德·诺伊尔（de Noïers）难抑美食之心而空口品尝生咖啡豆，并表示"味道相当糟糕，苦涩之极"时，作者的口吻既带戏谑又含亲昵，读来颇令人莞尔。

对于欧洲以外的地区，如在论及阿拉伯时，作者虽对其精致灿烂的文化多有溢美之词，却仍不能摆脱欧洲人对伊斯兰世界既具猎奇色彩又带警戒之意的惯性；当谈及美国时，作者在大加称赞其商业手段之余，又不免流露出一种颇含贵族意味的轻视与调侃；而在述及亚非拉等地的咖啡产区时，克里格教授尽管对以咖啡农为代表的贫苦人民饱含同情，却仍偶露符号化、公式化兼且政治正确的陈词滥调。

从文化批评的角度来看，作者的叙事或白璧有瑕，但其学术上以中庸正直意图行严谨周到考证，使著作不失客观自省；文学上以博览约取事例谋清淡婉转笔调，令文章颇堪雅致风流。更何况我们也不必强求欧洲的知识阶层脱离其生长环境，纯粹以被殖民者的心态讲述历史。那恐怕不仅沦于政治正确的窠臼，亦更是不顾人情的强人所难。若您能在阅读中以镜鉴之心观他山之石，凭异国学者的逻辑构思增长见闻，借不同文化的横生妙趣启迪心灵，则实为幸事。

▽

与过往的数百年一样，咖啡现在依然影响着整个世界的社会经济与文化生活。我国早在 19 世纪末就有法国传教士来到云南尝试种植咖啡；与此同时，华侨也曾将咖啡植株迁入海南。但此后的百年间，咖啡产业在中国几乎无从谈起，只有咖啡种植业曾在 20 世纪五六十年代因苏联和东欧国家的需求，以国营垦殖场的形式在云南、海南和广东等省份昙花一现。当时种植的咖啡以"铁皮卡变种（Typica-Varietät）"为主，兼有少量的"波旁变种（Bourbon-Varietät）"。所以 1980 年代以前，咖啡在我国实属少见，绝大多数的国民对其毫无兴趣或只略有耳闻，因此，所谓产业的培养与文化的发展更是天方夜谭。直到 1978 年迎来改革开放，普通民众才得以真正有机会频繁地饮用咖啡。与 15 世纪的阿拉伯地区及 18 世纪的欧洲一样，咖啡迅速席卷了开放之初活力四射的中国社会，征服了无数初尝商海潮味的中国民众。与在 16 世纪进入欧洲时有所不同，咖啡没有在中国的精英阶层中滞留太久，而是一出现便几近俘获了当时所有的城市阶层，不论学生、工人、知识分子还是个体户，无不被这种漆黑苦涩的魔力所引诱。以至宋丹丹与黄宏在 1991 年中央电视台元旦晚会上表演的喜剧小品《小保姆与小木匠》中便有一段颇堪玩味的与咖啡有关的情节。

小保姆　你喝，我天天都喝它。我跟你说，这玩意儿可怪了，晚上喝多了睡不着觉，白天不喝没精神，我天天都得喝，一天不喝都不行，作下病了。
小木匠　那，那，到底啥病啊？

小保姆 没啥病啊?

小木匠 没病喝这中药汤子干哈玩意儿?

小保姆 啥玩意儿,这叫"雀巢咖啡"。雀呢,就是麻雀那个雀,巢就是巢穴那个巢,就是鸟窝的那个意思。

小木匠 哦,怪不得一股鸟粪味儿呢。

以上情节在小品中虽只有短短的 30 秒,但信息十分丰富,足见咖啡已在 1990 年代初对中国人的生活产生了诸多影响。

首先是所谓的"侵占性味道(angeeigneten Geschmack)"。克里格教授在书中转述的这一概念,意指初尝咖啡者只觉苦涩难咽,规律饮用者则会逐渐适应味道并变得愈发敏感。这个情节印证了咖啡的这种特性:小保姆的城市生活为时尚浅,却已沾染了饮用咖啡的习惯,而未遭"侵占"的小木匠则无法品味,将其视同药汤鸟粪。

其次,人们消费咖啡并非在单纯地消费饮品,而更是在消费其文化上的价值。这正是本书的核心观点之一。在 18 世纪欧洲民众的眼中,咖啡象征着精英阶层优渥的生活状态,他们似乎可以通过消费它来实现文化上的阶级跃迁。类似的心态也存在于改革开放后的中国,略有不同的只是当时的民众普遍对舶来事物怀有崇拜,他们以咖啡为媒介所向往的是一种自我想象而精彩自由的"异域世界"。小保姆介绍咖啡时外露的骄傲更隐含着对小木匠狭窄眼界背后本土朴素生活的某种揶揄。

最后,"雀巢(Nescafé)"在当时的中国几已成了咖啡的代名词。在全球咖啡产业的发展中,雀巢公司确实有着浓墨重彩的一笔。作者不吝篇幅地在书中详尽介绍了其发展扩张与在"速溶咖啡革命"中的领军地位。此外,雀巢于咖啡文化走入中国也确实发挥了重要的作用。当时,率先打入中国市场的咖啡品牌其实是卡夫食品公司旗下的"麦斯威尔（Maxwell）"，其将目标受众定位在向往异国文化的知识分子阶层，进而针对高端市场打出了广告语"滴滴香浓，意犹未尽"。几年以后，姗姗来迟的雀巢公司经过市场调研，认为中国当年更具消费潜力的不是知识阶层，而是掘得第一桶金急于炫耀的所谓"个体户"。于是，雀巢迎合这一新兴群体推出了更为浅显易懂的广告语"味道好极了"，并通过电视媒体的轰炸式播放使其深入人心。对那一代的许多国人而言，这句广告语已成为无法磨灭的时代记忆，至今依然耳熟能详。最终，雀巢公司获得了巨大成功，一时间完全占领了中国的咖啡市场。虽然晚了半个多世纪，速溶咖啡革命的余波终究还是振荡东方，从而拉开了中国咖啡消费时代的帷幕。

时至今日，2020年代的我们对咖啡早就习以为常，越来越多的人不仅开始嗜饮它，更将其视为日常生活必不可少的组成部分。追根溯源，欧美国家在20世纪用近百年时间完成的一系列咖啡革命——1900年代"无因咖啡"的出现，1930年代"速溶咖啡"的发展，1950年代"浓缩咖啡"的流行，1970年代"连锁咖啡吧"的勃兴，以及始自1980年代随后席卷全球的"精品咖啡"浪潮——显然功莫大焉。而中国的咖啡业仅用了短短三十年就将这一进程全部走完。目前，在人口众多的大中城市里，琳琅满目的咖啡豆、咖啡粉、速溶咖啡和咖啡饮料已然摆满了超市的货架，而传统咖啡馆、连锁咖啡吧及以烹制"精品咖啡"为主的独立咖啡馆正在大街小巷里满足着不同消费者的需求。这颗其貌不扬的黑色小豆自非洲东北部出发，先抵中东，又至欧洲，再及美洲大陆与东南亚，最后终于来到中国生根发芽。至此，它完成了深潜人类文明海洋的壮举，在无数国度中刻下了不可磨灭的印记，征服了多少风流人物可望而不可即的疆域。

鲜为人知的是，咖啡还促成了历史上许多经典的诞生，无数大家都成了这种"侵占性"的俘虏，他们的创作也因之受益匪浅。在歌德眼中，咖啡是令人爱恨交缠又挥之不去的"黑色魔鬼"；巴尔扎克是否死于过量饮用咖啡虽未有公论，但其写作对咖啡的仰赖确是毋庸置疑；雨果更是常常光顾引领潮流的传奇店铺"普罗可布咖啡馆（Café Procope）"。译者自不能望诸贤项背，但从偶尔为之到嗜饮其中，与咖啡的渊源已有整整二十年……在工作中总会冲上一杯置于案头，虽只能亦步亦趋于大家前尘之后，仍盼分得最闪耀明星精神之余光，使我愚钝思绪稍沐清灵之风，以慰文海求索之苦。

在本书的翻译过程中，除社科译著的一般要求，考虑到中德文化的差异，经与编者商议，译者从两方面对括注与注文进行了增补。前者旨在解释说明，主要包括文中出现的专业术语（如"遗传距离"、"雨养农业"与"植物区系"）和与咖啡相关的各种知识（如"咖啡锈病"、"品鉴标准"与"马龙咖啡"）。后者旨在补充拓展，主要涉及具体事件的历史背景（如"奥地利王位继承战争"、"大陆封锁令"与"黄金的二十年代"）和跟社会科学有关的各种概念（如"民俗主义"、"苏非主义"与"短缺经济"）。

此外，原书在一些专有名词的表述上与中文习语差异较大，译者原则上已遵从通例进行翻译。如德语中的"Danaergeschenk"，直译是"达纳尔的礼物"，与中文中的"特洛伊木马"所指相同。其中，"达纳尔"是《荷马史诗》对希腊人的称谓之一。而在历史表述方面，"荷属东印度"一词在中文语境下则颇有歧义。"Niederländisch-Indien"是其德语表述，等同于荷兰语中的"Nederlands-Indië"，直译即"尼德兰属印度"，系 1816~1949 年尼德兰联合王国及其后的尼德兰王国在东南亚地区印度尼西亚群岛建立的殖民地。1810 年，拿破仑一世扶植的傀儡政权荷兰王国（Königreich Holland）被强行并入法兰西第一帝国。1815 年维也纳会议后，北尼德兰重获独立，并在奥兰治－拿骚王朝（Haus Oranien-Nassau）的统治下与南部诸省（südliche Niederlande，今比利时）和卢森堡大公国（Großherzogtum Luxemburg）联合，组建了"尼德兰联合王国（Vereinigtes Königreich der Niederlande）"。1830 年，比利时地区在革命后独立，尼德兰联合王国由此改称"尼德兰王国（Königreich der Niederlande）"并延续至今。所以在殖民印尼期间，"尼德兰"才是其官方名称，而非中文语境中讹误的"荷兰"。但考虑到国内读者的阅读习惯，本书中译本依然选取了"荷属东印度"的译法。至于书中提及的"尼德兰人设于印度洋地区的一家商馆"，则很有可能隶属于"荷属印度"，其在德语、荷兰语和英语中的具体表述分别为"Niederländische Besitzungen in Südasien"、"Nederlands Voor-Indië"以及"Dutch India"，与"荷属东印度"无关。

译者虽尽量尊重克里格教授科学、严谨、少加粉饰却自然风趣的文风，但囿于个人学识及中德语言逻辑上既存的巨大鸿沟，恐成文不能全如所期，幸有编者严肃苛求，令我尚能榻之心安。即便如此，书中想必仍有错漏不当之处，还望读者方家不吝赐教。

▷

接到翻译本书的邀约时，肆虐全球的新型冠状病毒大流行波澜未息，撼动国际局势的欧陆战端烽烟又起。对困顿于苦难中的民众而言，如昔日般啜饮咖啡骤然间已成为一种遥不可及又难以割舍的奢望。

　　乌克兰摄影记者叶甫金妮娅·别洛鲁谢茨（Yevgenia Belorusets）正是其中的一位。她坚持驻留基辅，用镜头和文字记录了阴影笼罩下普通市民残破不堪的生活。某一日，她久违地发现并步入了一家尚在营业的咖啡馆。叶甫金妮娅为自己在如此险恶的境遇下还能端起一杯普通的卡布奇诺而惊喜万分。咖啡豆的芳香、轻举杯盏的悠然以及饮下后瞬间闪现的清醒，于此时此刻似乎唤醒了一种仪式，忽然将她拉回了往日的世界，完成了一次微不足道却又至关重要的心理复归……

　　咖啡不仅仅是饮品，消费咖啡更是蕴含人们情感与认知的文化现象。在人类文明的进程中，正是无数像咖啡这样并非攸关生计却与日常生活息息相关的文化元素使人可以自别于其他动物，使人得以屡屡被证明为一切行为的目的而不能成为任何行为的工具，使人能够超越却不从属于战火的胁迫与禁锢的消磨。

汤博达

2022 年初夏于北京

目　录

Contents

前　言

咖啡几乎为每个德国人所习见，或至少是有所耳闻。然而，尽管这种饮品在日常生活中与人们朝夕相伴，却似乎仍有许许多多罕为人知的侧面。几个世纪以来，这些不起眼的含咖啡因的小豆子一直扮演着交通欧洲与海外文化的重要桥梁。咖啡究竟来自何方？又是如何从15世纪开始先传遍"前东方地区（Vorderer Orient）"①，再最终来到欧洲人的面前？而其蔓延伸根的历史时空对今天又具有何种意义？咖啡的历史向我们展现的不仅是这一世界性贸易品的自身历程，还有那些深受其影响的国家与文明的前尘过往。本书旨在邀请读者与我们一起了解咖啡深厚悠久的传统，但鉴于该主题涵盖广泛，我们在此也只能做到略举皮毛。

撰写一部书从来都不是一个人的课业，我们在基尔（Kiel）的团队为本书的最终完成作出了卓越的贡献。此外我还要感谢托比亚斯·德尔夫斯先生（Herr Tobias Delfs）坚实有据的改进与纠错建议，以及卡洛琳·格罗特女士（Frau Carolin Groth）精确详细的索引。布劳出版社（Böhlau Verlag）的工作同样令我钦佩，正是其稳健可靠的监督促成了本书的成功出版。布劳以极大的决心支持了我们的突发奇想，即在关于茶的书籍之后再写作一本以咖啡为题的作品。哈拉尔德·S. 利尔先生（Herr Harald S. Liehr）

---

① 这是一个较为宽泛的概念，指欧洲的东方，约等同于今日的中东及印度等地。除特别说明或指称方向外，本书的"东方"或"前东方"均指这一地区。（本书脚注均为译者注或编者注。除特殊情况外，后不再说明。）

自始至终都以无尽的耐心在知行两方面给予我莫大的帮助；勒内·法勒伊尔先生（Herr René Valjeur）则以其如炬慧眼对整体文本进行了细致入微的编校订正。

　　笔者还要特别感谢的是我亲爱的家人，正是他们再三给予我的宽容与自由使这本书的写作成为可能。①

马丁·克里格
2011 年 8 月于奥斯特比

---

　　①　本书中地图系原书插附地图。

第1章 杯中倒映的咖啡史

几乎没有任何一种饮品可以像咖啡一样烙印进我们的日常生
活，占据我们的每一天。它是早餐里的兴奋剂，是工作中的提神
药，是下午茶桌上的饮料，也是晚宴后锦上添花的一杯强效浓缩
咖啡。"喝咖啡"早已不只是口腹之欲的享受，已然成为一种社会
习俗。人们惯于相聚享受美味的咖啡，并在轻松自在的氛围下心
照不宣地尝试深入交流，拉近彼此间的距离。除了饮用，人们还
将对咖啡的热爱体现为高度发达的物质文化，比如祖母的咖啡磨、
名贵的瓷器、银制餐具、托盘和咖啡壶等。此外，在精神文化领
域亦不乏咖啡的身影，像维也纳咖啡馆音乐、巴赫的《咖啡康塔
塔》（*Kaffeekantate*）以及在小学音乐课上世代教授的谁都无法忘
却的"咖——啡——，别喝太多咖啡"①。厌倦了以政治正确的成见
审视这一"土耳其饮品（Türkentrank）"的读者可以去看看与我们

---

① 本句歌词出自卡尔·戈特利布·赫林（Carl Gottlieb Hering）于
19世纪创作的卡农曲《咖——啡——》（*C-a-f-f-e-e*）。该曲
旨在用简单的旋律教授儿童基础乐理，并在一段时期内成为
德国小学音乐课的必修内容。其流传较广的版本为："咖——
啡——，别喝太多咖啡！别让孩子们喝这种土耳其饮品，它
会削弱神经，使人苍白病弱。不要学离不开咖啡的穆斯林！
（C-a-f-f-e-e, trink nicht so viel Caffee! Nicht für Kinder ist
der Türkentrank, schwächt die Nerven, macht dich blass und
krank. Sei doch kein Muselmann, der ihn nicht lassen kann!）"
因后世指摘其颇含歧视意味，歌词亦被屡加删改。正文中"政
治正确的成见"即指此事。

同样热爱咖啡的北方邻居西格弗里德·伦茨（Siegfried Lenz）所著的《日德兰咖啡盛宴》（*Jütländischen Kaffeetafeln*）。

> 女主人坚持亲自为客人斟上浓烈的咖啡，谁的咖啡杯被斟满冒出热气，谁就会赶紧尝上一口。席间渐渐响起一阵似叹非叹的咕哝声。客人们陶醉地闭起眼睛，纷纷真诚赞颂这滑过喉咙的炙热恩惠。他们频频颔首，坦然皈依完美无缺的绝对真理：一杯出色的咖啡是世间最为美好的事物。[1]

在上述场景中，咖啡绝不只是一杯解渴的饮品。杯中蒸腾而起的热气提供了一种视觉体验，这如同烘焙咖啡豆所散发出的香味，激发着人们的口腹之欲。在伦茨笔下，咖啡成了对某种特定生活态度的隐喻，而在我们的日常生活中，其也常常如此。但有趣的是，我们对这种植物的来历以及这一饮品的漫长历史却近乎茫然无知。

当然，咖啡并非在所有的文学作品中都以消费品的形象出现。丹麦女作家卡琳·布里克森（Karen Blixen）长年生活在肯尼亚恩贡山（Ngong-Berge）的咖啡种植园中，她敏锐地捕捉到了那里独特的光景，并将其落于笔下。

> 有时，这里会变得格外迷人。雨季之初，咖啡种植园立于百花丛中，呈现一幅光亮的图景。阳光穿透洁白的云层照进雾霭，遍洒 600 摩根（Morgen）① 土地。咖啡花带有一种轻柔苦涩的香气，这种味道有点像黑刺李花

---

① 　系旧土地面积单位，1 摩根约合 3000 平方米。

（Schwarzdornblüte）。过不了多久，田野被成熟的咖啡樱桃①染红，孩子（Watoto，出自斯瓦希里语）和妇女会被男人带出家门，一起采摘树上的咖啡豆。²

卡琳·布里克森以种植园主式的浪漫美化了种植园生活。在她笔下，人们在这里与大自然和谐共处，而那些命途多舛的个体充其量不过是"民俗主义（Folklorismus）"②偏见下小题大做的特例。荷兰殖民地官员爱德华·道维斯·戴克尔（Eduard Douwes Dekker）以一种与前者截然不同的崭新视角将殖民地状况展现在读者面前，他化名"穆尔塔图里（Multatuli）"发表了划时代的小说《马格斯·哈弗拉尔》（*Max Havelaar*）。书中切齿痛斥了荷属东印度殖民地（今印度尼西亚）的剥削性生产体系，这在 19 世纪末的荷兰掀起轩然大波，终致作者流亡德国。³ 在书的末尾，穆尔塔图里疾声控诉荷兰殖民政府："好，好，一切都好！……**区区爪哇人遭受的虐待不值一提！**……还有，针对本书的反对声越响亮，我就越欢喜。那样便会有更多人听到我的疾呼，而这正如我所愿！"⁴

011

所以不论在哪个时代，人们喝咖啡时得到的享受都受到既有文化认知的限制，不能单纯地归因于这种植物。初尝咖啡者往往觉得它苦涩难咽，在习惯之前他们都会像孩童一般无法理解喝咖啡的乐趣。然而一旦他们开始规律性地消费和饮用咖啡，就会

---

① 成熟的咖啡果实呈红色，故别称"樱桃（Kirsche）"。
② 由慕尼黑民俗学家汉斯·莫泽尔（Hans Moser）于 1962 年在《我们这个时代的民俗主义》（*Vom Folklorismus in unserer Zeit*）一文中首次提及，意指依据二手材料讹传或使用其他民族民俗文化的种种现象。

逐渐适应味道并对其变得敏感。于是科学家提出了"侵占性味道（angeeigneten Geschmack）"的概念以描述这种特性。[5] 每天都有无数的个体在体验上述适应咖啡的过程，不仅如此，连我们的社会也经历了一段遭到咖啡日渐侵占的漫长进程。1600~1800 年，咖啡在欧洲成为消费品并逐渐占据了整个市场。也是从那时起，这颗小小的黑色豆子为我们开启了一扇崭新的通往精神世界的大门。当提到茶，我们会想起中国和印度，而提到咖啡，我们则会想起前东方地区，譬如港城摩卡（Mokka）和阿拉伯市集。这个地区就这样凭借咖啡首次将自己独特的异国风貌展现在世人面前。

咖啡的文化意义带来了深远的经济价值。其原产于热带及亚热带地区，却在温带地区有着主要的市场需求，这就使得咖啡豆成了一种最为重要的世界性贸易品。目前，全球上百个咖啡产地每年能产出逾 700 万吨咖啡豆，这些豆子都是穷人为富人种植的，这种生产方式招致了社会性不平等，固化了地区间发展水平的差距。约 500 年前成形的国际性咖啡市场自诞生之日起便对咖啡的产地与消费地的政治、经济和文化发展施加着持续影响，并且它们至今仍在延续。因此，我们可以说：一部咖啡史就是一部世界史。

鉴于相关问题的复杂性，如果要写一本有关咖啡的书，作者首先要保持多视角观察的立场。在消费者或鉴赏家看来，咖啡无疑是具有精神性和智识性的，但种植园主并不这么看，而雇工的态度又与前者完全不同。咖啡对消费者而言是至高的美味和生活质量的体现，对雇工而言则是微薄的生计所依。所以在写作本书时，笔者会尽量顾及全面，尽量涉及所有角度，遗憾的是，这种意图并未能在所有问题中一以贯之。就像不同的源头会流出不同的泉水，每位作者的立场也会决定各自作品所传达的态度与观点，因而本书概莫能外。由于笔者长在欧洲，所以下文的阐述大多出于欧洲人的立场，然而这绝不意味着我对咖啡产区伟大的生产工作持有一丝一毫的轻视。我也绝没有忘记，我们从咖啡中得到的享受是以产区局促的生活状况为代价的。

那么本书究竟讲了什么呢？在书中我们将穿越逾 500 年的岁月，游历数个地区，了解错综漫长的咖啡种植、贸易和消费史。我们期待通过此次旅程向读者阐明两点：其一，咖啡消费在很大程度上是一种文化消费。也许正是人们脑海中对咖啡的某些十分生动的具体联想才使咖啡贸易能在 17 世纪的世界范围内取得如此出乎意料的伟大成功。其二，咖啡具有广泛、深远且举足轻重的经济影响力。一杯黑咖啡涟漪闪烁的表面不仅映照出自身的历史，更映照出世界经济纠葛缠绕的关系网。涉及其间的除了咖啡种植者的生产效率，还有天候、微生物、战争、国家乃至时尚因素。

我们在第 2 章将首先讨论的是：何谓咖啡？咖啡通常以粉末状——或是磨碎的咖啡末，或是速溶的咖啡粉——呈现在世人面前。很少有人意识到咖啡豆也曾包裹在果实中生长于树枝上，更遑论它还要在树上生长一年才会成熟，而咖啡豆中的芳香物质则是在烘烤过程中逐渐形成的。我们同样不了解咖啡产区的具体情况，也无法想象不同品种的咖啡植株间存在着较大的"遗传距离（genetische Breite）"[①]。所以，讨论咖啡首先要了解咖啡植株在自然环境中的生存状态：它有着什么样的外观？果实是怎么生长的？

①　一种衡量不同物种或同一物种不同群体间遗传分化程度的指标。对某一基因来说，若两个物种或两个群体具有类似的等位基因且频率相似，则二者间的遗传距离较小，共同起源较近。

以及需要怎样的种植条件？

咖啡在很多人的印象中诞生于前东方地区，所以"阿拉比卡咖啡（Coffea arabica）"[1]实际上暗示着"最高级的咖啡品种"。鲜为人知的是，咖啡并非源自阿拉伯，而是源自非洲的原始森林。如第3章所述，在今埃塞俄比亚西南边缘的卡法省（Provinz Kaffa），人们种植和使用咖啡的历史可以追溯到15世纪甚至更早的时期。生物学家在那里发现了世界各产区中最具遗传多样性的咖啡植株，并且当地原住民至今仍保留着一种高度成熟的咖啡仪式。人们在很长一段历史时期内都认为卡法省的咖啡品质低劣，不具备市场竞争力。然而它在今天已然成为国际咖啡市场上人人艳羡的佳品。

咖啡成为世界性的热门奢侈品确实始自阿拉伯半岛，那里大面积种植咖啡大约始自16世纪。现在，我们已很难从众说纷纭的传说故事中辨别咖啡风行于世的确切起点，但正如第4章所述，我们可以确信到了"近代早期（Frühe Neuzeit）"[2]，也门西部滨海山脉一跃成为著名的咖啡产区。这里的咖啡豆先是进入西亚市场，而后行销欧洲。通过研究该时期欧洲旅行家的手记，我们得以在沟壑纵横且缀满孤立村庄的山脉中推定当时的咖啡种植状况，进而再现咖啡豆由此进入也门滨海平原以及港口村落的繁复路线。自17世纪末以来，越来越多的欧洲旅行家与商人逗留于此。比如来自德意志北部的旅行家卡斯滕·尼布尔（Carsten

---

[1] "arabica"在此处意指"阿拉伯"，因此"阿拉比卡咖啡"即指"阿拉伯咖啡"。

[2] 德语中的"Frühe Neuzeit"略同于英语学界在20世纪中期后常使用的"Early Modern"，但具体界定众说纷纭，并无定论。其大致始于中世纪末的15世纪后期，终于18和19世纪之交。

014

Niebuhr）在旅行阿拉伯的途中就曾到过这里的咖啡产区，虽然绝大多数欧洲旅行家并未像他一样亲临，但也能依据风闻不同程度地详尽描述产区的情景。

在欧洲咖啡消费群体形成之前，也门生产的咖啡豆主要供给北非和亚洲的伊斯兰地区以填补巨大的市场需求。如第 5 章所述，在摩卡、吉达（Djidda）、亚历山大（Alexandria）、伊斯坦布尔（Istanbul）和印度的苏拉特（Surat）等地，凭借咖啡提神早已蔚然成风。那里的人们不仅将咖啡豆磨碎冲饮，还会将干燥的咖啡果肉与内果皮混合熬制成"基什咖啡（kisher）"①。饮用咖啡在当时已成为一种社交方式，人们喜欢在著名的东方咖啡馆里品味咖啡，然而在时人眼中，这些咖啡馆也是做不道德之事的场所，比如卖淫和赌博。于是，这种消费方式很快就受到世俗权威和宗教机构的关注，一场辩论在伊斯兰教学者间展开，议题有二：其一，享用咖啡存在何种道德风险？当然，这些所谓的道德风险有些确实存在，有些仅是出于臆想。其二，享用咖啡与伊斯兰教信仰是否存在冲突？尽管如此，咖啡还是逐渐取代了在这里受到谩骂的酒精饮品从而进入了人们的日常生活。

在咖啡遍及西亚和黎凡特（Levante）② 很久以后，第一艘载着咖啡豆的帆船才绕过好望角抵达欧洲。16 和 17 世纪，咖啡在欧洲人的眼中是一种高价的药品，只有精英阶层才会在必要时少量服用。但是不久之后，咖啡植株就在欧洲的植物园里扎了根，并一跃成为宫廷中人人企盼的礼品，比如法王路易十四（Ludwig

015

---

①　即所谓的"咖啡果皮茶"，而常见的"cáscara"则源自西班牙语。
②　这是一个不甚精确的古代地理名称，通常认为是中东的托罗斯山脉以南、地中海东岸、阿拉伯沙漠以北和上美索不达米亚以西的一大片地区。

XIV）就曾非常喜爱它。第 6 章将重点介绍咖啡在欧洲的逐步渗透以及伴随该过程的一系列学术争论：咖啡的起源、咖啡对健康的影响以及咖啡对经济的影响等。18 世纪之初，欧洲的咖啡进口量持续稳定上升，咖啡走入了社会各阶层的日常生活，不断改变着人们的消费方式。就是从这时起，咖啡逐渐取代了早餐上传统的"啤酒汤（Biersuppe）"。尔后，随着启蒙运动的发展，人们的休闲意识日渐强化，咖啡更成为人们工作中小憩时间必不可少的组成部分。我们在流传至今的许多历史文献中可以发现，就是在这样的背景下，一种围绕咖啡的特殊物质文化已逐渐形成。

016

尽管咖啡日益深入人类的个人生活，但咖啡馆仍是与咖啡联系得最为紧密的场所，第 7 章就是对咖啡馆历史的一次探索。咖啡馆源自东方，17 世纪下半叶突然盛行于欧洲。将其引入欧洲的先驱是欧洲西北部的贸易巨头英格兰与尼德兰，德意志的中部和北部地区随后也有许多咖啡馆应运而生，吸引着越来越多的顾客。咖啡馆绝不仅是贩卖传奇黑色饮品的店铺，更是人们进行信息交换、社会交通与商业交流的场所。比如当时伦敦的劳埃德咖啡馆（Lloyd's Coffee House）后来就发展成为伦敦劳合社（Lloyd's of London）。现在，其已成为世界上首屈一指的保险交易所——这绝非一种偶然的现象。

到了 18 世纪，欧洲的几大东印度公司取得了前所未有的伟大成功。它们的航线由也门的摩卡直通伦敦、阿姆斯特丹和哥本哈根等地，美味的咖啡豆经此被高效地运抵欧洲，这使得来自地中海和黎凡特传统航线的咖啡豆在欧洲的西部、中部和北部地区变得愈发罕见。尽管如此，这些欧洲商人在也门收购咖啡豆的成本依然很高，并且苦于当地泛滥的腐败现象和裙带风气。在第 8

章中，基于此，一个完全符合重商主义精神的计划出现了：在热
带地区属于欧洲人的殖民地中培育咖啡。于是，欧洲人颇具阴谋
色彩地将尚可发芽的咖啡豆和咖啡植株走私出国门，然后再将它 017
们运到荷属东印度、南美及加勒比地区等地栽培。这些植株扎根
成长，郁郁繁衍，成了欧洲各国殖民地咖啡生产自给的基石。而
也门咖啡则于 18 世纪末随之逐渐丧失了在国际市场中的声誉和
地位。

　　到了 19 世纪，咖啡贸易在世界范围内取得了前所未有且
始料不及的伟大胜利。这时，昔日的红海咖啡大城摩卡早已阒
无人迹，化为荒凉的废墟。国际咖啡市场也在这时开始形成，
咖啡的价格将基于供求关系由生产者和消费者共同决定，贸易
公司的垄断野心宣告终结。咖啡的售价由此持续下跌直至几近
于人人都能消费得起。因此，第 9 章将主要介绍咖啡种植业在
上述背景下于殖民地及新生南美国家的蓬勃发展，它也成了帝
国主义时代生产、运输和消费全球化进程的一环。19 和 20 世
纪之交，德国凭借非洲殖民地成了咖啡的生产者，但仍无法与
其他强大的竞争者比肩。很快，铁路运输连通了咖啡种植地
与沿海港口，铁路运输业与当时繁荣于海上的轮船运输业使
运输成本大为降低。虽然种植地发生的危机，如"咖啡锈病
（Kaffeerost）"导致的歉收和世界大战曾在一段时期内减缓了咖
啡经济的全球性增长，但长期来看，什么也阻抑不了这种趋势。
第二次世界大战结束后，一批新的咖啡生产国涌现出来，比如
自那时开始兴起咖啡种植的越南，其目前已成为国际咖啡市场
上的一名主要生产者。

　　如第 10 章所述，咖啡的销售发生了量变，现出史无前例的繁
荣景象；咖啡的意义发生了质变，在消费国掀起了名副其实的咖

018　啡革命，不断刷新着这些国家的人们对这种消费品的认知。① 首先是 19 世纪末，"无因咖啡（koffeinfreier Kaffee）"的发明向"生活改革运动（Lebensreformbewegung）"致敬；随后是 1930 年代末，"速溶咖啡（Instant Kaffee）"以其伟大的成功向日益加速的日常生活宣誓效忠；到了 1950 年代，"咖啡吧（Kaffeebar）"开始在西欧兴起，并为那时出现的崭新生活态度服务。这些创新同后来的国际咖啡连锁店及纸杯咖啡一样，屡屡改变着人们与咖啡的关系。

　　第 11 章将探讨上述变革对德国人的生活已然和将要产生什么样的影响。为何德国会成为咖啡之国而不是茶之国？这首先要归因于咖啡广告。从 100 年前起，那些广告图片就开始向人们传递一种印象：享用一杯好咖啡代表着温馨的居家生活，代表着正直坦诚的品质。这使得我们一看到咖啡就会联想到幸福快乐的家庭聚会或是出入办公场所的成功人士。尽管这些广告图片都已褪色走入历史，但这些图片印象使德国本地的咖啡口味偏好与国际风潮趋同，现在咖啡公司的相互兼并和咖啡吧的蓬勃发展都可以证明这一点。

---

　　①　除本书第 10 章所谓的"四次咖啡革命"，另有"三次咖啡革命"之说。第一次为"速溶咖啡"的发展；第二次为"意式浓缩咖啡"与"连锁咖啡吧"的兴起；第三次为"精品咖啡（Specialty Coffee）"浪潮。其中，前两次咖啡革命与本书所述相近，第三次则发轫于 1974 年。当时，全球消费者因前两次革命的影响而在消费理念上渐趋重效率而轻品质。厄娜·克努岑（Erna Knutsen）女士提出的"精品咖啡"理念是对该趋势的反动，其旨在以不同地理气候环境下生产的各具特色的咖啡豆与期货市场大宗交易的商用咖啡豆作出区别。1982 年，美国精品咖啡协会成立，这一思潮影响至今。

探索咖啡深重的文化意义和商业意义需要详实而广博的前置性研究。目前，堪当一家之言的相关著作众多，笔者无法一一备述，下面仅略举几例。早在 1934 年，C. 库尔哈斯（C. Coolhaas）就较为全面地描述了咖啡植株的基本形态与生长环境。吉恩·尼古拉斯·温特根斯（Jean Nicolas Wintgens）则发表了长达千页的概述，忠诚详实地反映了当时的研究状况——他的概述针对的是种植园主而非历史学家，是实用性研究的典范。[6]

存世的咖啡史文献不多，在德语区更是凤毛麟角。英美盎 019
格鲁文化圈虽发表过一些相关的研究成果，但截至目前，世界范围内对咖啡史的全面研究仍属罕见。海因里希·爱德华·雅各布（Heinrich Eduard Jacob）是该领域的先驱，其 1934 年的著作《咖啡的传奇与伟大进军：世界性经济作物传记》（*Sage und Siegeszug des Kaffees. Die Biographie eines weltwirtschaftlichen Stoffes*）至今仍是必读的经典。该书在 2006 年对书名稍作修改后① 再次出版。[7]雅各布有时被称作“科普读物之父”，咖啡在他的笔下颇具英雄气概，是一位在中世纪之后的岁月里于世界范围内大放异彩的英雄。[8]尽管以今日的观点来看，书中的一些细节不尽正确，但它对后世相关研究的启发和推进仍不容忽视。尤为重要的是，该书首次将咖啡与宗教及文化联系到一起。这种思维方式在现今远比当年更具现实意义，也更为我们所需要。自 1935 年该书被译成英文后，以英文写作的相关书籍便常常对其加以引用。例如由东银出版社（Doyen Verlag）出版的贝内特·艾伦·温伯格（Bennett Alan

---

① 改后的书名是《咖啡：世界性经济作物传记》（*Kaffee. Die Biographie eines weltwirtschaftlichen Stoffes*）。该书中文版已由广东人民出版社于 2019 年出版，名为《全球上瘾：咖啡如何搅动人类历史》。

Weinberg）与邦妮·K. 比勒（Bonnie K. Bealer）合著的咖啡史研究著作《咖啡因的世界》（*The World of Caffeine*）就援引了雅氏的文字。[9]

在社会史领域，历史学家就咖啡饮用的相关问题进行了大量研究，尤其是咖啡馆生动有趣的历史最为引人入胜。早期的此类著作多面向大众读者，比如乌拉·海泽（Ulla Heise）所撰的图解研究著作《咖啡和咖啡馆》（*Kaffee und Kaffeehaus*）以及沃尔夫冈·荣格尔（Wolfgang Jünger）的著作。当今的此类作品则多为较专业的学术论述，许多研究者试图将咖啡馆这一设施置入近代早期社会变革的大环境中进行探讨。其中尤为应当关注的是布莱恩·考恩（Brian Cowan）以英国为主要研究对象的著作《咖啡化社会生活》（*The Social Life of Coffee*）①。[10]

经济史领域亦不乏跟咖啡相关的著作。这类作品始自一些经济历史学家对近代早期欧洲商行贸易的研究，例如克里斯托夫·格拉曼（Kristof Glamann）关于18世纪中叶前尼德兰联合东印度公司（Vereenigde Oost-Indische Compagnie，也称"荷兰东印度公司"）的研究以及K. N. 乔杜里（K. N. Chaudhuri）极为精彩的论文《亚洲的贸易世界与英国东印度公司》（*The Trading World of Asia and the English East India Company*）等。后者首次将较为现代的市场和价格形成机制纳入历史研究的视野。[11]缘于这些研究，科学家们也意识到了与咖啡相关问题的重要性。近十年来，经济史家的研究焦点集中于咖啡对生产国及其原住民所造成的经济和社会影响。无论在爪哇岛、尼加拉瓜还是巴西，咖啡都在过去的

---

① 该书中文版已由中国传媒大学出版社于2021年出版，名为《咖啡社交生活史：英国咖啡馆的兴起》。

200 年里使本地及本地人的社会经济结构发生了根本性的变化，并且其中的很多变化可能是消极的。克拉伦斯－史密斯（Clarence-Smith）与史蒂文·托皮克（Steven Topik）在 2003 年汇编的论文集《非洲、亚洲和拉丁美洲的全球咖啡经济（1500~1989）》（*The Global Coffee Economy in Africa, Asia, and Latin America, 1500-1989*）较为清晰地阐明了这个问题。[12] 目前，更为全面详细的研究概况可参阅本书文后的参考文献。

就咖啡研究而言，原始资料往往比历史学著作更加丰富多彩，而且始终是支撑相关研究的基础。虽然自很早以前就开始种植咖啡的非洲卡法没有任何文字资料遗世，早期的咖啡产区也门也仅有少量文献留存，但欧洲各东印度公司的档案馆却保存了大量 17 世纪下半叶以来有关咖啡的档案、诗歌、散文、学术论文以及旅行记录。除此之外，还有近代早期的经济分析报告与 19 世纪末叶后突然暴增的广告印刷品。本书在引用外文文献时大都将其翻译成了德文，仅对少数言简意赅且独具风格的原文语句予以保留。

总之，我们每日晨间饮用的咖啡那如镜的表面所折射出的是一段漫长的历史，是一张世界经济纷繁交错的关系网。读者若能从中获得些许启发，能认识咖啡罕为人知的一面，笔者将备感荣幸。

021

第 2 章 何谓咖啡：植株与饮品

　　欧洲人以咖啡提神醒脑由来已久，对咖啡的热气和黑色外观早就习以为常。但人们大都不会想到咖啡豆本是苍黄色，在烘烤后才拥有标志性的黑褐色。至于咖啡豆从何而来就更无人问津了。雅各布·斯彭（Jacob Spon，1645/47~1685）出生于一个古老的乌尔姆（Ulm）家族。他在 1686 年于鲍岑（Bautzen）发表了一篇关于咖啡、茶和可可的文章，其中介绍了咖啡植株。

　　　　咖啡是一种舶来的多层果实，形似菜豆而较大，一端圆润，一端宽平，内含两枚对称的种子。种子的颜色介于黄白之间，被两层膜①包裹。内膜极薄，颜色与种子接近；外膜较厚，颜色稍重。[1]

斯彭清晰地指出一枚咖啡果中包含两粒黄白色的咖啡豆，每一粒均分别被薄薄的羊皮纸包裹，然后再共同被果肉包覆成一枚果实。他还详细描述了咖啡灌木的形态，虽然细节略有出入，但大体正确。

---

①　这两层膜为咖啡果实的内果皮，里层称"银皮（Silberhäutchen）"，外层称"羊皮纸（Pergamenthaut）"。

　　咖啡树不仅在形态上与我们熟知的樱桃树差不多，
而且一样具有细长的枝条和小巧厚实的常绿叶片。所不
同之处在于，咖啡树的叶片较易脱落，结出的果实也需
要在树上生长较长的时间才能成熟。[2]

虽然斯彭似乎并没有弄清楚咖啡植株究竟是乔木还是灌木——事
实上此点至今依然没有盖棺定论——但他对其高矮大小和外观特
征的描述相当精确，而且还明确指出咖啡属于常绿植物以及果实
的成长周期较长。

023

　　斯彭以欧洲原生的樱桃树为参照来描述咖啡植株的外形与特
征，希望读者能够据此建立对这种舶来陌生植物的初步印象。无
独有偶，活动于 17 世纪末也门商埠摩卡的英格兰教士约翰·奥文
顿（John Ovington）也使用了类似的方式来描述咖啡植株。

　　咖啡果实成熟于一年中的某个特定时期，同我们熟
悉的一些粮食和水果一样，也常为歉收所苦。咖啡植株
像冬青一样在近水处聚群丛生，一枚果壳中包裹两粒咖
啡豆，果壳裂开时豆子会分别弹落在地。咖啡豆的形状
与月桂果实相似；叶片则有些像月桂叶，但较之稍窄。
咖啡植株并不高大，结果几次后就会枯败，需要以新树
取而代之。[3]

奥文顿和斯彭为了使读者对咖啡植株的性状有一个大致的印象，
描述时都使用了欧洲本地植物作为咖啡的参照对象。但几乎可以
肯定的是，奥文顿并不曾像斯彭一样亲历也门山中的咖啡园，他
充其量只见过咖啡的叶片和果实。所以奥氏只提到咖啡植株生长

在水边，而没有说清楚所谓水边究竟是指也门的滨海平原，还是也门内陆的河湖之畔。他还提到咖啡植株不能长年结果，需要不断种植新木，然而实际上这种作物通常可以充分收成至少三十年。这些谬误让人不禁认为：奥文顿的描述所依据的或许只是听到的风闻。

另一段可供我们参阅的叙述来自 18 世纪初游历也门的法兰西旅行家德·诺伊尔（de Noïers）。在他的叙述中，咖啡灌木的树枝向下弯曲，整体呈伞形，很像树龄 8~10 年的苹果树。其表皮苍白粗糙，叶片酷似柠檬树叶但稍尖稍宽，幼叶则较之更显强健。咖啡花朵形似茉莉花，闻起来像香脂一般沁人心脾，尝起来——显然这位法国朋友连花朵都要尝尝——却带有苦涩的怪味。花叶掉落后会结出果实，初为青绿色，成熟后转红，跟樱桃几乎一模一样。当然，他也品尝了咖啡果实，并认为这种果实清凉美味、营养丰富。最后，他在果实中发现了两枚分别由薄膜精心包裹的咖啡豆！对此他则明确表示："味道相当糟糕，苦涩之极。"[4]

以上三例告诉我们，1700 年前后的欧洲人对咖啡植株已经有了初步认识，但相关知识尚不全面。那些亲历也门目睹咖啡植株的旅行家往往不具备理解咖啡种植的专业知识。欧洲读者总是基于本地植物的形象对咖啡进行想象则是这一时期的最大问题。

随着时迁境移，欧洲人开始计划在亚洲和美洲殖民地种植咖啡。这就要求人们对咖啡进行深入而科学的分析研究，以便为其创建最佳的生长环境，进而使庄园式种植成为可能。为此，欧洲的植物园最迟在 18 世纪中叶就引进了咖啡植株。不久后，一些海外研究所进行了大量研究，大幅拓展了人们对咖啡植株的了解。瑞典的著名植物学家卡尔·冯·林奈（Carl von Linné，1707~1778）积极倡导瑞典人将咖啡作为新的嗜饮品，并在 1753

年将其纳入了自己的植物学分类体系。[①] 然而直至咖啡具有世界
性重大经济影响力的今日，人们对它的研究仍远远未臻完整。据
植物学家推测，非洲原始森林深处仍存在不为人类所知的原生咖
啡品种，但这些生物学瑰宝目前因非洲大陆日益加剧的过度砍伐
现象正面临永远消失的危险。[5]

　　咖啡的植物学名是"Coffea"，属于"茜草科（Rubiaceae）"，
亲缘植物有栀子（Gardenie）、龙船花（Ixora）、茜草（Krapp）和
奎宁树（Chinarindenbaum）。目前，已发现的咖啡植株约有 70
种，其中具有大规模种植经济价值的仅有"阿拉比卡咖啡（Coffea
arabica）"和"中果咖啡突变罗布斯塔种（Coffea canephora var.
robusta）"。一些种植园也会小规模地种植"利比利卡咖啡（Coffea
liberica）"和"埃塞尔萨咖啡（Coffea excelsa）"，它们共占当今全
世界咖啡总产量的 1%~2%。[②][6]

　　咖啡植株是一种常绿灌木（或乔木），早期赴也门的欧洲旅
行家对这一点的判断基本正确。培育咖啡可以使用压条或种子，
也即咖啡豆种植的方式。咖啡豆越干燥就越乏力，破土发芽的机

---

①　林奈是现代生物分类学奠基人。他在 1753 年的《植物种志》
　　（Species Plantarum）中延续了自己在《自然系统》（Systema
　　Naturæ）中以植物的生殖器官进行分类的方法，将植物分为 24
　　纲（classis）、116 目（ordo）、1000 余属（genus）和 10000 余
　　种（species），并使用新创立的"双名命名法（Nomenklatur）"
　　进行命名。

②　一般而言，小果或小粒种咖啡即指"阿拉比卡咖啡"，而"利
　　比利卡咖啡"亦称"大果咖啡"。而"Coffea dewevrei"、"Coffea
　　dybowskii"和"Coffea excelsa"虽曾被认为是独立的物种，
　　但三者已在 2006 年被重新分类，成了"Coffea liberica var.
　　dewevrei"的同义词。

会也就越小。所以用于种植的咖啡豆越新鲜越好，一般来说应选用含水量超过 50% 的豆子，这样可以保证 90% 左右的发芽率。直至今日，要在种子银行里储存这种具备发芽能力的新鲜咖啡豆依旧非常困难，所以人们只能利用野外保护设施长期性地维持咖啡遗传因子（即基因）的多样性。现在，埃塞俄比亚、哥斯达黎加、巴西、哥伦比亚、坦桑尼亚、肯尼亚、喀麦隆、多哥、马达加斯加、科特迪瓦、印度等国以及东南亚地区都建有这样的原生品种栽培园。[7]

咖啡豆种下后过了差不多十周，幼苗才能撑破薄薄的羊皮纸破土发芽，再过一个月左右幼芽将展开第一片嫩叶，树根、树干与枝条亦会随之渐次生成。人工种植的成年咖啡植株树干的直径在 8~13 厘米之间，不经修剪时树高可达 8 米，人为看护下树龄长达八十年。但商用咖啡植株在树龄三十年左右时产量便会明显下降，此时一般会人为进行更植。

成年咖啡植株具有强壮的主根，通常可以扎至地下 0.5~1 米处，由主根分出的次生根会再向下或向侧生长 3 米。当水分充足时，这些根会在土下较浅处浓密地紧贴地表蔓延生长；而在长期干旱的环境下，它们则相对孱弱，更倾向于往土地深处生长以获取水分。总之，咖啡植株的根系异常灵活，会根据土质和水分条件调整长势，选择横向或纵向发展。[8]

咖啡植株的叶片呈椭圆形，总是两两对称，生长于主干、支干和枝杈上。叶片颜色为深绿色，表面似蜡，略具光泽。幼株一般在栽种后的第二或第三年初次开花，并在第三年初次结果。咖啡花为白色，野生种咖啡植株的花瓣一般仅有 2~3 片，人工种则有 8~16 片。人工种的花朵也更多，通常会在当年生出的新枝条上簇拥成白色的花团。这些花朝开暮落，花期极为短暂，受精迅速。

一般来说是由位置较高的花朵落下花粉，然后供同一株上位置较低的花朵受粉。一株成年人工种咖啡植株可产花粉 250 万粒，野外种则更多。这些花粉可供两三万朵咖啡花受粉。

花朵受粉之后会迅速开始结果。果实头两个月生长缓慢，在第三至第五个月期间会突然加速生长，进而在第六至第八个月进入成熟期。成熟期的最后几周，大部分品种的咖啡果实会由绿变红，少数品种则会由绿变黄。在这一过程中，咖啡植株依品种不同从开花到结果短则需要九个月，长则超过一年。咖啡果实常被叫作"咖啡樱桃"，如前所述，内含两粒包裹着薄薄的羊皮纸的种子，这就是我们通常所说的"咖啡豆"。咖啡豆长 6~10 毫米，脱水后重 0.37~0.5 克，具体情况依品种不同而略有差异。所以不难想象的是，摆放于超市货架上的一磅装咖啡粉背后隐藏的其实是漫长的种植过程和鲜为人知的大量劳动。

咖啡豆的商业价值取决于香气及兴奋效果的强弱。香气由构成咖啡豆的复杂化学成分共同决定，兴奋效果则源自"咖啡因（Koffein）"。咖啡因因受到研究机构和公众的关注而得到了比较广泛且全面的研究，但人们还远未能全面了解这一物质对人类身体的作用和影响。近代早期的人们就已经意识到咖啡和茶具有兴奋效果，但对引起该效果的物质尚缺乏认识。直到 19 世纪上半叶化学分析法发展得较为先进后，人们才发现了咖啡因。多位学者如皮埃尔·约瑟夫·佩尔蒂埃（Pierre Joseph Pelletier，1788~1842）和约瑟夫·比埃奈默·卡旺图（Joseph Bienaimé Caventou，1795~1877）于 1820 年前后几乎同时确认了这种物质的存在。德意志的弗里德利布·费迪南德·龙格（Friedlieb Ferdinand Runge，1794~1867）是成功提取咖啡因的第一人，他在约翰·沃尔夫冈·冯·歌德（Johann Wolfgang von Goethe）的鼓励下完成了这

028

项创举。1819 年，这位 25 岁的化学新秀与古稀之年的大师在耶拿大学（Universität Jena）会面。此前，耶拿大学的著名化学家约翰·沃尔夫冈·德贝赖纳（Johann Wolfgang Döbereiner）曾向歌德谈及此人。龙格来自汉堡的比尔韦德区（Billwerder），从小就开始进行植物物质提取方面的试验，年少时就自颠茄中提取出了剧毒物质。那发生在他进入耶拿大学学习化学之前，一滴颠茄试剂在一次试验中意外溅进了他的眼睛。龙格立即发觉自己瞳孔扩大、视野模糊，便进一步拿家里的猫做了试验，最后终于提取出了"颠茄素（Tollkirsche-Extrakt）"。

歌德在进入老年后开始涉猎自然科学，与龙格会面时他正迫切地渴望获知学界的最新研究成果。此外他还是一位重度的咖啡爱好者，早就意识到了自己嗜饮咖啡，30 岁时就曾认真考虑过缩减在咖啡上的花销。龙格带着他的猫——应该不是年少时用于试验的那只——应诗人之邀前来见面。他先是现场演示了提取颠茄素的过程，然后向歌德就咖啡豆作了讲解。歌德很想知道究竟是什么物质致使咖啡拥有兴奋效果，以及咖啡是否和颠茄一样会在人和动物身上都产生相似的作用。龙格在《家务记述》（*Hauswirthschaftlichen Briefen*）中写道：

> 歌德向我表达了强烈的赞许之情……又递给我一盒咖啡豆，并表示这是一位希腊朋友寄给他的好东西。他说："您的研究也许用得上这个"，并把咖啡豆借给了我。事实证明他完全正确，不久之后我就从中发现了"咖啡因"，一种含有大量氮的著名物质。会面结束时我不知道自己怎么出的门，又是怎么上的楼梯，只听见歌德在我身后喊道："您忘了您的研究助手！"随后仆人赶了上来，

将小猫放进我的怀里。这时我才想起，我们会谈时它一
直蜷在沙发里打盹。[9]

龙格发现了咖啡因，并通过进一步的研究将它应用到了制造人工
色素的过程中。尽管如此，他的职业生涯并不顺利。他游学欧洲
各国，一度在布雷斯劳［Breslau，今波兰弗罗茨瓦夫（Wrocfaw）］
任兼职教授；1831 年他再度失业，后任职于一家私营企业；1867
年，龙格死于贫困。[10]

　　现在，人们对咖啡因的化学特性有了较为深入的了解。咖
啡因是一种"生物碱（Alkaloid）"，由碳、氢、氮和氧四种化学
元素构成，化学表达为 $C_8H_{10}N_4O_2$。咖啡因纯净物在室温下为
白色絮状粉末，由细长的晶状物质构成，除了人们熟知的"咖
啡因"，它尚有数种化学命名。纯咖啡因或来自制造"脱因咖
啡（entkoffeinierter Kaffee）"后的剩余物质，或从生产过剩的茶
叶中提取，或由人工合成，常被用于医疗目的和制造含咖啡因软
饮料。[11]

　　学者们一直在研究茶树、咖啡植株、马黛树（Mate）[①]和恰特
草［Qat，即阿拉伯茶（Kathstrauch）］等植物产生咖啡因的原因。
目前，学界一般认为这是植物的一种自我保护机制，咖啡因可以
帮助它们抑制有害细菌和真菌，或使植物害虫无害化。对某些动
物而言，咖啡因的麻醉效果比大麻强得多。比如有试验证明咖啡
因可以麻醉蜘蛛，使其无法正常结网。罗布斯塔咖啡的咖啡因含
量约为阿拉比卡的 2 倍，所以在面对有害生物或其他外界因素影

030

————————

①　　即巴拉圭冬青，是南美洲的传统嗜饮品，加工和饮用方式都与
　　　中国茶类似。

响时，其韧性也明显强于后者。

然而对人类而言，富含咖啡因的咖啡饮品反而是一种兴奋剂，不仅能振奋情绪，提高集中力和工作能力，还能缓解哮喘，改善低血压状况。除了上述积极影响，咖啡因也会对我们的身体造成一些消极影响，这在初次或不常饮用咖啡的人身上尤为明显。而长期适度饮用咖啡的人似乎不必担心它会损害健康。最新研究成果表明，适度饮用咖啡既不会提高心肌梗死的概率，也不会提高罹患癌症的风险。当然，随着人类医学认识水平的不断进步，现有结论随时可能会被新的研究成果推翻。

咖啡因溶于油脂，并且能够轻易透过细胞膜，因此该物质由消化系统进入血液乃至中枢神经系统，进而发挥兴奋效用的速度是大部分物质所无法比拟的，最终，咖啡因会充斥人体内的每个细胞乃至广泛存于母乳内。咖啡因在进入人体一个小时内兴奋效果就能达到最高峰，如果饮用某些含咖啡因的软饮，生效可能会慢些。大体而言，兴奋效果的强弱由摄入者的体重决定，体重越轻，咖啡因的效果就越明显。该物质被人体代谢的速度和进入人体时一样快，它会迅速在肝脏中完成化学转化，然后随尿液排出体外。[12]

那么，一杯咖啡里究竟含有多少咖啡因呢？决定因素大致有三：咖啡杯的大小、咖啡的品种以及烹制的方式。加拿大 1988 年的一项研究指出，在检测了 70 个地点的咖啡后，结果显示一标准杯咖啡中的咖啡因含量为 20~150 毫克，不同样本间的差异很大。1995 年，美国的一项研究则调查了数种无因咖啡，结果显示这些无因咖啡中的咖啡因含量的个体差异同样很大，一些所谓的无因咖啡的咖啡因含量与普通咖啡相差无几。比如星巴克无因咖啡的咖啡因含量为 25 毫克，而 "山咖（Sanka）" 的咖啡因含量则仅为

1.5 毫克。

　　植物学家曾长期认为咖啡植株只有一个品种，即栽培于阿拉伯半岛南部的阿拉比卡咖啡。直到 18 世纪的后几十年，欧洲的学者和旅行家逐渐深入非洲沿海的原始森林，开始探索非洲东岸的印度洋岛屿后，人们才知道还有其他品种的咖啡存在。1783 年于波旁岛［Insel Bourbon，今称"留尼汪岛（Insel La Réunion）"］，1790 年于莫桑比克，1792 年于塞拉利昂以及多年后于刚果都有野生的咖啡品种被人发现。[13] 人们在刚果找到的中果咖啡突变罗布斯塔种，即所谓的"罗布斯塔咖啡（Robusta-Kaffee）"是这一时期发现的最为重要的品种。这种成本低廉且富含咖啡因的品种是目前全世界工业化生产速溶咖啡的重要原料。19 世纪末，植物学家间展开了一场名副其实的"发现竞赛"，争相探索未知的野生咖啡品种。现在，人们在世界各地的植物园中仍可找到于那一时期被发现的咖啡植株的后代，而联合国粮食及农业组织（Ernährungs- und Landwirtschaftsorganisation der Vereinten Nationen）的《全球咖啡收藏目录》（Verzeichnis der weltweiten Kaffeesammlungen）也仍处于不断更新的状态中。

　　咖啡植株可被分为"高地种（Hochlandgewächse）"和"低地种（Tieflandgewächse）"两大类，二者除了地理分布上的差异，生长过程和果实品质也有所不同。前已多次述及的阿拉比卡咖啡原产于埃塞俄比亚高原海拔 1300~2000 米处，是目前最主要的高地种咖啡。（见第 3 章）阿拉比卡咖啡与一些低地种相比，叶片更加细长精巧，咖啡豆的芳香也更浓厚，因此在消费者心中拥有较高的品质。低地种的种类则要纷繁得多，其广泛分布于海拔 1000 米以下的原始森林中。从散布于非洲东岸的印度洋岛屿到西非的刚果等地区都生长着原生的低地种咖啡，罗布斯塔咖啡和利比利卡

032

033

咖啡都是其中的一员。不同品种的咖啡果实产量差异极大，这使得人们生产种植的过程也大不相同。例如阿拉比卡咖啡的果实在逐渐成熟的过程中会自然脱落，而罗布斯塔种则会在成熟后的数周内牢挂于枝头。

截至目前，世界上仍有新的野生咖啡品种被不断发现，这些新品种与历史资料——比如植物标本室、旅行手记和植物园中早期植株的后裔——一样，对咖啡的系统性分类至关重要。现在，很多植物园都会集中收藏特定地区的咖啡植株标本，比如英国的王家植物园邱园（The Royal Botanic Gardens, Kew）就拥有来自非洲东部和南部以及西非旧不列颠殖民地的出色收藏；巴黎植物园（Jardin des Plantes）专注于收集中非的植株，而巴黎国家历史博物馆（Museum National d'Histoire Naturelle）则收集了西非、中非及马达加斯加的植株；荷兰主要收集印度尼西亚和喀麦隆的植株。在德国，柏林大莱植物园（Berlin-Dahlem）也曾收藏大量具有宝贵历史价值的标本，可惜其中的绝大部分皆毁于 1943 年。一些非洲和亚洲国家则会收集本国的植物标本，其中常有意料之外的学术瑰宝，例如加尔各答植物园（Calcutta Botanic Garden）的印度国家植物标本室。

除了这些在任何时代都令植物学家心驰神往的野生咖啡新品034　种，自 18 世纪起人们还培育了无数的人工品种。它们大都是阿拉比卡种的后裔，而且无疑仍与当年栽种于也门的阿拉比卡种祖先，即所谓的"铁皮卡变种（Typica-Varietät）"极度相似。18 世纪时，尼德兰人将该品种运出也门并迁往印度尼西亚种植，随后又传播到了非洲中部和南部，这些地方至今仍有该品种的直系后代繁衍。以现在的标准来看，铁皮卡种咖啡的收获量较低且对某些病害的抵抗力较差，但因其品质饱受赞誉，当今世界上一些较昂贵的咖啡仍然常常使用这种豆子烘制。另一种栽种历史悠久的咖啡是"波旁变种（Bourbon-Varietät）"，18 世纪的法国人将阿拉比卡种带到波旁岛，进而培育出了这一变种。该品种的产量明显优于铁皮卡种，随即借助波旁岛的地理优势传播到了非洲和拉丁美洲——哥伦比亚的某些地区至今仍在种植这种咖啡。

当然，这些传统品种目前已较少种植，现在流行的大都是通过定向培育得到的较新品种。一些新品种的命名令消费者尚能联想到该品种的发源地，比如 20 世纪四五十年代的"新世界（Mundo Novo）"和 1980 年的"爪哇（Java）"。而其他一些新品种则仅以编号命名，比如 1940 年代以来常见于印度的"S 795"。另一个值得关注的趋势是，人们愈发重视培育"矮株种（Zwergpflanze）"咖啡。这些品种的植株矮小，利于密集种植，因此产量极高。"卡杜拉（Caturra）"和"卡杜艾（Catuai）"都是矮株种的一员。现在仅在巴西就有约一半的咖啡种植面积栽种着卡杜艾。所以，虽然很多咖啡加工制造商会在广告中宣称自己仅使用纯正的阿拉比卡咖啡豆，然而实际上阿拉比卡绝没有那么多样的衍生品种。

035

咖啡植株的谱系在未来还将通过育种继续扩大。今天的人们已不再像从前那样仅仅关注咖啡的产量，那些对常见病害——特别是"咖啡锈病（Kaffeerost）"[1] 或"咖啡果小蠹（Kaffeebeerenbohrer）"[2] 等毁灭性病害——具有抵抗力的品种已愈

---

[1]　一种破坏性极大的咖啡植株疾病，会给咖啡产业带来巨大的损失。其病原菌有二：一为"咖啡驼孢锈菌（Hemileia vastatrix）"，可引起黄锈病；二为"咖啡锈菌（Hemileia coffeicola）"，可引发灰锈病。当咖啡植株感染这种绝对寄生菌后，果实产量将下降 30%~80%，有时甚至会导致整株植物枯亡。

[2]　一种世界范围内影响最为普遍且危害极大的咖啡经济害虫，一般认为其原产地在西非安哥拉。该昆虫一年可繁衍数代，主要损害未成熟的咖啡果实：雌虫交配后会在果实端部钻孔产卵，直到下一代成虫羽化后方才钻出。

发受到重视。培育新品种的过程漫长且艰辛，咖啡幼株通常成长三年才能初次结果，而培育者往往到这时才能获知新品种的特性。近年来，国际咖啡价格出现了暂时性下降，因而投资于该领域的资源常常无法满足培育所需。[14]

与此同时，一些地区会规模性地种植单一品种的咖啡植株，这不但对本地物种的多样性产生了不利影响，也增加了咖啡病害带来的损失。而另一些地区会将多个品种的咖啡植株混杂种植在一个相对孤立的区域以确保遗传因子的多样性能被留存下来，比如埃塞俄比亚的卡法和墨西哥的恰帕斯（Chiapas）就分别种有近80种咖啡植株。[15]

咖啡植株可以适应多种土壤环境，总体要求是土质松散、隔水层较深和利于水分渗透。这种植物偏爱火山灰土，土层至少要有两米深以便根系能够充分发育；黏土土壤和地表经常浸水的土地则不适宜咖啡生长。不论土壤起初有多肥沃，长期种植咖啡也会使肥力逐步降低，因此必须定期为土壤添肥。[16]

036

咖啡植株对温度有着更严格的要求。阿拉比卡种的最佳生长温度为白天22摄氏度，夜晚约18摄氏度；低地种需要的全天平均气温高达28摄氏度，连夜晚也要接近这个温度；罗布斯塔种极度畏寒，在4~5摄氏度以下就会枯萎。[17]

和茶一样，品质最高、香味最浓郁的咖啡也往往产自海拔较高处。高海拔地区的紫外线照射强烈，咖啡植株因此生长缓慢，果实故而也成熟得较晚且较丰满。但是由于几乎所有咖啡品种都不耐寒，对种植海拔的要求也就存在天然限制。此外，热带及亚热带地区也有可能发生霜冻灾害，这将不可避免地破坏咖啡植株娇嫩柔弱的花和叶。咖啡种植园总在夜晚蒙霜，最先受害的总是那些生长在海拔较高处的植株。每当天空晴朗、无云遮蔽，白天被太阳烤暖的地面就会在夜晚因释放长波辐射而冷却。紧贴地面的空气也会随之降温形成冷空气层，从而给咖啡植株蒙上一袭无形的面纱。这一点在无风的夜晚尤为明显，下层的冷空气无法与上层的热空气对流，温度平衡难以实现，霜冻也就更为严重。[18]

　　轻度霜冻在亚热带种植区并不鲜见，它们往往仅在空气难以流通的小型洼地中发生，形成所谓的"霜洞效应（Frostmulde）"。由于气流或风的作用，"霜洞"外的空气分布得更为均匀，不易达到足以产生霜冻的低温。中度霜冻则较为少见，暴露其中的幼芽和嫩枝会受到破坏，进而引发严重的灾害。极为罕见的是重度霜冻，只有当上层空气温度彻夜处于冰点以下，下层空气因之连续降温数小时后才会发生。这种灾害一旦出现，将对咖啡种植园造成毁灭性的破坏：成熟的粗壮枝条也无法挺过这样的寒冷，随之而来的不仅是次年的颗粒无收，往往还有其后两三年的歉收。[19] 如果巴西等主要咖啡生产国发生了强霜冻，则很可能会出现大规模歉收，进而导致咖啡的全球性供应不足而促使价格飞涨。在拉美地区，1887、1902、1904、1912、1918、1942、1953、1955、1957、1966、1975、1981、1985 和 1994 年都曾发生过这样的悲剧性咖啡减产。[20] 特别是 20 世纪的几次歉收在战后脆弱的经济条件下给咖啡市场带来了灾难性的冲击。

　　除了适宜的土壤和温度，种植咖啡还需要合理的水分供应。阿拉比卡种需要年均 1400~2000 毫升的降水，低地种的要求则更高，降水量需求为 2000~2500 毫升。尽管咖啡植株非常偏爱多雨的环境，然而过多的降水一样会给种植园带来诸多不利的影响，其中最令人担忧的就是水土流失。[21] 而且像赤道地区那样全年无休的降水环境也不甚理想，因为咖啡的花朵与果实需要数个月的干旱期来保证充分成长。此外，如果干旱期过长，植株又会因缺

037

水受损导致歉收。阿拉比卡种在适宜的土壤中可以耐受 4~6 个月的干旱，低地种则仅能耐受 3~4 个月。

038　　　光照条件也是影响咖啡收成的因素之一。各种野生咖啡植株的故乡都位于茂密的原始森林深处：阿拉比卡种来自海拔较高的山地雨林；罗布斯塔种来自漫无边际的非洲平原原始森林。咖啡植株在自然环境中属于"下木（Unterholz）"①，周围高大树木的荫蔽确保了全年日照条件的光影均衡。早在 18 世纪初，法国旅行家就发现也门本地人会在缺乏自然荫蔽的咖啡植株附近种植遮阴木，以避免原始森林中强烈的日光直射损害娇弱的咖啡花朵。

　　　　……咖啡树被种在另一种树下，那也许是某种杨树。这些高大的树木会保护咖啡树不受炽热阳光的烧灼。没有这些可靠邻居保护的咖啡花过不了多久就会被烤焦，永远不会结出果实。[22]

随着咖啡种植园在欧洲各国殖民地的扩张蔓延，人们逐渐意识到在单一作物种植环境下使用遮阴木的重要性。但直到 20 世纪，它才真正跃升成为专门的科学。人们开始进行试验，运用香蕉、石榴等树木为咖啡植株遮阴。开始时为了尽可能模拟真实的自然环境，一般建议每 7 米栽种一棵香蕉树，或每三株咖啡植株依傍一棵遮阴木。

　　　但 1940 年代以来，一些研究机构，尤其是新兴拉美国家的国

---

　　① 是森林中林冠层以下的灌木与在本地条件下生长达不到乔木层的低矮乔木的总称。其不仅可以庇护林地、抑制杂草生长，还可以改良土壤、保持水土，进而增强森林的防护作用；有些下木还具有较高的经济价值，人们可适当加以保护利用。

家级研究机构在培育新品种的过程中同时研究了"遮阴"对收成 039
的影响。总体而言，他们的结论是：还是不种植遮阴木时的收获
更多。因此，尔后很长一段时间里人们一直认为最好完全放弃遮
阴木以谋求产量最大化。截至目前，人们的想法才开始转变。现
在的一般建议是：在平均气温较高或旱季较长的种植条件下应使
用遮阴木。这种种植方式在生物多样性和经济可持续发展方面也
具有显著的优势。[23]

从经营角度来看，选址是投资咖啡种植园的关键。土壤是否
适宜，气候是否恰当，都决定着事业的成败。比如充满传奇色彩
的布里克森男爵夫人（即卡琳·布里克森）于 1913 年与丈夫满怀
希望地在肯尼亚购置了一片广阔的咖啡种植园。但是很快他们就
发现此地不但降水不足、海拔过高，更致命的是土壤酸性太强。
最终，他们的事业一败涂地。[24]

咖啡采摘传统上依赖人工劳作，一种方式是人工逐颗果实选
摘，另一种是将挂满果实的枝条整枝摘下，即所谓的"搓枝法"。
此外，在咖啡栽种历史悠久的也门还存在第三种收获方式：将布
铺满咖啡植株附近的地面，然后摇动树木，再用布收集掉落的果
实。即便与现代化"振动式收获机（Vibrations-Erntemaschine）"
相比，这种方式也颇具前瞻性。在人工逐颗选摘时，采摘者会挑
选枝头完全熟透的红色或黄色果实，然后将它们收集到挂在腰间
的篮子或袋子中，并且在每个收获季内都要反复选摘，有时多达
十次。由于所有未熟或过熟果实都会被留在枝头，收获质量因此
得到了最大限度的保障。但相应的代价是大量的人力和时间成本投
入，以及对工作人员经验水平的较高要求。搓枝法采收往往选在干 040
燥无雨的日子，采收者先将挂满果实的枝条取下，然后掷于裸露的
地面或帆布上，再统一收集。[25] 使用这种方法每个收获季仅需采收

一次，但是次品率较高，因而最终的品质也会受到影响。

　　约三十年前，振动式收获机开始投入使用。这种机器由一台"牵引机（Zugmaschine）"与一台"振动器（Schüttelvorrichtung）"组成，它通过晃动咖啡植株从而使果实掉落来完成采收。"自走式收获机（selbstfahrende Erntemaschine）"也具有类似的功能。同一原理的最新机型是可供单人装备和操作的"便携式手动收获机（leichte Hand-Erntemaschine）"。除此之外，新科技设备还能不加分拣地机械拾取掉落地面的果实。那么，是应该人工选摘熟透的果实，还是机械化一举处理所有的果实呢？从现状来看，商业利润决定了人们的选择。与低廉的售价相比，采摘工人的工资显得过于高昂。拣选高品质的成熟咖啡豆确实可以令出产的品质更优异，但这也意味着经营者需要担负更高的生产成本，所以他们宁愿选择使用机械一举处理所有的果实。

　　采收而来的果实需要先在产地去除果皮和轻薄的羊皮纸，即所谓的"脱皮（Entpulpen）"，然后才能加工成生咖啡豆，进而运往全球消费国的烘焙工厂。现在的加工方式主要有三：干法（trockene Methode）、湿法（nasse Methode）和介于二者间的半干法（Naß-Trocken-Verfahren）。① 这些加工法是依加工过程中咖啡果实含水量的不同而命名的。所谓"干法"是指先将整颗咖啡果实晒干，再使用机器将果皮和羊皮纸从咖啡豆上剥离。干法使用

041

---

①　咖啡豆在采收后、烘焙前需要进行加工处理，使其从湿果变成"完全干燥"（含水量在9%~13%之间）的生豆。因产区间的水文、土壤、交通、人力资源、地形和气候等条件不尽相同，故各产区都拥有更适宜本地的处理方式，大致可被分为日晒法、水洗法、半日晒法、半水洗法、蜜处理法以及厌氧发酵等特殊处理法。

甚广，巴西、埃塞俄比亚和也门收获的阿拉比卡种咖啡果实中的80%，再加上世界上几乎所有的罗布斯塔种咖啡果实都是用这种方法处理的。它的优势在于可以一并处理未成熟的咖啡果实，进而节约生产成本；劣势则在于最终出产的品质较差。[26]

"湿法"是指将刚收获的咖啡果实直接放入机器去除果皮，然后晒干，最后剥离羊皮纸。现在这种方法主要用于品质较高的阿拉比卡种咖啡豆。"半干法"则介于二者之间，在果实新鲜时先去除一部分果皮，待干燥后再去除剩下的果皮和羊皮纸。

目前，上述步骤会被用于各式各样的机械，基本可以实现咖啡果实的工业化处理。"脱浆机（Entpulper）"是去除咖啡果皮的主要设备，其工作原理是用"螺旋搅拌片（rotierende Scheibe）"或"辊筒（Walze）"将果皮打碎，以达到分离咖啡豆的效果。现在，工程师一方面致力于提升脱浆机的分离水平，另一方面则专注于尽可能降低分离过程中的水耗能耗。水耗极高的旧机型如今正在逐渐退出咖啡加工领域。

经半干法初步去除果皮的咖啡豆仍会包裹部分果肉和羊皮纸。人们会将这些咖啡豆置入专门的大罐储存约 72 小时，即通过罐内温度的自然升高来完成发酵。咖啡豆上的残留物在发酵后会充分软化，可被轻易洗掉。目前，上述工序已可借助专用的设备高效地完成。咖啡机械处理初期的技术困难和极高的水耗能耗已成为过去，机械化不利于最终品质的疑虑似乎也通过在产地进行的盲测给予了充分反驳。[27]

042

脱浆并去除残留物后的咖啡豆还需要进行干燥处理，只有将含水量控制在较低的11%~12%才能确保运输安全以及在长期储存下保持品质。传统的干燥方法是将咖啡豆摊放在专门的筛网上自然晾晒，此法至今仍被广泛延用。有时人们也会使用大型"热风机（Heizgebläse）"对咖啡豆进行机械烘干，这样显然更为高效，可以节省时间成本。最后，去除掉成品生咖啡豆上的小石子和尘土，它们就可以开启通往消费国烘焙厂的遥远旅程了。

上述的诸多因素，如咖啡品种、土壤、天候、收成方式和加工过程，都会对成品生咖啡豆的品质产生显著影响。然而生咖啡豆的品质等级不一定来自其本身特性，它更大程度上是一种文化习俗的产物。早在17世纪末，咖啡刚刚开始从也门摩卡出口取道好望角直抵欧洲时，东印度公司的董事们即已意识到对咖啡豆进行品质分级的重要性。当时，英国东印度公司[①]总部曾屡次指示其阿拉伯半岛代理人，要求尽可能采购指定产区的高品质咖啡豆，并叮嘱要尽可能完好妥帖地将其贮藏于洲际航船的甲板上。那时，从也门返程欧洲通常情况下至少需要九个月。[28]

在漫长的航行途中，要特别注意避免咖啡因附异味而导致品质下降。尤其是英国东印度公司的船只常常必须在归乡路上绕行印度西岸，并在那里装载一定数量的胡椒作为压舱物。[②] 如果将咖啡和胡椒一起存放于船舱深处且距离较近，咖啡就会沾染上胡椒的气味以致无法在伦敦拍卖会上以理想的价格成交。在1720年代的一场拍卖会上，一批咖啡的总成交价就曾因此下跌了8%~10%。[29] 即使已运抵地中海，咖啡仍有可能因掺兑和冒充致使品质受损。1868年，法兰西驻阿拉伯吉达的副领事表示：离开阿拉伯半岛时还是高品质的咖啡豆，到了苏伊士、开罗或亚历

---

①　"不列颠东印度公司（British East India Company）"是其正式称谓。

②　该航线的航行时间较长，需要储备大量的水和粮食，由于途中消耗的物资会导致船体过轻使航行不稳，所以必须在中途补充压舱物以维持船身的稳定。

山大港就会被掺入劣等豆子。即便是在吉达，也会有个别商人在优质的也门咖啡豆中混入当时被认为品质低下的埃塞俄比亚咖啡豆。由于二者大小相差明显，这种掺兑很容易被识破。埃塞俄比亚咖啡豆"总的来说香气较淡，价格也较低廉。印度咖啡豆也是如此。这些豆子色泽黯淡、不通透，形状也不规则，一般来说不受欢迎"。[30]

　　这样掺兑咖啡豆的行为在今天已经很难实现。人们现在评定咖啡豆的品质已愈发重视其尺寸、感官特性以及化学成分分析结果。尺寸评定不仅包括咖啡豆的平均直径，某出口批次个体大小的一致性也很重要。虽然大粒的咖啡豆不会比小粒的更香，反之亦然，但在咖啡市场中按尺寸筛选和分级仍是一种惯例。为此国际上还设定了统一标准的筛网作为咖啡豆尺寸的测定工具。按照尺寸，其可被分为七级：极大（sehr groß）、特大（extra-groß）、大（groß）、准大（ausgeprägt）、良好（gut）、中（mittel）和小（klein）。① 分级完毕以后还要选取规定数量的样本，由人工分拣其中的瑕疵豆，再依比例推定整批咖啡豆的次品率。

　　但无论如何，感官特性都是咖啡豆最为重要的评定依据。首先是咖啡豆的外观，专家会凭借感觉评价未经烘焙的生咖啡豆的新鲜度、含水量以及均质性。其次是味道，味道是咖啡豆评定中最重要的品质标准。为了品评咖啡豆的味道，评测者会

---

① 肯尼亚、埃塞俄比亚、哥伦比亚、巴西等主要产地的咖啡豆分级标准各不相同，有的根据产地海拔，有的根据生豆尺寸，有的根据瑕疵率，有的还会参考杯测数据。因此，在按尺寸分级的各国间其实并不存在所谓"统一标准的筛网"。至于正文中所介绍的标准，则较接近于肯尼亚的七级分类制度，即依生豆在尺寸、形状和硬度上的不同而作出相应的区分。

044

在产地选取少量样本进行烘焙研磨，并按照规定项目进行杯测。这一过程对评测者的经验和味觉记忆要求极高。国际咖啡组织（International Coffee Organization）规定了咖啡品鉴的五项标准：气味（Duft）、口味（Geschmack）、芳香（Aroma）、醇度（Körper）和酸度（Säure）。[①] "气味"指仅凭鼻子嗅闻而得的感受。品鉴一种咖啡的气味特征需要试闻两次，一次针对新鲜的生咖啡豆，一次针对烘焙研磨并冲泡好的咖啡饮品。"口味"指通过舌头品尝而得的感受。"芳香"指在气味和口味的共同作用下所得的感官感受。"醇度"指咖啡的口感，即咖啡饮品进入人们口中所带来的顺滑感和厚重感的程度。"酸度"则指咖啡中隐隐的酸味，也是决定咖啡品质的重要因素，依其程度可被分为从微酸甜到柑橘味等数个类型。

感官感受无疑在相当程度上受限于主观且个人化的味觉经验。但日积月累所形成的一些或多或少可以阐明细微味觉差异的词汇在今天已通用于全球。"烟味（rauchig）"、"灰烬味（aschig）"、"药味（chemisch / medizinisch）"、"麦香（malzig）"、"花香（floral）"、"坚果味（nussig）"、"橡胶味（gummigleich）" 以及 "木材香

---

① 除了国际咖啡组织规定的五项标准，美国精品咖啡协会（Specialty Coffee Association of America）和国际咖啡杯测赛（Cup of Excellence）均对杯测标准作出过规定。前者的标准有十：香气（Fragrance / Aroma）、风味（Flavor）、余韵（Aftertaste）、酸质（Acidity）、醇厚度（Body）、一致性（Uniformity）、均衡度（Balance）、干净度（Clean cup）、甜度（Sweetness）以及整体评价（Overall）；后者的标准有八：干净度（Clean cup）、甜度（Sweetness）、酸质（Acidity）、口腔触感（Mouth feel）、风味（Flavor）、余韵（Aftertaste）、均衡度（Balance）以及整体评价（Overall）。

(hölzern)" ①……尽管在非专业人士看来这些词汇云山雾罩, 而且其中一些听起来并不是什么喜人的味道。但借助它们, 人们可以为咖啡样本分门别类, 并较为明确地评价咖啡品质的优劣。

---

① 1995 年, 美国精品咖啡协会发布了第一版 "咖啡风味轮 (Coffee Taster's Flavor Wheel)", 以约束人们对咖啡品鉴味觉的主观表达, 从而起到标准衡量的参考作用。首版风味轮 [正面风味: 味道 (Tastes)、香气 (Aromas); 负面风味: 外部变化 (External Changes)、内部变化 (Internal Changes)、味道缺陷 (Taste Faults)、香味污染 (Aromas Taints)] 基本囊括了咖啡豆各种可能的风味表现, 并列明了出现各种风味因由的大体方向, 进而针对不同咖啡树种, 不同烘焙阶段所呈现的味道, 以及各种瑕疵、烘焙不当所造成的风味等作了很好的归纳和总结。2014 年, 美国精品咖啡协会曾对 "咖啡风味轮" 进行过 "反文化咖啡 (Counter Culture Coffee)" 修订。2016 年, 在美国精品咖啡协会的协调指导和世界咖啡研究会 (World Coffee Research) 的通力合作下, "咖啡风味轮" 得到了更新, 正负风味被整合到一张轮形图上, 共分九大类: 绿色 / 蔬菜 (Green / Vegetative)、酸 / 发酵 (Sour / Fermented)、水果 (Fruity)、花香 (Floral)、甜 (Sweet)、坚果 / 可可 (Nutty / Cocoa)、香料 (Spices)、烘焙 (Roasted) 和其他 (Other)。虽然美国精品咖啡协会的三版分类既科学又全面, 但比利时烘焙公司 "库佩豪斯 (Cuperus)" 所发布的 "消费者咖啡风味轮" 则将咖啡风味极简为六大类, 即明亮水果味、坚果味、香甜水果味、花香味、巧克力味和香料香草味。

第3章　旧乡卡法

在一段很长的历史时期内，也门都是世界上最为著名的咖啡产区。咖啡的植物学名"Coffea arabica"本身就表明这种植物源自阿拉伯地区。所以在1700年前后，也门人理所当然地认为自己的家乡是这种提神饮品在世界上的唯一产地。然而实际上在红海彼侧的东非大裂谷西南仅几百公里处就一直存在着另一个生机勃勃的咖啡种植地，那里至今仍在大面积地种植咖啡。关于咖啡的故乡，欧洲也流传着许多奇特的说法。比如在17世纪，英格兰旅行家亨利·布朗特（Henry Blount）和詹姆斯·豪威尔（James Howell）就曾提出：古斯巴达人（alter Spartaner）曾饮用过咖啡，并且为之赞不绝口。[1]欧洲人似乎知道，很久以前就有人在非洲大陆的腹地种植过咖啡这种灌木。但是由于16和17世纪访问阿比西尼亚帝国（Kaiserreich Abessinien）①的天主教圣职并未在行记中提及咖啡，所以近代早期的欧洲人普遍认为当时的非洲早已不再种植这种作物了。当然实际状况或许并非如此，毕竟当时能够前往阿比西尼亚的欧洲人只有极少数。而且他们的活动范围往往局限在该国的中心地带，并没有涉足位于西南边陲种植咖啡的卡法王国（Königreich Kaffa）。[2]所以直到19世纪都没有出现欧洲人曾亲赴咖啡故乡的记录或报道。

虽然存在着一些无知的误解，但非洲之外的人们绝非对埃及

---

①　1941年，英军在第二次世界大战期间进攻意属东非，迫使其投降，并推翻了意大利的统治，阿比尼西亚再次独立，海尔·塞拉西一世更国号为"埃塞俄比亚（Ethiopia）"。

以南以及今苏丹地区 ① 不感兴趣。事实上对地中海世界而言，埃塞俄比亚高原及其以南地区自"古典时代（Altertum）"② 以来就散发着神秘的吸引力。尼罗河（Nil）源自何处？变幻莫测的月亮山脉（Mondberge）③ 伫立何方？俾格米人（Pygmäen）又乡居何地？还有古文献中传说的"邦特之地（Lande Punt）"可能就静卧在红海南岸的某处，甚至其可能还囊括了阿拉伯南部或非洲东北部的一隅。曾有各种形形色色的商品和奇珍异宝自那里涌入地中海。但更重要的是，尼罗河大洪水每年都会从内陆某个不知名的高原泛滥而来，灌溉两岸的农田，滋养埃及尼罗河河谷内的一切生命。邦特之地与埃及之间的大部分贸易往来很可能与数千年后的咖啡贸易一样借助于红海航线。通过这条贸易线输入的象牙与龟甲会在地中海地区被制成梳子或其他生活用品。现在，这种龟可能已经灭绝，而这些制品如今则被人们称为"古典时代的雕刻艺术（Plastik des Altertums）"[3]。

　　关于红海与印度洋当时的商业交通状况，现在仍有两部精彩卓越的一手文献存世，它们皆出自公元前 2～前 1 世纪的希腊人之手。一部是由柯尼多斯的阿伽撒尔基德斯（Agatharchides von Knidos）所作的旅行手记，另一部是由匿名作者所著的举世闻名的《厄立特里亚航海记》（*Periplus des Erythräischen Meeres*）[4]。这两部作品详细描述了该区域的贸易航路和沿海港口情况，对内陆地区的生活状况也略有提及。当时的地中海世界对这些地方并没有什么好印象。他

---

①　指位于非洲东北部的苏丹共和国和 2011 年从该国中独立出来的南苏丹共和国。

②　一种对以地中海为中心的一系列古文明的泛称。它们约始于公元前 8 世纪，迄于公元后 6 世纪，包括但不限于古波斯、古希腊和古罗马等文明。

③　即鲁文佐里山脉（Ruwenzori-Gebirge），位于今乌干达与刚果民主共和国交界处。

们通常都将埃及以南地区视为未经开化的蛮荒之地。居住在那里的"食鱼者（Fischesser / Ichthyophagen）"则从来不知道什么叫城市，更没有国家之类的概念。其中最为糟糕的是奥塔伊人（Autäer）："这些野蛮人完全赤身裸体，像一群牛一样共同生活，男人们有共同的妻子和孩子。他们只懂得痛苦和愉悦这些最原始的情感，丝毫没有道德观念。"[5] 然而这些人尽皆知的荒谬偏见却往往比那些民族志学者实地考察来的资料更易被人信服和口耳相传。

这些刻板印象在中世纪大行其道，一直延续到 16 世纪。这时欧洲基督教世界和奥斯曼帝国开始关注阿比西尼亚，各自着力于巩固在这一地区的影响力。1555 年，奥斯曼帝国占领了位于今苏丹和埃塞俄比亚边境的红海西南岸地区。短短 23 年后的 1578 年，他们的控制区域便扩张到了今天的索马里，将该地区并入了帝国的阿比西尼亚行省①。除此之外，信奉基督教的阿比西尼亚帝国依《旧约》中记载的所罗门王（König Salomo）在该地的统治宣称其王权的合法性，并继续在阿比西尼亚高原（即埃塞俄比亚高原）扩张势力。两大帝国的争斗一直持续到 16 世纪末才在官方的一致承认下结束。

在欧洲，阿比西尼亚自 14 世纪起就被认定为所谓"祭司王约翰（Priesterkönig Johannes）"②的故乡。这个说法不但颇为一厢情愿，而且带有很强的投机色彩。因为在当时西非到东南亚间的广阔区域内充斥着伊斯兰教势力，基督教世界亟须在这里找到一股可

---

① 即奥斯曼帝国的哈贝什行省（Habeš eyāleti），其在当时被基督教世界讹称为"阿比西尼亚"。

② 系一位在 12-17 世纪流传于欧洲的虚构人物，是传说中政教合一的领袖。一般认为他是从欧洲十字军东征的屡次挫败中诞生的理想形象。

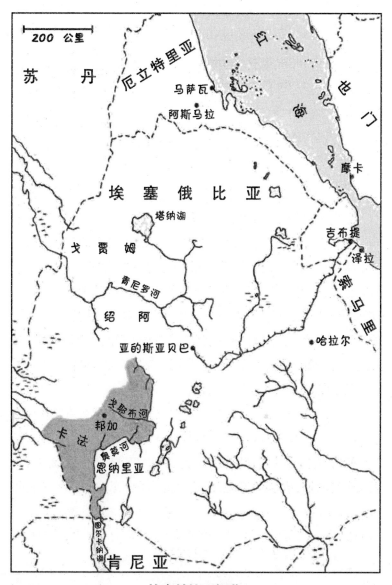

埃塞俄比亚概览

与"异教徒"对抗的力量。为了寻找这位虽然从未实际存在，却与"基督教阿比西尼亚"的设想完美契合的祭司王，葡萄牙国王于1520 年派遣弗朗西斯科·阿尔瓦雷斯（Francisco Alvares）率队进入该地区。[6]

地图"埃塞俄比亚概览"粗略勾勒出了卡法王国的所在，它位于人尽皆知的今埃塞俄比亚的西南部。这里就是阿拉比卡咖啡的故乡。在人们的印象里，北非地区总是持续干旱并且频发区域性危机，但实际上这里也有许多得到了大自然青睐和恩惠的地方，卡法就是其中之一。大块堆积于海拔 3000 米山脊上的季节性云团给它带来了充足的降雨；遍地的火山灰土壤使大地肥沃膏腴。[7]与这些相配的广阔葱郁的山地雨林深深打动了日后抵达这里的欧洲旅行家；德国人马克斯·格吕尔（Max Grühl）写道："造物之手成就中非原始丛林，又掷其碎片于卡法山区，遂成卡法林地晦暗沉郁之美。"[8]但在雨季中这里供人穿行的只有烂软泥泞的颠簸山路，这一点直到几十年前方才得到改善。于是格吕尔在 1920 年代激动地感叹道："这是什么路！毋宁说完全没有路！仅有及膝的烂泥、接连不断的泥坑、陡峭的山坡和只能跳跃行进的巨石堆！最令人恶心的是从参天巨木上掉落的水蛭直黏在你的身上！"[9]

卡法人的传统居住区域北起戈耶布河（Fluss Gojeb），南到奥莫河（Fluss Omo），西迄苏丹南部沼泽，东临山区与东非大裂谷湖泊链隔山相望。其最南端则延伸至肯尼亚的图尔卡纳湖[Turkana-see，又名"鲁道夫湖（Rudolfsee）"]。卡法王国的都城邦加（Bonga）位于海拔 2000 米的高原上。距今数十年前，这里还只是个不足千人的小村落，村民居住在茅草圆顶遮盖的泥棚里；而现在却今非昔比，人口已逾 20000，城市的标志性景观是鳞次

栉比的铁皮瓦楞屋顶。曾经毗邻城市的原始森林则历经两代人的
耕耘早已化为田地。[10]

尽管卡法王国存在过的痕迹早随往日荣光的逝去几近于荡
然无存，但 19 世纪以前它确是举足轻重的区域性力量，几百年
来以自身的影响力塑造着青尼罗河（Blauer Nil）以南地区的政
治、经济和文化。这里曾输出过数量众多的奴隶和麝香，当然还
有咖啡。[11]独立的卡法王国据说在 1390 年由一位名叫"明乔洛吉
（Mindjolotji）"的国王建立。[12]卡法王国在之后的几个世纪里不断
扩张领土，终于在 17 世纪末达到版图的巅峰。也是从这时起，卡
法逐渐在各方面被与其相邻的大国阿比西尼亚所控制，其中尤为
显著的是自该国渗透而来的东正教信仰。[13]1897 年，卡法王国的
末代国王被迫向阿比西尼亚全面投降，数百年历史的王国才最终
成了其强大邻国的一个省。所以回顾历史，咖啡的故乡绝非今埃
塞俄比亚的一部分，而是一个独立的王国，一个被其东邻凭借军
事实力暴力吞并的王国。

虽然"咖啡（Kaffee）"与"卡法（Kaffa）"在拼写上极为
相似，但人们至今仍无法确定二者是否存在联系，更无法确定
咖啡之名是否源自卡法的国名。传说卡法王国的名称来自阿拉
伯语的"Yekaffi"，意为"足够了"。据说很久以前，一位穆斯
林宣教士由非洲东岸进入阿比西尼亚腹地传播伊斯兰教，当到
达卡法地区时他听到真主对他言讲："到这里便足够，你该停下，
不必再进。"于是该地区便依诚谕称名为"Kaffä"。但这个传说
现在几乎完全无从验证。19 世纪中叶的德国传教士约翰·路德
维希·克拉普夫（Johann Ludwig Krapf，1810~1881）认为这种
带有伊斯兰教色彩的说法不足取信。当然，这种观点也可能系
克氏的职业身份所致，因为他同样认为卡法地区不可能存在阿

拉伯式的"咖瓦（kahwa / qahwa）"①。[14] 此外，咖啡在当地的阿姆哈拉语（Amharisch）中被称为"bunna"，与"Kaffee"毫不相似，这也令人们无法在"咖啡"和"卡法"两个名称之间建立联系。

1850 年以前，欧洲人对卡法的认识非常模糊，在他们的报纸新闻中很少提及该国或者该国人，流传欧洲的只有那些人尽皆知的刻板印象和关于该地咖啡种植的暧昧信息。1520 年，弗朗西斯科·阿尔瓦雷斯赴阿比西尼亚考察。他通过道听途说获知卡法地区住着"卡法人（Cafates）"，他们的肤色比周边地区的居民浅一些，民风阴险狡诈。有人还告诉他，这些人白天潜伏在山区或丛林深处，每逢黑夜便潜行而出，四处抢劫杀人。[15] 总而言之，阿尔瓦雷斯那时对咖啡植株似乎还一无所知。

150 年后前往非洲的夏尔·雅克·蓬塞（Charles Jacques Poncet，？~1706）是谈及卡法咖啡的第一位欧洲人。他来自弗朗什 - 孔泰（Franche-Comté）②，曾在开罗做过一段时间的药剂师。人们对他的了解极其有限，也不清楚他为何前往埃及。总

---

① 阿拉伯地区的一种苦味咖啡饮品，流行于今阿曼等地，人们会加入小豆蔻和利班酪乳搭配饮用。其中，"利班酪乳（Laban）"的工艺原理等同于"希腊酸奶（griechischer Joghurt）"，即所谓的"脱乳清酸奶（Siebjoghurt）"，其黏稠度介于酸奶和奶酪之间，但依然保留了酸奶独特的酸味。此外，在整个中东和北非地区，"Laban"也可被用来指代其他发酵乳品饮料，比如酸奶或酸奶饮料，甚至质地与干酪较为相似的"Labneh"[一种酸奶或奶油奶酪的替代品，常被涂抹在面包、贝果（Bagel，又称"百吉饼"）或新鲜皮塔饼（Pita，又称"阿拉伯薄面包"或"口袋饼"）上食用，是中东地区早餐上的常客]。

② 位于今法国境内，毗邻瑞士。

之，有一天他突然得到了一个机会，就此展开了一段伟大的旅程。那是1698年，阿比尼西亚统治者伊亚苏大帝（Jasus des Großen，即伊亚苏一世）因病向耶稣会（Orden der Jesuiten）① 传教士寻求医疗帮助。此事得到了法国驻开罗领事的大力支持，法兰西人显然有着明确的政治目的，想借此良机拉拢阿比尼西亚。对他们而言，与陌生国度的统治者进行接触并不罕见，1686年路易十四（Ludwig XIV，1643～1715年在位）就曾在凡尔赛宫接待过暹罗（Siam，今泰国）使团，并于17世纪末遣人常驻该国国都。[16]

　　蓬塞作为传教士的随员参与了这次深入非洲的考察。然而这位传教士在途中不幸故去，蓬塞便独自继续旅程并最终抵达了阿比西尼亚宫廷。如今，我们不得而知在医疗方面他是否帮助过阿比西尼亚统治者，但我们知道他的归途并不顺利。由于遇到海难，伊亚苏大帝送给路易十四的礼物几乎全部遗失，被带回凡尔赛宫的只有象鼻和象耳的腌制标本。蓬塞返回法兰西后仅作短暂停留便再次出发前往开罗，后来又到过印度和波斯，最终在波斯结束了一生。[17]

　　1699年，蓬塞出版了这次非洲之旅的行记，该书十年后被译为英文。[18]在这本书中，人们第一次见到对于非洲咖啡植株的描述，但蓬塞显然没有去过卡法，也未曾亲眼得见咖啡植株，他的

①　天主教主要修会之一，创立于1534年。该会修士并不奉行中世纪宗教生活的许多规矩，如必须苦修和斋戒、穿统一的制服等，而是仿效军队编制，建立起组织严密、纪律森严的教团，以致力于传教和教育，并积极宣传反对宗教改革。其在18世纪发展到顶峰后遭到欧洲各国的广泛抵制，并于1773年被教宗克莱孟十四世（Papst Clemens XIV）解散，后由教宗庇护七世（Papst Pius VII）在1814年恢复。

描写都是源于耳闻。

> 咖啡植株酷似桃金娘（Myrte）①，但其常青的叶片较
> 大也较浓密。其果实像开心果一样带有果壳，里面包裹
> 着两枚被称为"coffee"的豆子……有些人声称本地人为
> 了使咖啡豆无法发芽会先用沸水烫过再出售，这是绝对
> 错误的。在售出之前，他们只会将咖啡的果壳剥下，除
> 此之外不作任何处理。[19]

054　虽然这些信息仍然粗略，对咖啡植株的描述也似是而非，然而蓬塞至少注意到了咖啡果实需要去掉果皮，能够出售的只有里面的豆子。这个时期，来自也门的报告表明也门人会在出售前先令咖啡豆丧失发芽的能力。因而蓬塞写作这段文字时可能有些混淆，将阿拉伯半岛的报告误认为发生在非洲。这份独一无二的历史资料证明，早在1700年前后蓬塞和同时代的欧洲人就已经知道非洲存在咖啡了。然而公众几乎完全忽略了蓬氏的这份报告，这许是因为这本行记问世之初人们便对它的真实性有过怀疑。同时代的英格兰人曾反驳道："……这样描述咖啡非常奇怪。我们曾经有人在阿拉伯绘制过咖啡树，从图片来看这种树和桃金娘完全不同。所以这里面一定有什么错误。"[20]

第二则关于非洲咖啡的信息来自詹姆斯·布鲁斯（James Bruce，1730~1794），他既是一位苏格兰酒商也是一位非洲探险家，曾在1768年赴非洲寻找尼罗河之源。布鲁斯粗略描述了卡法的状况，提到那里有许多山地和大片沼泽，沼泽边缘则生长着

---

①　其中文学名是"香桃木"。

野生的咖啡植株。他并没有亲自进入卡法，因此对该地区缺少直接的认识。1830 年代的传教士克拉普夫也是如此，但他为人们提供了更多的细节信息。这位路德宗（Evangelisch-lutherische Kirchen）①传教士来自德意志西南部地区，代表英国海外传道会（Church Missionary Society）远赴阿比西尼亚传道。他主要活动于阿比西尼亚高原的中部地区，曾在今肯尼亚建立过传教站，还是现代意义上肯尼亚山脉（Mount Kenya）的发现者。他撰写的行记为进一步探索尼罗河的起源奠定了基础。

055

　　虽然克拉普夫没能亲临卡法，但他也和阿尔瓦雷斯或蓬塞一样根据本地人的口述写下了卡法的情况。他在叙述中提到了卡法王国的都城，那里坐落着统治者的广阔宫院。卡法的地势比阿比西尼亚低，房屋也比较简陋，所以住在村庄里会感到闷热难耐。因此来自北部偏凉爽地区的商人不愿久滞，总会尽快离开。但本地人很欢迎陌生人到访，至少很欢迎来自外埠的陌生商人。卡法输出的主要商品是棉布和奴隶，这些奴隶即便在本地也是苦工；输入的商品主要有盐、铜、马匹、牛只和染色纺织品。

　　据克拉普夫所述，卡法当时的统治者是一位名叫"巴力（Balli）"的女王，我们今天还不能确认她的身份和事迹。她极少出行离开国都，但当她出行时臣民必须用布帛为她铺路。卡法王国的家庭内部盛行严厉的等级制度，妻子未经许可不得在丈夫面前进食或饮水，否则将面临最长三年的监禁。克拉普夫笔下描绘出了一幅原始闭塞且隔绝当时世界上一切主要交流和贸易途径的

① 　又称"信义宗"，系基督新教三大教派之一，是以德意志宗教改革家马丁·路德（Martin Luther）的宗教思想为依据的各教会团体的统称。该教派强调"因信称义"和《圣经》的权威，主张建立不受罗马教廷统辖的教会。

社会图景。他还深信卡法居民身上确实存在上古传说中的野蛮人习气。[21]

第一位真正踏入卡法的欧洲人是来自法国的旅行家安托万·汤姆森·达巴迪（Antoine Thompson D'Abbadie，1810~1897）。1840 年，达巴迪参加了阿比西尼亚地方首领阿巴·巴基博（Abba Bakibo）赴卡法迎接第十二位新娘的求爱之旅。虽然他在卡法停留了整整 11 天，但显然活动范围较小，对该国的认识也极为贫乏。关于这次旅程的出版物过了几十年才问世，而且叙述毫无系统性，以致人们一时间纷纷质疑这段经历是否属实。[22]欧洲与卡法真正建立起长久有效的联系是在 1855 年，也是从这时起欧洲人对卡法才有了较为广泛真实的认识。塞泽尔·德·卡斯泰尔弗兰科（Césaire de Castelfranco）是一位隶属于嘉布遣小兄弟会（Orden der Minderen Brüder Kapuziner）[①]的意大利修士，他定居卡法后建立了罗马天主教传教站，后来还迎娶了一位本地女性为妻，并因此遭到了教会的绝罚。尽管他建立的传教团在尔后的几年里一直由阿比西尼亚圣职主导，但还是为卡法打开了一扇通往世界其他国家的大门。[23]

到了帝国主义的曙光时代，随着蒸汽船运业的蓬勃发展和苏伊士运河的开通，主权国家阿比西尼亚及卡法省逐渐成为来自世界各地的冒险家或自居探险家者的游乐场。[24]在这一时期，奥地利民族学家暨非洲探险家弗里德里希·尤利乌斯·比伯（Friedrich Julius Bieber，1873~1924）对卡法进行了较为详细的描述。1905 年，

---

① 天主教四大托钵修会方济会（Franziskanische Orden）的一支，由意大利修士马泰奥·达·巴朔（Matteo da Bascio）于 1525 年创立。该修会主张回归方济会初 创时的简朴状态和清贫苦行，是罗马教廷反对宗教改革的一股重要力量。

他与阿尔方斯·弗赖赫尔·冯·米利乌斯（Alphons Freiherr von Mylius）一同在卡法进行了为期一个多月的国别区域研究考察。[25]
后文我们还会再次介绍他们所观察到的当地咖啡的种植情况。

　　整整二十年后，德国作家兼探险家马克斯·格吕尔组织了一次貌似私人性质的阿比西尼亚之旅。他为本次旅行起了一个响亮的名字"德意志的尼罗河—鲁道夫湖—卡法大探险"。然而实际上他带回来的成果并没有太大的学术价值。从另一方面来看，尽管格吕尔在那里的行为和对卡法的描述无法避免帝国主义时代特征下欧洲人的自大与偏见，但他个人化的观察角度和亲身体验仍然颇具意味。与格吕尔同行的还包括他 14 岁的儿子瓦尔德马尔（Waldemar）、一位摄影师以及一些本地随员。他们取道下埃及前往上埃及，① 又经吉布提（Djibouti）和亚的斯亚贝巴（Addis abeba），最后抵达卡法。这次旅行的目的很模糊，似乎只是格吕尔出于对人类学—民族志学爱好的一时兴起之举。就像自我吹嘘的那样，格吕尔使用随身携带的设备依帝国主义的时代精神凭借狡黠和计谋，一次次成功地诱使本地人或半裸或全裸地站在照相机前，进而测量他们的头骨和身体尺寸。甚至连卡法的部落祭司也未能在格吕尔的研究冲动下幸免："我还是骗过了祭司，将他带到了我们的照相机前。"[26] 以今天的标准来看，他的行为显然是有问题的。

057

---

① 在埃及历史的前王朝时期（Vorgeschichte，约公元前 4000～约前 3100），埃及形成了上埃及（Oberägypten）与下埃及（Unterägypten）两个王国。它们以孟斐斯（Memphis）为界，尼罗河上游南方地区，即南起今阿斯旺（Assuan）北部至今阿特菲（Atfih）为上埃及；下游北方地区，即南起今开罗（Kairo）北部至地中海尼罗河入海口为下埃及。

尽管如此，我们还是需要感谢他在行记中写下了许多关于这一地区的生动见解，毕竟 1920 年代的卡法仍然远在当时的主要贸易线路之外，难以被世人所了解。最令格吕尔印象深刻的不是咖啡，而是被锁链串在一起如无尽的火车般由卡法向东行进的奴隶行列。克拉普夫也曾写道："男人、女人和儿童全都衣不蔽体甚至全裸。他们或被推搡前进，或被捆住负在其他人背上，或被锁链拴在一起牵行。一些大汉无情地驱策这支长长的队伍穿过泥泞的道路。他们就像一群牛般被对待，甚至比牛还遭。"[27] 所以即便到了 20 世纪，奴隶贸易和奴隶制在这个世界上还远未能成为过去。

058　　　格吕尔在从阿比西尼亚国都前往边境戈耶布河的路上见到了遍地生长的咖啡植株："一路上遍布肥沃的耕地和咖啡林，清澈的小溪潺潺流淌，居民勤劳友善，整洁的房屋隐在香蕉丛中，这里就像上帝的乐园。[28]……这里的人们是造物主亲手造就的杰作。"[29] 然而格吕尔对这里如天堂般的印象显然不是坐在咖啡树上沉思的结果，而是以窥伺的目光观察大自然的优美造物所生发的感受："在香蕉树和咖啡树掩映的小径上突然出现了一位年轻的姑娘。她是如此青春健美，我在此前的旅途中从未见过。"[30] 这位本地姑娘使格吕尔着迷，除了她的黑色眼睛，还有她的"末端垂挂一枚护身符的珍珠项链环绕颈项，垂于双乳之间"。[31] 但是她很快就没入森林消失不见了，至于其中的理由，今天的我们似乎也可以想象。格吕尔搜索了整整一天终于在本地人的帮助下再次找到了她，并将这位姑娘捕捉到自己的镜头中。

　　尽管这些 20 世纪的欧洲旅行家对卡法的态度和认识程度各不相同，但他们的描述无不或多或少地证明：在这个业已成为今埃塞俄比亚一省的地方，咖啡自有其无可替代的重要性。据传说——克拉普夫也曾提及此事[32]——在很久很久以前，一只灵猫（Zibetkatze）从中非的原始森林将第一粒咖啡种子带来卡法。[33]这个说法让人难以置信，却并非全无道理。因为卡法确实栖息着灵猫，而且它们真的会食用咖啡果实，并通过排泄将咖啡豆自然散播到各处发芽。然而很多迹象表明，咖啡植株自古以来就生长在卡法，不太可能由灵猫或别的什么动物带来。邦加市周围海拔 1400~1800 米的高原至今还生长着野生咖啡植株，那里的年均降雨量可达 2000 毫升，足以为咖啡植株提供充足的水分。

根据这里的另一项传说，咖啡植株是从紧邻邦加的小村庄托戈拉（Togola）蔓延至整个卡法的。格吕尔实际上曾经在这里见到过"咖啡灌木的原始家园"。[34]然而他似乎没有意识到自己在邦加周围的原始森林里看到的"荒废的咖啡林"就是原生的咖啡植株，他以为那些是遭到弃耕的人工咖啡林。现代自然科学也可以佐证卡法是咖啡故乡的假设。最近有植物学家分析了野生咖啡植株的遗传因子，结论证明在"自然选择（Zuchtwahl）"①的前提下，有 5000 多个咖啡植株变种选择埃塞俄比亚邦加的周边地区作为最适合的栖息地。在全球只有这里能够匹配如此多样化的咖啡品种。

---

① 由查尔斯·罗伯特·达尔文（Charles Robert Darwin）和阿尔弗雷德·拉塞尔·华莱士（Alfred Russel Wallace）于 1858 年在《讨论物种形成变异的趋向；以及变异的永久性和物种受选择的自然意义》（*On the Tendency of Species to form Varieties; and on the Perpetuation of Varieties and Species by Natural Means of Selection*）一文中首先提出，指生物在自然条件下不断地发生变异，有利于生存的变异逐代地累积加强，不利于生存的变异逐渐被淘汰的现象。

从生物学观点来看，野生阿拉比卡咖啡的故乡就是卡法及其周边地区。[35]

因此，生长在当今世界各地的阿拉比卡咖啡植株，都是数个世纪前由这里输出的咖啡植株或种子的后代。埃塞俄比亚以外的产区所种植的咖啡的"遗传基础（genetische Reservoir）"[①]比这里要狭窄得多。20世纪初，由于对这个事实缺乏认识，一批"良种"咖啡种子被从也门运到阿比西尼亚，以便种出和也门一样优质的咖啡豆。[36]直到1960年，人们在联合国粮食及农业组织主导项目的推动下才将埃塞俄比亚的咖啡植株移植到世界各地，以此扩充各大洲的咖啡遗传谱系。正如赖纳·克林霍尔茨（Reiner Klingholz）所说，这种做法在今天无疑会被打上"生物盗版（Biopiraterie）"的标签。[37]

虽然"阿拉比卡咖啡"现在已被世界公认为优质咖啡的代名词，但是这一称谓其实并不恰当。20世纪初，奥地利民族学家比伯曾试图为该品种引入一个新的名字："比伯氏卡法咖啡（Coffea Kaffensis Bieber）"。据说这样更加确切，也更加符合事实，但显然更符合的是他个人的雄心壮志。理所当然，这个新名称并未被世人所认可，因为比伯既非欧洲第一个描述卡法咖啡的人，也未在其卡法之旅中对相关问题有所创见。

除了野生咖啡植株，欧洲旅行家还在19世纪末20世纪初的卡法发现了人工咖啡种植园。在这里种植咖啡的商业成本很低，

---

① 系描述某一范围内某物种"基因库（Genpool）"广度的术语，遗传基础越狭窄意味着该物种的基因库越小，遗传多样性也就越差。对咖啡等经济作物而言，遗传基础越狭窄就越容易受到环境的威胁；人们通常会利用杂交或诱发基因突变等方式拓宽相关品种的遗传基础。

产出则经常被用来交易本地稀缺的盐。据传教士克拉普夫所述，一块价值不足 1 格罗特（groat）[1] 的盐可以换到 60~70 磅咖啡。[38] 1897 年，卡法与阿比西尼亚之间的长年战争宣告结束，卡法被完全吞并，其咖啡产量也自此开始急剧下降。

　　弗里德里希·尤利乌斯·比伯留下的大量清晰照片使人们可以看到 20 世纪初卡法省的咖啡种植状况。据他观察，流向市场的咖啡大都来自大型咖啡种植园，农民小规模种植的咖啡则大多为了自用，他们会将"12~24 棵咖啡灌木种植在菜园中"。[39] 这样的小规模种植园常被建于未经开垦的原始森林中，以便敏感的咖啡植株始终得到天然树荫的遮蔽。咖啡植株可以通过种子或扦插的方式种植。本地人常常在野外寻找长好的咖啡幼苗，连根部周围的土壤一起带回就可以种植在自家的园地里了。长远来看，这种方式可以确保咖啡植株的遗传多样性，增强抗病害能力。大型咖啡园则建有正规的苗圃，它们会先让幼苗在苗圃中生长到半米左右再移植他处。咖啡植株生长到一定高度后便无需特意照料，只要有充足的水分和荫蔽就可以茁壮成长，毕竟它们在茂密的原始森林中也是这样生存的。人们只需不时除草以免杂草影响植株生长，然后大约三年后就可以初次采收咖啡果实了。值得一提的是，卡法虽然不算大，但其各区域所产的咖啡品质却各不相同。北部的恰拉（Čarra）生产的咖啡豆最为优质，曾得到卡法王室的尊崇。王室不但会自己享用这些咖啡豆，还会将它们作为礼品赠送

061

---

[1]　一种曾在英格兰、爱尔兰、苏格兰流通的旧制银币，最初由英王爱德华一世（Edward I）模仿法国银币铸造。因地区与时代的不同，每枚格罗特的重量与价值差异很大。总体而言，二者在 13~19 世纪间持续走低。在克拉普夫生活的时代，英国政府发行的 1 格罗特重约 1.9 克，价值约合 4 便士。

给最尊贵的客人。

据比伯观察，1900 年前后，卡法人通常在 8~12 月间的旱季采收咖啡，采收方式是一种很可能由来已久的集体作业。他们首先会清理地面，然后男人们会爬上咖啡树将枝头已经成熟的和半熟的咖啡樱桃摘取并抛落下来。妇女和孩子们则负责将掉落地面的果实收集进大篮子里。收获之后立即开始干燥作业，人们将咖啡樱桃厚厚地铺在小小的浅坑中每日翻动，大约一个月后，这些果实就会基本干透，那些摘下时还是半熟的果实也会在这一过程中存放成熟。接下来人们会将果实铺得更薄更分散，并在阳光下曝晒一周以便其彻底干燥。最后再使用专门的木制工具去除咖啡樱桃上的果皮。与也门不同，剥下的果皮在这里会被直接扔掉。[40]

据卡法的本地传说，除了咖啡植株本身及其商业种植，就连咖啡饮用也源自该地区。传说在公元 6~9 世纪的某一天，一位名叫"卡尔迪（Kaldi）"的牧羊人弄丢了羊群。他寻找了一段时间，终于在一片偏远的丛林中发现了牲畜。但当时这些羊正在食用一种他从没见过的植物叶子和红色樱桃状果实，边吃还边咩咩大叫，显得兴奋不安。卡尔迪也尝了尝这种果实，但是味道苦涩得令他打了个寒噤。尽管如此，他还是给家人带回了一些果实。他的妻子建议将这些古怪邪门的果实送往附近的基督教修道院。最终，它们被修道院认为是魔鬼的造物而被投入火中，然而这些果实烧了没有多久，一股诱人的烤豆子香味就从火中散逸而出。在场的圣职立即判断这种香气比果实更有威胁，匆忙将快要烧尽的果核从火中抢出。为了避免魔鬼的灵魂从中逃脱，他们还决定将这些烧焦的果核磨碎并浸泡在水里。但是当晚，一位好奇的修士经不住魔鬼的诱惑品尝了浸泡果核的液体，作为兴奋剂的咖啡就此诞生了。[41] 这则传说很早以前就传播到了也门，并在 1671年经由东方主义作家安托万·法奥图斯·奈龙［Antoine Faustus Nairon，也称"安东尼乌斯·福斯图斯·奈罗诺斯（Antonius Faustus Naironus）"］的作品《论咖啡》（*De saluberrima cahue seu café nuncupata discursus*）而在欧洲广为人知。[42] 现在，该传说已被演绎出无数版本流传于世。

然而，我们至今仍不清楚早先的非洲东北部居民是以何种形式食用或饮用咖啡的。根据当地流行的传说，最先食用咖啡的是加拉人（Galla）① 的祖先，很久以前他们就曾因频繁的战争活动扰动埃塞俄比亚高原的和平。前已述及的詹姆斯·布鲁斯就曾在《尼罗河溯源之旅》（*Travels to Discover the Source of the Nile*）一书中写道：

> 加拉人是一个非洲的流浪民族。他们侵入阿比西尼亚后必须一次又一次地穿过广阔的沙漠，以便毫无预警地掳掠那里的城市和村庄，而行军过程中的给养则主要依靠咖啡灌木的浆果。他们按特定的比例将烘烤和研磨过的咖啡与动物脂肪混合，再反复揉捏到台球般大小，然后将这些球状食物装入皮袋随身携带。[43]

在漫长的征战中，加拉人常被饥饿所困，这时生长于丛林中的野生咖啡果实正可解燃眉之急。这些营养丰富且令人兴奋的小小能量球在作战行动中陪伴着战士们，为他们提供了必要的能量。据

---

① 此称呼带有贬义，该部族自称"奥罗莫人（Oromoo）"。他们主要分布在今埃塞俄比亚南部、肯尼亚东部和北部以及索马里的西南边境地区。

说只需一枚就足以支撑一名战士一整天的活动，而且比吃面包或肉类更能激发肉体和精神上的能力。尽管今天已无法验证这个说法的真实性，但似乎也不是完全不可能。因为毕竟在 20 世纪的战争中，士兵们也会以"巧咖可乐糖（Scho-Ka-Kola）"①、"咖啡浓缩膏（Kaffee-Konserve）"或"咖啡片剂"等多种形式摄入咖啡因。

除了上述传说，早期的阿拉伯文献中也记载了一些关于前近代时期咖啡在阿比西尼亚使用状况的零星信息，但其中并没有涉及卡法的资料。据此我们可以推测，或许在 14~15 世纪伊斯兰教向非洲东北部扩张时，阿拉伯世界才发现了咖啡这种植物。我们从阿拉伯文献中也无法确认阿比西尼亚人当时摄入咖啡的方式是直接咀嚼还是制成汤剂饮用。44 但我们从当时阿拉伯语的习语中可以发现一条线索：在提到"咖啡植株"或"咖啡豆"时，阿拉伯语使用的"bunn"沿用了阿姆哈拉语中的"bunna"；在提到"咖啡果皮"时，阿拉伯语使用的是"qishr"；而提到"摄入咖啡"，阿拉伯语则会使用"qahwa"一词。学界根据这种措辞上的差异推测，"qahwa"不是指咖啡这种植物的某一部分，而是指一种饮品。另外，部分学者还认为阿拉伯语中的"qahwa"在阿比西尼亚地区的语言中可能不仅指"咖啡饮品"，还泛指一切对人体具有刺激性效果的"植物饮品"。45

我们并不清楚后来在阿比西尼亚使用咖啡的习惯发展到了什么地步。蓬塞 17 世纪末的报告曾提到该国并没有人享用咖啡，现在我们可以推断，他只是没有遇到那些食用或饮用咖啡的人。46 但接下来 19 世纪的一则消息则在一定程度上与蓬塞的印象相

①　德国国防军在第二次世界大战期间的标准口粮之一，至今仍在生产销售。"Scho-Ka-Kola"反映了其中的三种主要成分，即巧克力（Schokolade）、咖啡（Kaffee）和可乐果（Kolanuss）。

符。著名的东方旅行家理查德·弗朗西斯·伯顿（Richard Francis Burton，1821~1890）曾在阿比西尼亚东部城市哈拉尔（Harrar）逗留十日，那里当时有着广阔的咖啡种植园。他记载了本地人使用咖啡的情况。

> 在世界上最好的咖啡产区哈拉尔和也门，人们会将咖啡果实保留下来出口。阿拉伯半岛南部的人们认为咖啡果皮有益于健康，会将其用于交易或自己食用。咖啡豆则被认为是一种燥热而有损健康的食品。相反，这里的人们认为咖啡果皮饮料是一种女士饮品，因过于燥热而不适合男人们在本地空气稀薄的环境中饮用。作为替代品，男人们一般饮用一种将咖啡叶烤干磨碎后制成的饮料……在英格兰我们也会煮饮咖啡叶，但不会事先进行烘烤。[47]

065

伯顿完全没有提及用咖啡豆调制的饮品。值得注意的是，他在哈拉尔看到的因性别而有所不同的咖啡享用方式：男性饮用咖啡叶饮品是当地社会的普遍习俗，而且他们认为这样有益于健康；咖啡果皮饮品则被这位英国旅行家称为"女性饮品（Ladies' Drink）"。

上述报告虽然粗略且不确切，但至少可以通过它们了解非洲东部享用咖啡的大致情景，而且长时间以来我们对卡法的相关信息一无所知。直到 20 世纪初，西方世界才了解到一些卡法传统的咖啡享用方式。1920 年代，前面提到的马克斯·格吕尔曾到访邦加附近山地雨林中的部落，他认为这里的部落民是名副其实的"咖啡饮用鼻祖（Ur-Kaffee-Trinker）"。格吕尔在茂密的丛林中信步漫游，偶然发现了一个村庄，这里的居民住在简陋的芦苇草房里，全部家当充其量只有"几个陶罐和几张草席"。[48]格吕尔认为这些人是自给自足的农民，主要靠种植香蕉和咖啡来维持生计。"等他们不再那么害羞了……"便邀请格氏参加了一个使用咖啡的朴素欢迎仪式。在他看来，这种仪式极具民族志学意义。

> 由于他们是世界上第一批饮用咖啡的人，他们调配咖啡的方式或许可以堪称咖啡制作的原始配方。我将其记录如下：先在石头上将刚刚烤好的新鲜咖啡豆磨碎，然后混入黄油、蜂蜜和香料调成膏状，最后灌入陶瓶煮沸。[49]

格吕尔之前曾见过本地人在周围森林中收集蜂蜜，显然这是当地经济的重要组成部分。但他将这些人推定为"原住民"，这在学术上就算不能说是完全错误也是大有问题的。在格吕尔的想象中，他徜徉在一座上古的露天博物馆里，然而实际上居住在这里的是已经与外界接触了几个世纪的现代部族。此外，他所记录的咖啡制作方式与比伯二十年前在此地所见的互相矛盾。据比伯所说，咖啡豆必须在客人面前现场烘烤，这是当地社会交往饮用咖啡时不可或缺的步骤。烘烤后咖啡豆会在钵中被研磨捣碎，然后再被冲泡成咖啡饮品。这种饮品常直接饮用，既不过滤也不加糖。[50]我们可以假设加蜂蜜和不加糖的饮用方式都存在，也许是因为两位旅行家在那里逗留的时间较短，所以各自只见到了其中的一种。

探究完卡法享用咖啡的方式，我们接下来要看一看当地的咖啡贸易状况。早在也门成为咖啡产区之前，阿拉伯人对这种非洲饮品就已经非常熟悉了。随着它变得愈发流行，由非洲输入阿拉伯半岛的咖啡出口量也越来越大。卡法、阿比西尼亚和也门之间的早期咖啡贸易很可能因循了一条古老的贸易路线。人们很早之前就开始从阿拉伯半岛南部出发，经红海和亚丁湾（Golf von Aden）抵达今埃塞俄比亚与索马里沿岸进行贸易。考古发掘证明这里最迟在公元前 500 ~ 公元 1 年就已经开始有文化和商业交通了。即便是在伊斯兰教扩张的年代里，受基督教影响的阿比西尼亚腹地与穆斯林控制下的红海海岸及亚丁湾之间的贸易往来也依然保持活跃。[51]

067

埃塞俄比亚的国家史诗《诸王礼赞》（*Kebra Nagast*）中有一段公元前 9 世纪示巴女王赴耶路撒冷拜访所罗门王的故事。在该故事中，示巴女王被描绘成埃塞俄比亚的统治者。二人相见后关系愈渐亲密，膝下还育有一子。这位王子成人后返回了母亲的故乡，并在那里以"孟尼利克一世（Menelik I）"之名建立了所罗门王朝（Salomonische Dynastie），该王朝直到 1974 年海尔·塞拉西一世（Haile Selassies I）退位才宣告覆灭。[52]虽然这则故事也许只是阿比西尼亚帝国的建国神话，但自古以来人们普遍认为非洲东北部与前东方地区之间的确保存着密切的联系。

人们现在所掌握的知识尚无法确定咖啡由非洲进入红海贸易航路的确切时间。传统研究认为，正如阿拉伯文献所记载，咖啡是在 15 世纪末作为贸易品输入也门的。但这个观点现在看来颇值得商榷，因为 1990 年代在阿拉伯联合酋长国的库什遗迹（Kush）①考古发掘出了 13 世纪的咖啡豆。目前，我们还有许多相关问题

---

① 位于阿联酋，与北非的库施（Kush）发音类似，但并非同一地点。

无法解决，比如这些咖啡豆是如何到达波斯湾的？这个发现是偶然的孤证还是大规模商业交流背景下的冰山一角？波斯的著名医生和学者阿维森纳（Avicenna，980~1037）①似乎曾给出解决这些问题的关键提示，但其有效性在学界仍备受争议。阿维森纳在自己的经典著作《治疗论》（*AlGanum fit-Tebb*）中提到过一种植物，并问道："什么是'bunchum'？""bunchum"一词的发音与阿姆哈拉语中的"bunna"极为相似。显然他自己也不知道这是种什么植物，因为他马上自问自答道："有人说它来自阿尼盖伦（Anigailen）。"[53] 文中还暗示在也门也可以找到这种植物。目前，我们还无法确定"bunchum"到底是不是咖啡，但与考古发掘出的蛛丝马迹相联系，或许可以令我们产生一个模糊的设想：咖啡远远早于 15 世纪就在阿拉伯半岛为人所知了。

咖啡出现于红海以北的时间不会迟于 15 世纪末，因为 1497 年一位来自西奈半岛（Sinai-Halbinsel）南部的叫作"Tûr"的商人在书信中提到过咖啡。[54] 16 世纪下半叶，非洲东北部与阿拉伯地区的交流已愈发频繁，非洲的咖啡则主要通过位于今索马里的港口泽拉（Zaila）输入红海。除了输送咖啡以外，这里还是来自印度和印度洋其他地区的货物运往红海的中转站。咖啡的需求在这一时期远远大于供给。卡法在 1600 年之前甚至出现了供不应求的态势。这种状况不仅因为咖啡饮品愈发流行，还因为阿比西尼亚及其周边地区的局部冲突愈演愈烈，内战、一些部落的暴力扩张以及基督徒与穆斯林之间的武装对抗层出不穷。[55] 但即便有这些内部阻力和来自竞争对手也门的挑战，非洲的咖啡出口在 17 世纪

---

① 本名伊本·西那（Ibn Sina），在欧洲以"阿维森纳"之名广为人知。

仍然保持着优势地位。所以到了 1690 年代，在夏尔·雅克·蓬塞得知阿比西尼亚和也门间的咖啡贸易后，便认为欧洲也应该效仿也门与非洲北部地区进行贸易往来。

> 在那里（红海）进行的贸易对他们（也门人）非常有利。因为我听说除了黄金、灵猫香膏和象牙等贵重货物，阿比西尼亚人并不重视芦荟、没药、肉桂、罗望子以及咖啡等物。他们收购这些运往也门或阿拉伯菲利克斯 ①，那里的商人想要这些货物……[56]

当时，欧洲和也门的贸易发展得如火如荼，蓬塞则发觉了红海彼岸非洲国家的贸易潜力。

到了 18 世纪，也门生产的咖啡豆获得了绝对的市场地位，世界各殖民地的咖啡种植业快速发展，非洲逐渐失去了咖啡贸易领域的国际地位。19 世纪时，非洲东北部地区开始寻找与世界市场再次联系到一起的途径。也是在这一时期，咖啡种植开始逐渐向卡法以外的地区蔓延。绍阿省（Provinz Shoa）、恩纳里亚（Enarya）、戈贾姆（Gojjam）以及塔纳湖（Tana-See）沿岸都是从这时开始种植和输出咖啡的。哈拉尔周边地区则发展成了另外一个重要的咖啡种植区。其间，欧洲人于阿比西尼亚南部获得了许多大庄园，并在那里建立了咖啡种植园。1910 年，连接阿比西尼亚和吉布提港的铁路竣工，对当地的对外贸易发展产生了积极的促进作用。[57]咖啡得以从马萨瓦（Massawa）和柏培拉（Berbera）

070

---

①　其地理位置大致相当于今天的也门、阿曼、阿联酋以及沙特阿拉伯的部分地区。

出口；此外，为数不少的欧洲武器也是从这里输往阿比西尼亚的。少量的咖啡豆则流向了阿拉伯的吉达，在那里，传统的亚洲国家间贸易与穆斯林朝圣紧密相连。至于阿比西尼亚，其咖啡消费在19世纪依然低迷，这主要缘于生活在该国北部的"科普特基督徒（koptischer Christ）"① 出于宗教原因而拒绝饮用咖啡。[58] 直到19世纪的最后十年，这些基督徒才逐步放弃了传统上的矜持，即拒绝饮用咖啡，咖啡在该国的销量也才开始有所起色。

在之后的很长一段时期内，国际咖啡市场都更加偏爱这种埃塞俄比亚庄园式种植的咖啡。咖啡的故乡卡法则逐渐落后于时代，仍然采取先野外采集咖啡植株，再带回进行分散花园式种植的方式。与种植园生产的质量稳定的咖啡豆相比，小规模农业种植生产的咖啡豆彻底失去了竞争力。1960年的一本咖啡手册曾对卡法的咖啡评价道：

> 在本地的小型咖啡园中，（原住民）用非常原始的方式开垦土壤……收获方式仅限于收集掉落的咖啡樱桃。

---

① "科普特（Kopte）"意指"埃及人"，源于7世纪阿拉伯人征服埃及时穆斯林对当地人的称呼。"科普特教会（Koptische Kirche）"是北非古老的教派，属于东派教会，至今仍维持着独特的宗教礼仪。该教派的建立可追溯至公元451年的迦克墩公会议（Konzil von Chalcedon）。"神人二性论"，即"认为基督具有同等完整的神、人二性，二性互不混淆、互不割裂，并合于一个位格"就是在此次公会议上被确定的；同时，迦克墩公会议还将君士坦丁堡长老暨修道院院长优迪奎斯（Eutyches）提倡的"基督一性论（Eutychianism）"定为"异端"。尔后，科普特基督徒拒绝接受"异端"界定，并向东罗马帝国发动起义。自此该教会与东派教会逐渐分离，进而形成了独立的一性论教派。

这些咖啡被漫不经心地置于阳光下晒干，装袋则常常在
没有进行分类且仍然潮湿的状态下进行。其质量优劣取
决于当年的天候变化。[59]

尽管卡法能够产出品质优异的特色咖啡，土质和气候也非常适宜咖
啡植株，但加工技术落后和运输路线不畅使其难以融入国际咖啡市
场。在原始森林中进行自然种植既意味着对环境无害，同时也意味
着植株稀疏、产量低下。这种方式每公顷土地只能种植 500~800
株咖啡灌木，每公顷产量则在 300~500 公斤之间。[60]总而言之，源
自卡法原始森林的咖啡在这一时期已变得毫无竞争力。

　　幸运的是，这种悲观的境况现已完全改变，目前"生态多样
化"和"小规模种植"已非缺陷而是空前地成为产品的竞争力。①
自 1990 年代以来，卡法省的咖啡在漫长的低迷后终于迎来了复
苏，运输问题也因邮购业的发展与咖啡商店这种销售模式而得以
解决。在这一背景下，今天的人们也开始意识到邦加周边生长着的
阿拉比卡咖啡具有不可替代的遗传多样性，而且这些品种无法在种
子银行中加以保存。同时，埃塞俄比亚的山地雨林在 20 世纪全球
范围的大规模森林砍伐中得以幸存，是现存最大的山地雨林之一。

---

①　　目前，埃塞俄比亚共有四种咖啡种植方式：森林咖啡（Forest
Coffee）、半森林咖啡（Semi-forest Coffee）、田园咖啡（Garden
Coffee）以及种植园咖啡（Plantation Coffee）。卡法咖啡属于第
一种，即以传统的森林小农方式种植的阿拉比卡咖啡。与埃塞
俄比亚的许多咖啡产品一样，卡法咖啡在销售时仅标以"原生
种（heirloom）"或标明"卡法森林农民合作联盟（Kafa Forest
Coffee Farmers Cooperative Union）"而无具体的品种标识。这一
方面是因为埃塞俄比亚咖啡的品种过于繁杂，地方种植者无力
以现代生物学标准——分类；另一方面也是政府为限制本国咖
啡品种外流而有意为之。

1999 年以来，在"《地理》杂志热带雨林保护计划（Geo schützt den Regenwald e.V.）"项目的推动下，人们尝试将保护雨林与保护咖啡植株遗传多样性结合到一起。在所谓"参与式森林管理（partizivatives Waldmanagement）"框架的帮助下，当地居民能够可持续地使用森林资源，进而实现自给自足的自然经济。作为交换，当地人需要承诺抵御外来拓荒者与盗伐者。该项目还提供颇具吸引力的价格向农民收购咖啡，希望借此使他们意识到森林的经济价值。

　　虽然在原始森林中进行收获作业比在植株整齐的种植园中困难得多，但来自埃塞俄比亚西南部的野生咖啡具有独特的香味，其高昂的价格自然也确有所值。营销协会"卡法咖啡农联盟（Kafa Coffee Farmers Union）"于 2005 年成立，该机构除了负责收集分散种植于各处的咖啡并销往海外，还负责在合作的基础上进行质量管理，以及确保咖啡农可以获得稳定且充分的收入。在"公平贸易认证（Fairtrade-Zertifikat）"[①] 的支持下，现在每年约有

①　　国际公平贸易标签组织（Fairtrade Labelling Organizations International）创立于 1997 年，是一个以产品为导向的具非营利性的伞形多方利益相关者组织。其旨在通过贸易改善并促进农民和工人的生活，即在公平贸易工作以全球战略为指导的前提下确保所有农民都能获得生活收入，所有农业工人都能获得生活工资。自 2004 年 1 月起，国际公平贸易标签组织已分离为"国际公平贸易标签组织（FLO International）"和"公平贸易认证组织（FLO-CERT）"。截至 2022 年 7 月，全世界共有 25 个国家或地区的公平贸易组织 / 公平贸易营销组织（National Fairtrade Organization / Fairtrade Marketing Organization）和 3 个生产者网络（Producer Networks）参与其中——所推广的产品主要包括咖啡、茶叶、可可、香蕉、鲜花、茶和糖等——它们负责在本国、本地区和所掌控的销售领域内推广"国际公平贸易认证标章"，组织订定和审查公平贸易认证标准，以及协助生产者在市场上获利并维护认证标章的权利。

180 吨野生咖啡豆通过该组织出口到欧洲国家。

咖啡不但再次成为卡法省大获成功的出口商品，而且仍然代表着那里丰富多彩的日常文化。当地人有很多种享用 "bunna" 的方式，除了加奶或不加奶，加糖或不加糖以外，偶尔还会跟茶调在一起饮用。他们有一套精心繁复的咖啡社交礼仪，这种礼仪在盛大的节日里更是可以持续上数个小时——调制咖啡照例仍会使用事先准备好的生咖啡豆。首先，以小平锅在席前现场烘焙，将咖啡豆焙成我们司空见惯的黑褐色；其次，用研钵将其磨碎；最后，将咖啡粉倒入长颈咖啡壶，以沸水冲泡。[61] 在这里，我们可以见证一项仍具生命力的古老传统。它穿越了时间，令我们恍惚感觉 500 年前的生活与今天并没有什么不同；它也跨越了空间，几乎原封不动地传播到了阿拉伯世界。

第4章 启航之所：阿拉伯菲利克斯

　　阿拉伯世界的第一杯咖啡无疑来自非洲。但人们至今仍无法弄清阿拉伯人的咖啡饮用对非洲进口依赖了多久，也不知道他们从何时起意识到也门山脉非常适宜种植咖啡。一些观点指出，咖啡的消费重心在15世纪时由卡法转移到了阿拉伯半岛，因为从这一时期阿拉伯世界的原始资料可以看出，这种漆黑的饮品正日益融入前东方伊斯兰地区人们的日常生活。也是从这时起，当地学者的争论焦点从咖啡对人体健康的正面与负面影响，延展到了饮用咖啡这种行为对公众道德的影响。其中的首要议题是：咖啡消费行为与伊斯兰宗教观念是否可以相融。无论如何，到了18世纪，咖啡以也门为起点开始了一场面向全世界举世无双的伟大进军，并最终成为全球流行的贸易品。

　　自古典时代以来，在欧洲人的认识里，也门与非洲东北部地区没有什么分别，都是想象中模模糊糊的虚幻国度。直到17世纪末咖啡贸易商和探险家才将也门较为真实的情况带回欧洲，普罗大众也因此逐渐对其耳熟能详。在此之前，阿拉伯半岛的最南端

被欧洲人称为"阿拉伯菲利克斯（Arabia Felix）"——意指"幸福的阿拉伯"——以与"阿拉伯沙漠（Arabia Deserta）"相区别。"阿拉伯菲利克斯"的概念可以追溯到古典时代希腊地理学家和历史学家斯特拉波（Strabon）所述的一则传说：那里的居民从世界各地聚集了大量财富，雪花石膏、调味料、名贵的闻香、玳瑁甲壳、昂贵的木材、珍珠和丝绸堆积成山。这样的描述尽管未免带有传奇色彩，但仍有真实成分蕴含其中。远在古典时代，阿拉伯南部

地区就向亚洲输出乳香和没药，并独占来自亚洲的调味料，进而向北销售换取金钱。

　　阿拉伯半岛南部国家早期的贸易规模巨大，被北方史书记载成所谓的"阿拉伯商队帝国（Karawanenreiche）"。[1]其一方面掌控着亚丁湾和阿拉伯海，并控制着通往几乎整个印度洋地区的交通咽喉，而且凭借这种得天独厚的地理位置逐渐成为印度次大陆西岸地区重要的贸易伙伴，取得了无可替代的商业地位。另一方面，阿拉伯商队帝国的商人们与红海北部也保持着贸易往来，是地中海世界经济活动的一分子。狭细的曼德海峡（Bab-el-Mandeb）就像印度洋与红海之间的一枚针孔，自古以来便是沟通南北的贸易节点。

　　君主国家也门的建国神话与埃塞俄比亚有相通之处，埃塞俄比亚依托《圣经》中的所罗门王，也门则依托所罗门王的对手，即兼备女神般美丽与魔鬼般狡黠的示巴女王。这样其君主统治的合法性就从《旧约》《新约》以及稍迟的《古兰经》中找到了依据。[2]但示巴王国（Reich von Saba）不仅是一个传说，以此为名的国家曾真实存在。该国成形于公元前 8 世纪，其出现标志着也门地区初次作为独立统一的政治体登上了历史舞台。示巴王国早期显然是一个颇具扩张力的大国，它曾一时间在阿拉伯半岛控制了众多的附庸，同时影响力远及埃塞俄比亚高原。但同样位于阿拉伯高原的奥赞王国（Königreich von Awsān）和卡塔班王国（Königreich von Qataban）在随后崛起，掌控了亚丁湾及其沿岸滨海平原，成为示巴王国阿拉伯地区南部控制权的有力竞争者。此外，示巴王国东有哈德拉毛王国（Reich Hadramaut）占据通往乳香产地佐法尔（Dhofār）的道路，北则出现了新兴的马恩王国（Reich von Ma'īn），该国控制着由南向北穿越阿拉伯沙漠的乳香

075

贸易路线。[3]

公元纪年后也门逐渐受到基督教和犹太文化的影响。随后，波斯的萨珊王朝（Sassanidenreich）开始扩张势力，历史悠久的"阿拉伯菲利克斯"最终在公元 590 年代沦为波斯的一个行省。[4] 此后，也门地区似乎陷入了历史的往复循环，屡遭外来统治者统治。特别是在南部地区，这种传统一直延续到冷战时代。

公元 7 世纪，伊斯兰教信仰从圣地麦加（Mekka）和圣地麦地那（Medina）传播到阿拉伯南部地区。但新兴宗教及其载体阿拉伯文要在未来的咖啡之乡，即也门的山区立足尚需数个世纪。也门的这种逐渐伊斯兰化的过程也是波斯的统治在该地逐渐衰落而部落社会结构日渐突显的过程。最终，该地北部建立起了较为持久稳定的"栽德派（Zayditen）"①伊玛目国家，其政权统治一直延续至 1962 年。而南部则从 11 世纪开始先后遭到埃及人的法蒂玛王朝（Dynastie der Fatimiden）、阿尤布王朝（Dynastie der Ayyubiden）以及突厥－马穆鲁克（türkische Mamluken）②建立的拉苏里王朝（Dynastie der Rasuliden）的轮

① 也称"五伊玛目派"，是伊斯兰教什叶派主要支派之一，属温和派，教义最为接近逊尼派，信徒则主要居住于也门和伊朗。什叶派主张伊斯兰教宗教领袖的继承应遵循世袭原则，只有先知穆罕默德的堂弟暨女婿阿里·本·阿比·塔利卜（ʿAlī ibn Abī Tālib，约 598—661）与穆罕默德唯一幸存的女儿法蒂玛（Fātima）的后裔才是合法的继承人，并尊称其为"伊玛目（Imam）"。栽德派作为什叶派的支派亦遵循这一大原则，但区别于什叶派内部主流的十二伊玛目派，栽德派没有明确界定所承认的伊玛目究竟有几位。

② 系公元 9—16 世纪活跃于中东的奴隶兵集团，主要由突厥人和蒙古人等游牧民族组成，曾服务于数个王朝。阿尤布王朝式微后，其成为强大的军事统治集团。

番统治。

历史的发展来到了奥斯曼帝国统治时期，其以苏丹苏莱曼大帝（Sultan Süleyman der Prächtige）之名发动了第一次远征。这次远征原本针对葡属印度（Estado da India）①，虽未能成功，却在1538年行经也门时占据了亚丁（Aden）等地。⁵然而奥斯曼帝国的大规模占领并没有持续多久，到了1560年代末，其在也门的控制区域已缩减至仅余沿海一线。双方又经历了约25年的小规模冲突，奥斯曼人终于被彻底且永远地逐出了也门。⁶17世纪初，欧洲商人开始逐步渗入该地区，显露疲弱之态的奥斯曼帝国此时已无力阻止这一趋势。当栽德派政权有能力将势力由北扩张到南部滨海平原以及山区时，也门成为世界上独一无二咖啡强国的历史时期即将到来。⁷时针此时已指向17和18世纪，居住在国都萨那（Sanaa）的统治者与来到摩卡等地收购咖啡的欧洲商人终于要相遇了。

与非洲东北部地区一样，也门流传的咖啡饮用起源传说也是传奇与现实交错的产物。在这些起源故事中，传奇统治者或虔诚信仰者总是在发挥关键作用。例如在17世纪上半叶的一则传说

---

① 1498年，葡萄牙人瓦斯科·达·伽马（Vasco da Gama）在先后绕过地中海、好望角和阿拉伯半岛后抵达印度，并于次年返回。六年后，葡萄牙殖民帝国（Portugiesische Kolonialgeschichte）建立了葡属印度殖民地，包括首府果阿（Goa）、达曼-第乌（Daman and Diu）以及位于达曼内陆的达德拉-纳加尔哈维利（Dadra and Nagar Haveli）。1974年4月25日，萨拉查军政权被"康乃馨革命（Nelkenrevolution）"推翻后，葡萄牙新政府正式宣布放弃所有海外殖民地，并承认印度在1961年12月对三个互不相连的原葡属殖民地恢复行使主权。

中，正是我们熟知的所罗门王将非洲咖啡广布于众。当时的学者
阿布·塔伊布·加齐（Abū al-Tayyib al-Ghazzī）写下了这则传说：
很久很久以前，所罗门王在旅途中抵达了东方某处的一座城，那
里有很多人为一种不明疾病所苦。所罗门王目睹这些苦难，取
出随身携带的咖啡豆，将其烘烤并制成饮品供病人饮用。那些
病患喝下了这种饮品就立即痊愈了。阿布·塔伊布·加齐称人
们此后再次遗忘了咖啡，直到 16 世纪也门人才重新发现了它。[8]
尽管这则传说几乎完全无法与现实相印证，但它显然与《旧约》
中所罗门王在也门的传说有着直接联系。

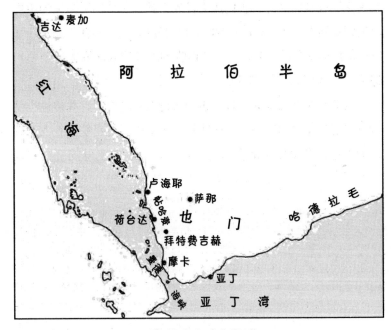

阿拉伯半岛南部概览

对伊斯兰教学者而言，那些传说内容与伊斯兰教具有直接联系的部分更为重要。"苏非主义（Sufismus）"①是伊斯兰教的一种神秘主义思潮，第 5 章会对其作出详细叙述。咖啡之所以能很快在宗教实践中发挥莫大作用，该思潮在其中扮演了重要角色。据一则传说所言，将咖啡引入伊斯兰宗教活动是无奈之下的权宜之计。苏非行者历来有使用也门原生植物恰特草的叶片作为夜间冥想静修时保持清醒的兴奋剂的习惯。然而恰特草在 15 世纪下半叶于亚丁供不应求，一位叫作"达巴尼（al-Dhabhāni）"的人突发奇想：能否用近邻阿比西尼亚产出的含有咖啡因的不明豆子代替恰特草呢？他随即晓谕信众："咖啡豆有助于清醒，不妨试着用它来制作'咖瓦'。"9

无独有偶，在另一则传说中，于也门将咖啡推广开来的也是这位逝于 1470 年的学者达巴尼。他曾被委派在亚丁审阅和复核宗教裁判的结果，并因此促成了一次阿比西尼亚之行。他在那里遇到了一些本地人，据称他们饮用一种达氏此前从未听闻的饮料。达巴尼显然将一些咖啡果实和咖啡植株带回了家乡，因为他返回亚丁后罹患了某种疾病，传说他给自己弄了一杯在非洲喝惯了的饮料，然后很快就康复了。

在阿拉伯咖啡的早期起源传说中，咖啡往往被当作一种药物。

①　系一种伊斯兰教内的神秘主义，提倡出世，崇尚禁欲和严苛的苦修，并谨遵《古兰经》、"圣训"与伊斯兰教法，要求信众随时随地以先知穆罕默德的言行为绝对榜样。奉行者被称为"苏非行者"，他们会间或结成共同追求精神层面提升的教团，故历史上曾被学者们视作一个教派，但实际上其更应被视为一种宗教秩序。早期的苏非行者多属于逊尼派，中世纪晚期以后其在什叶派内也有所发展。在修行方法上，早期的苏非主义者常结成教团，由导师带领信众进行冥想、诵经、赞颂真主等仪式，以提升个人的神秘体验，进而与真主同调。

078

079

达巴尼认为它可以振奋人的身心，消除倦怠和抑郁。咖啡以其兴奋功能在同类药物中崭露头角，先是作为苏非主义冗长宗教活动中的兴奋剂，然后没过多久就在也门广大民众中广为流行了。

商业方面的原始文献也表明咖啡在 15 世纪下半叶阿拉伯半岛的南部地区确实传播甚广。其作为贸易品很可能是从也门的沿海城市逐渐进入内陆以及红海北部的。早在 1475 年，这种饮品就被伊斯兰教圣地麦加和麦地那的人们所熟知，到了该世纪末开始出现在埃及的文献记录中。[10]

从非洲进口的咖啡第一次抵达也门到也门开始自行种植咖啡，其间至少间隔了四分之三个世纪。根据某部编年史记载，咖啡种植于 1543~1544 年间被引入也门。此外，许多迹象表明，广泛的商业种植始于奥斯曼帝国对该地区的强化统治时期，而且很可能是在 1570 年代初由奥斯曼帝国的也门总督厄兹德米尔帕夏①（Özdemir Pascha）推动实现的。这一时期，奥斯曼帝国因与葡萄牙人在印度洋交战而同阿比西尼亚信奉基督教的统治者处于结盟状态，厄兹德米尔帕夏及其随从很可能是通过这个联盟接触到了咖啡。然而在 16 世纪末及几乎整个 17 世纪，欧洲的原始文献除极少数个例外对此却绝口未提。只有英格兰的约翰·乔丹（John Jourdain）在 1609 年对种植地的状况进行了详细的描述。

> 那座山名为"纳基尔苏马拉（Nakilsumara）"，所有咖啡都长自其中。②那里是许多河流的源头，这些河流灌

---

① "帕夏（Pascha）"是对奥斯曼帝国行政系统内高级官员的尊称，类似于英文中的"Lord"。

② 纳基尔苏马拉位于伊卜（Ibb）附近。另，本段中的"咖啡"在原书中皆写作"cohoo"。

溉着阿拉伯的广大地区。那里的土地也很肥沃……山顶
有两座小堡垒……边上是一个小村庄，在那里可以买到
咖啡和水果。咖啡种子对本地人而言是一种可贵的商品，
他们将其运往开罗和奥斯曼帝国的其他重要地区，甚至
交易到印度。有人说这座山是阿拉伯最高的山之一，这
里的水果茁壮生长，其他地方都无法与之相比。[11]

080

当时，奥斯曼总督仍身处萨那统治也门，乔丹是首位在该时期前
往并亲见咖啡产区的英格兰人，甚至有可能是第一位做到这一点
的欧洲人。直到 17 世纪末，有关山中偏僻种植地的消息才经由也
门沿海城市频频传到欧洲。[12]

　　我们现在可以看到的撰写于 1690~1720 年间的此类报告通
常由英文或法文写就。[13] 迟些才有德意志旅行家卡斯滕·尼布
尔（Carsten Niebuhr，1733~1815）根据亲见所描述的当时咖啡
种植地的具体情况。尼布尔来自德意志北部地区，生于今下萨
克森州（Land Niedersachsen）易北河（Elbe）河口附近的哈登
（Hadeln）。他原本想成为一名土地测量员，并为此进入哥廷根大
学（Universität Göttingen）学习数学。哥廷根大学建立于 1733 年，
在启蒙运动时期是神圣罗马帝国境内的一个重要运动中心。该大
学不仅以当时最现代的方式教授数学和自然科学，还教授东方语
言并进行《圣经》研究。在尼布尔入学时，哥廷根大学已因之前
组织的几次探险而声名鹊起，其中只有不久前赴北美的探险远征
因领导者无能而以失败告终。他们将下一个目标锁定在埃及和阿
拉伯地区。与此同时，神学已然发现现代语言学和自然科学可以
辅助解读《圣经》，《圣经》学者和古物研究者都热衷于在现实世
界中寻找《旧约》中所描述的人物、统治者以及植物和动物。他

081

们计划草拟一份真正百科全书式和启蒙式的相关问题目录，并就此派遣团队前往东方进行一次以研究为目的的探险，进而通过田野调查解答一些重要且悬而未决的《旧约》问题。这将是首次不为商业利益或开拓新贸易市场，仅为促进学术进步而进行的中东地区探险之旅。

参与这次探险的除了卡斯滕·尼布尔，还有丹麦语言学家弗里德里希·克里斯蒂安·冯·黑文（Friedrich Christian von Haven，1727~1763）、瑞典著名植物学家卡尔·冯·林奈（Carl von Linné）的学生彼得斯·福斯科尔（Petrus Forskål，1732~1763）、画师格奥尔格·威廉·鲍林费因德（Georg Wilhelm Baurenfeind，1728~1763）、医生克里斯蒂安·C. 克莱默（Christian C. Cramer，1732~1763）以及一位名叫"伯格伦（Berggren）"的仆人。卡斯滕·尼布尔在队中担任测量员和制图师，并因深受信赖而兼管旅行财务。没有人能够在事前预料到此次探险不仅带回了《旧约》的相关知识，还前所未有地洞见了咖啡种植的实际情况。

和今天一样，要进行如此耗用奢费且旷日持久的远征，一位富有的资助人必不可少。没用多久，他们就找到了丹麦国王弗雷德里克五世（Friedrich V）。北方的奥尔登堡统治家族历来有资助探险活动的传统。早在 1630 年代，这位丹麦国王的亲戚石勒苏益格－荷尔斯泰因－戈托普公爵（Herzog von Schleswig-Holstein-Gottorf）就曾派遣一支贸易探险队远征波斯，后来戈托普的宫廷数学家亚当·奥莱留斯（Adam Olearius，1599~1671）应该便是通过此次探险成名于世的。（见第 5 章）1737 年，弗里德里克·路德维希·诺安（Frederik Ludvig Norden，1708~1742）在丹麦－挪威国王克里斯蒂安六世（Christians VI）的命令下访问埃及。他的任务是一个看起来有些冒险的计划：构建丹麦与阿比西尼亚之间的贸易往来关系。考虑到当时的法兰西国王路易十四正在尝试与阿比西尼亚进行政治和解，该计划因此似乎显得非常适时。诺安至少设法非常精确地测绘了到尼罗河第二瀑布①为止的地图。

如前所述，哥本哈根宫廷在当时因积极促进并资助科学探索而举世闻名。因此，哥廷根大学的神学教授约翰·戴维·米夏埃利斯（Johann David Michaelis，1717~1791）慕名向当时领导丹麦的政治家约翰·哈特维希·恩斯特·冯·伯恩斯托夫（Johann Hartwig Ernst von Bernstorff）与亚当·戈特洛布·冯·莫尔特克（Adam Gottlob von Moltke）提出资助针对该地区的又一次探险就可谓顺理成章了。一天，米夏埃利斯的同事数学教授亚伯拉罕·戈特黑尔夫·凯斯特纳（Abraham Gotthelf Kästner）前往探望年轻的学生卡斯滕·尼布尔。卡斯滕·尼布尔之子，即著名的历史学家巴特霍尔德·格奥尔格·尼布尔（Barthold Georg Niebuhr）在谈及这次探访时说道：

> "你想去阿拉伯旅行吗？"
>
> "如果有人支付开销，为什么不呢？"我的父亲答道。他并不眷恋家乡，却迫切渴望远方的知识。
>
> "开销？"凯斯特纳说，"丹麦国王或许乐意为你支付。"接着他向父亲解释了这次探险的主题与动因。爸爸当即作出了他的决定。[14]

---

① 该瀑布位于今埃及南部与苏丹北部尼罗河沿岸的努比亚地区（Nubien），现已被纳赛尔湖（Nassersee）淹没。

尽管哥廷根大学的那份"《旧约》问题研究目录"尚未完成，该小组还是在1761年出发了。他们从哥本哈根出发，经由海路途经马赛（Marseille）抵达伊斯坦布尔。接着他们前往埃及，在亚历山大和开罗逗留了九个月，然后由吉达驶向"阿拉伯菲利克斯"。这支探险队在阿拉伯南部地区逗留了一段时间，又渡海抵达印度次大陆西岸，从那里取道波斯和美索不达米亚返回欧洲。1763年5月，与其他队员关系欠佳的冯·黑文先行离世，一个月之后植物学家福斯科尔死于高烧，鲍林费因德与伯格伦在前往印度的途中魂归天堂。最后，克莱默医生也死在了孟买。尼布尔只好独自踏上穿越波斯的漫长归途。另外，丹麦的政治局势在此期间也发生了翻天覆地的变化。伯恩斯托夫失势，身为女王情人的激进改革家约翰·弗里德里希·施特林泽（Johann Friedrich Struensee，1737~1772）掌握了政权。尼布尔回到欧洲后曾一度试图在哥本哈根大学开展自己的学术生涯，然而最终却没能成功，他只好作为政府抄写员在石勒苏益格－荷尔斯泰因的梅尔多夫（Meldorf）结束了一生。1772年，他自费出版了国别区域研究著作《阿拉伯记录》（*Beschreibung von Arabien*），又在1774和1778年分别出版了自己行记的前两卷，第三卷则在1837年才得以出版，但此时他已然去世很久了。

也门在尼布尔的行记中占有很大篇幅，该书由此成了研究18世纪咖啡种植的绝佳参考文献。抵达也门后不久，尼布尔就惊奇地发现欧洲旅行家于此地逗留竟是如此安全和畅通无阻。这一发现实是令人难以想象，因为当时的外交部门不仅频繁发出旅行警告，而且也确有旅行小队遭到了绑架。他写道："我通过亲身经历得知，在也门旅行与在任何一个欧洲国家内旅行一样安全，一样自由无碍……"[15] 尼布尔还发现这里与吉达附近那些被"正统派穆斯林（orthodoxe Muslime）"①控制的阿拉伯半岛核心区域大不相同，在这里他与本地人可以较为自由地接触和交流。在种植咖啡的山中村落，欧洲人是非常罕见且颇具吸引力的。他甚至有机会与村落中的阿拉伯女性接触，这与他在平原地区遇到的情况大为不同。

　　我们夜宿在布勒戈什（Bulgose），有许多村中的阿拉伯人来我们的住处拜访。先来的是男人，待他们离开，我们的女房东带着一群少女少妇出现了，她们都想一睹欧洲人的真容。这些女性似乎不像城市中的穆斯林女性那样受到诸多限制，她们全都没有佩戴遮面的面纱，而且也能自由地与我们攀谈。鲍林费因德先生画下了其中一位送水的农家少女的服饰。她的女式长衫和长裤都是蓝白条纹的麻织品，长衫的颈部和膝前位置以及长裤的大腿位置带有色彩丰富的纹饰，这些纹饰是本地流行的样式。山地的气候要比沿海地区凉一些，所以这里的女性往往住在采光较好的房间中。[16]

---

①　　此处指"逊尼派穆斯林"。"逊尼派"意为"遵守圣训者"，自称"正统派"，是伊斯兰教目前最大的支派，一般认为全世界约 90% 的穆斯林都属于该教派。其与第二大支派什叶派的根本分歧在于对先知穆罕默德继任者的认定。逊尼派认为先知离世前没有指定继任者，所以应当遵循阿拉伯地区的部落传统，经选举产生新的领袖（即哈里发）。什叶派则认为只有穆罕默德的堂弟暨女婿阿里·本·阿比·塔利卜与穆罕默德唯一幸存的女儿法蒂玛的后裔才是继承了先知血脉的正统继承人。于是，两派由此在伊斯兰教经典、教义、教法及圣地等方面逐渐派生出各种分歧，以致争斗至今仍绵延不绝。

尼布尔一行刚刚穿越正统派穆斯林控制的阿拉伯核心区域，一位未加遮面的年轻也门女性就令他们耳目一新。

值得我们注意的是，这位北德旅行家对咖啡产生了浓厚的兴趣。17世纪末访问摩卡的英格兰教士约翰·奥文顿称咖啡为"天堂的恩赐（Bounty of Heaven）"。[17] 尼布尔同意奥文顿的看法，并进一步强调也门咖啡的品质有别于其他任何地方生产的咖啡。他认为也门的种植区海拔高、降水规律、地理条件得天独厚："然而也门咖啡依然秀出班行，大概因为这些咖啡生长于气候变化规律的高山之上，所在纬度也与欧洲人的种植园不同。"[18] 尼布尔在这里用来与也门咖啡比较的是欧洲人在18世纪上半叶建立的殖民地种植园所生产的咖啡。此外，欧洲旅行家对也门咖啡的赞誉很可能也存有爱屋及乌的成分。毕竟他们刚刚才离开酷热难当、沙尘弥漫的滨海平原，即所谓的"帖哈麦地区（Tihāma）"，而这个层峦叠翠、民风欢悦的山中咖啡之乡自然会令他们心驰神往。

也门咖啡生长于滨海平原东部地形陡峭的偏远山区，那里的特征是峡谷深邃且陡峭的山坡与小村落并存。山区中可供耕种的土地不多，人们自"青铜时代（Bronzezeit）"以来就不得不通过梯田种植作物。正如尼布尔所述，这里的人们用垂直的墙壁将种植咖啡和其他水果的小型梯田一一隔开，"使一块块田地能够维持水平。墙壁上通常还会搭建一个土堤以阻止水流"。[19]

因此，使用梯田除了能在倾斜的山坡上安置水平的田地，还能优化利用水资源。尼布尔发现小梯田间的墙壁可以使丰沛的降水留在田中进而渗入土壤，从而不至于放任雨水自行流入山谷。此外，在土堤上挖掘的排水渠会将上层梯田过剩的雨水导入下层，所以位于下层的梯田获得的雨水可能比上层要少。[20] 通过这种方式，当地人可以根据不同作物的不同需求有效配置稀缺的资源。[21]

要在传统的部落型社会中维持这样一个耕作系统，需要繁复 086
而广泛的社会义务与社会责任网络。因为只有每个农民都持续不
断地维护自己的梯田，该系统才能够正常运转，否则位于下层的
梯田必然会不可避免地遭到破坏。总之，这种耕作方式最大限度
地配合了西部山区的自然条件。[22]

在也门，降水的空间与季节性分布都极不均匀。即便是今天，
该国耕地面积也仅有3%适合发展"雨养农业（Regenfeldbau）"①。
也门每年都会迎来两轮雨季，第一轮是三四月份的春季降雨，第
二轮是七八月间的夏季降雨。然而这绝非某种规律，雨季有时会
延后，有时会失约，有时甚至会连续两轮不见踪影。也门降水的
另一个特征是明显的区域性差异。一个地方下着强烈暴雨，不远
处可能就处于干旱之中。由于季风环流，潮湿的空气从东南和西
南方向涌入塔伊兹市（Stadt Tai'zz）周边位于也门最南端的山区，
这里因而成了全国降水最丰沛的地区，全年降水量可达600~1000
毫米。当然，这样的降水量远远比不上非洲的卡法，但除了雨水
和山涧的溪流，帖哈麦沿海地区由海水蒸发所形成的潮湿空气也
能够提供一些水分。这些潮湿的空气昼夜升腾，并在山间凝结
成雾。[23]

然而，帖哈麦内陆地势较低的地区则要比沿海地带干燥得多。
许多地方的全年降水量不足100毫米，这对农作物种植显然产生
了限制。咖啡山脉以东延伸出一片降水极少、干涸如荒漠的土地。 087
尼布尔在前往萨那的途中经过此地，蝗虫贪婪地吞噬着贫瘠之地
上收成微薄的庄稼，最后自身也沦为人们的食物："每年的这个时

---

① 本指仅靠天然降水而无需灌溉即可为继的农业生产。其内涵
后有所发展，现也包括人工汇集降水或补偿灌溉等农业生产
类型。

候，也门的所有市场里都充斥着贱价贩卖的蝗虫。"[24]

　　也门不仅拥有咖啡种植所需的得天独厚的自然条件，还因人口密度较大而拥有密集的劳动力，山区是储备劳动力的资源库。咖啡种植总面积中的一大部分由年产量0.7~2吨的小农占据，只有伊曼家族（Familie Iman）这样与国家统治阶层有亲缘关系的精英以及宗教经济体拥有足以进行大规模种植的土地。[25] 1700年前后，因市场需求与日俱增，也门的咖啡种植面积得到了迅猛扩张。[26]

　　咖啡灌木笔直对称地列于梯田的景象令法兰西的早期旅行家联想到诺曼底的苹果林。在炎热的平原地区，人们会用种植遮阴木的方式保护咖啡灌木免受阳光曝晒；在较凉爽的高地地区，人们则很少使用这种方式。为了使咖啡园中极为稀缺的水资源能够确实渗入土壤，人们会在植株附近挖掘1~1.5米深的小沟壑，并将水蓄入其中。之后，随着果实的逐渐成熟，农民会逐渐减少供水。[27] 在土地非常肥沃的地区，梯田中除了咖啡植株还会种植小麦、瓜类、黄瓜以及各种水果。总之，18世纪的也门通常采取间作的方式种植咖啡，这与非洲的卡法不谋而合，却与欧洲人的殖民地种植园并不相同。

　　一个个小种植区被崎岖的山脉和深深的峡谷彼此隔开，生产着品质各异的咖啡豆。摩卡的欧洲商人总是优先挑选声誉最佳的种植区生产的咖啡豆进行收购，从18世纪初开始，他们坚信某个毗邻贸易集散地拜特费吉赫（Bayt al-Faqīh）的山村产出的咖啡豆最为优质，半个世纪后尼布尔证实了这一点。人们在一些产区会使用蓄水设备，以便一年之内收获两次。但是第二次收获的果实质量很可能会下降，而且鉴于咖啡樱桃的成熟周期较长，无论如何这都是一种例外情况。

　　其他种植园会在高处设置一些大木桶（蓄水箱），在应用时会先将泉水引入其中，再依次灌溉一排排咖啡树。为此，这些咖啡树被种植得非常密集，枝叶遮天蔽日。据说，这种方式灌溉下的咖啡树每年可以结实两次，但第二次收获的果实无法完全成熟，质量也不如主收获季。

主收获季通常在雨季结束后的 10 月到次年的 2 月之间。收获时人们会先将一块大布铺在咖啡灌木下面再摇动植株，成熟的咖啡樱桃就会掉落在布上，然后人们会再用大布将咖啡樱桃收集起来装入麻袋。接下来，人们会将收获来的果实放在席子上晒干，再用石头或沉重的木辊压碎干燥的果实取出咖啡豆。剩下的果皮也不会被浪费，它们会流入本地的咖啡市场被当作基什咖啡的原料贩卖。取出的咖啡豆则需要进行二次干燥，"因为没有干透的豆子在海运途中有变质的风险"。[28] 最后扬场以去除杂质，干燥而纯净的咖啡豆就可以在市场中卖到较高的价格了。[29]

　　也门的咖啡产量在 1710 年代达到顶峰，年产量为 12000～15000 吨，这个数字在整个 18 世纪基本没有变化。但是随着欧属殖民地咖啡种植业的发展，也门在国际咖啡市场中的地位于 19 世纪末由事实上的垄断逐渐萎缩到仅占市场份额的 2%~3%。此外约从 1800 年开始，也门动荡的国内局势也迫使咖啡的绝对产量有所下降，第 9 章将对这个问题展开详述。

　　那么咖啡是如何从偏远的山村到达帖哈麦，又是如何从帖哈麦到达红海岸边的港口城市的呢？以咖啡农为起始，到驻留港口的外国大商人为结止，人们在漫长的岁月里形成了复杂的商业链条以应对咖啡的流通问题。首先，咖啡农会将收获带到每周举行一次的本地市集中销售。这些市集往往仍在山中，周围的道路陡峭多石，咖啡农只能靠步行前往："人们不得不徒步爬上陡峭的山坡，这里的道路极少有人修整，状况非常糟糕。"[30] 尽管地处偏远且交通不便，咖啡农还是成为跨区域市场结构密不可分的一部分，并力求在主要贸易集散地或港口的咖啡价格波动中有所收益。因此，他们会在价格低迷时保留货品，直待市场供应不足、价格上涨时再出售。[31]

也门的每周市集作为一项传统风俗保留至今。在高原地区，市集往往设于距离村落稍远的田间，按经营范围被分为不同区域：除了咖啡市场区以外，还有牲畜市场区、农产品区、生产工具区、生活用品区、衣帽服饰区和调味料区等。此外，市集中处处都有饭摊、咖啡摊、茶摊和糖果摊，赶集的农民可以轻松找到茶点果腹。市集最重要的规则是每个参加者都有义务保持友好的态度，这里也由此成了许多对立部落能够和平交流的宝贵场所。[32] 农民们在每周市集中交易咖啡，缴付税金，再将它们打包运往平原地区。[33] 作为交换，他们会在这里购买布匹、盐巴或其他商品。

各地的中间商最终会将从每周市集上收购的咖啡带到帖哈麦。帖哈麦平原绵延 60 公里，位于红海与西部滨海山脉之间。那里布满了碎石与沙砾堆成的沙丘，从一开始就是咖啡从产区运往港口的中转站。[34] 几条干涸的谷地贯穿其间，将平原分成若干块；又有许多盐丘——本地人依靠它们获取食盐——拔地而起，使整个平原的地势更加散碎。帖哈麦终年被高温笼罩，昼夜温差小，空气湿度高。因此，过去几个世纪里穿越这里的旅行家往往选择乘夜前行。他们越靠近西部山脉就越感到天气潮湿，雨越多，四周的丛林也越茂密。[35]

这个地区最重要的咖啡贸易中转站毋庸置疑当属距离海岸 25 公里的内陆城市拜特费吉赫，18 世纪的英国人称它为

"Beetlefuckee"。尽管这座城市的规模比著名的贸易港摩卡还要大，但欧洲人看得上眼的显然只有这里的咖啡贸易。尼布尔即便刚经历过数日穿越帖哈麦的糟糕旅程，却也始终没能爱上它。

> 这里有一座小堡垒，在这个没有火炮的国度应该算是比较坚固了，但也只是坚固，除此之外一无是处。这座城市开阔而宽广。一些房屋是石造的，人们将它们建造得尽可能经久耐用。然而除此之外的大多数房屋……都是以草覆盖的圆顶长屋。[36]

1763 年 4 月的一场大火烧毁了无数用麦秸搭建的房屋，这座城市脆弱易逝的民居给尼布尔留下了难以磨灭的印象。作为一个欧洲人，尼布尔对这里的穷人在面对不幸时的宿命感深为震惊。

> 一个经历过如此浩劫的阿拉伯人所遭受的打击似乎没有同样境遇的欧洲人那么严重。他会背上为数不多的生活用品迁往城市中的另一处……他所失去的通常只有一座小屋，而且只需要很少的时间和精力就可以建造一间新屋。[37]

在拜特费吉赫，居住在小屋中的蚂蚁可比人多多了，为我们提供消息的尼布尔也深受其扰："它们啃食水果，啃食衣物，总之啃食它们前进道路上的一切。所以阿拉伯人不愿意跟它们住在一起，我一点也不惊讶。"[38] 为了远离这座闷热而贫瘠的城市，欧洲的商人和旅行家只能遁入位于山中的小镇哈蒂耶（Al Haddīyah），那里温度适中、水源清澈，颇利于健康。[39]

尽管拜特费吉赫荒凉贫瘠、乏善可陈，但仅通过最短暂的停

092

留和最肤浅的观察就能发现，这里是远近之内最为重要的咖啡贸易中转站："这座城市的咖啡生意成千累万……这里是也门规模最大的咖啡贸易集散地，或许也是世界上规模最大的咖啡贸易集散地。"[40] 卡斯滕·尼布尔于短暂逗留期间结识了世界各地的商人：有的来自汉志（Hedschas）、埃及、叙利亚、伊斯坦布尔甚至素有"蛮地（Barbarei）"之称的非洲西北部地区，有的来自印度或自波斯北渡印度洋而来，间或还有绕过好望角抵达此地的欧洲商人。[41]城里面还设有定居于此的外国人聚居区，生活在那里的主要是印度人。它很可能与今阿拉伯地区的南亚移民聚居地类似，是一个以男性为主的移民社区："偕妻子进入也门是不被允许的。因此他们在获得一笔财富后往往更愿意返回祖国。"[42] 随着岁月的流逝，一座名副其实的世界性咖啡贸易中心在咖啡山脉和港口城市之间的荒凉滨海平原上被建立起来。

093　　　"巴扎（Basar）"是由内院及四周覆有顶的长廊构成的市集，巴扎中满布的白色高塔是也门为数不多令欧洲旅行家印象深刻的标志性事物之一。在这里除了周五，每天都可以买到专供出口的咖啡豆，经营这种商店的都是大商人，而且他们往往是"印度商人（Banyan）"。他们不仅负责将人们梦寐以求的咖啡豆由内陆转运到沿海，还控制着本地的借贷市场并提供种植咖啡所需的大笔资金。所以这些经营者对咖啡的市场价格具有很强的影响力。他们很快就发现，欧洲商人需要在极短的时间内采购大量令人垂涎的咖啡豆以装满他们庞大的贸易船只。于是，这里的咖啡市场呈现了与一般惯例相反的情景：欧洲商人们渴望的大宗交易的单价往往高于小宗买卖。这个趋势显然令乘小船而来的亚洲贸易商欣喜若狂。[43] 基于以上背景，英国人长期以来一直设法在产地采购咖啡直接销往摩卡，然而这依然无法撼动咖啡贸易中心拜特费吉赫的卓越地位。因为山中生产的咖啡通常由中间商小批运往帖哈麦，而对绕过拜特费吉赫将咖啡以较低的价格卖给摩卡的欧洲人而言，这个方案显然毫无吸引力。[44]

拜特费吉赫与也门的其他港口相去不远，距离位于东北部的国都萨那也仅有六天路程。[45] 阿拉伯商人或印度商人有时会从这里将咖啡运往卢海耶（al-Luhayyah）和荷台达（al-Hudaydah）的港口，但主要还是运往摩卡。在红海，没有任何港口能像摩卡一样以自己的名字命名咖啡。① 这座港城之所以如此重要，是因为也门海岸的天然良港较少，摩卡是由印度洋向北航行的船只进入红海后的第一个可以停泊并装卸货物的港口。而且从这里前往咖啡市场很方便，骑骆驼通常仅需四天就可以到达拜特费吉赫。[46]

根据传说，正是因为咖啡，这里才得以成为一座真正意义上的城市。这则城市起源传说很可能是由谢赫② 阿卜杜勒－卡迪尔·贾兹里尔（Shaikh'Abd al-Kadir al-Djazīrir）于 1587 年写下的，而卡斯滕·尼布尔则是在访问摩卡时听闻的：一天，一艘由印度驶向吉达的船只在后来成为摩卡城的地方抛锚停泊。商人因身体不适留在了船上，船员们登岸探索。不久，他们发现了一栋孤零

094

---

①　除了也门港城摩卡和由其命名的咖啡豆，"摩卡"还可以指咖啡饮料和咖啡壶。相传，将咖啡与巧克力混合饮用的方式，即"Caffè mocha / Mocaccino"最早可追溯至 1815 年；而"Espressokanne / Moka pot"，即"蒸汽冲煮式咖啡壶"则起源于意大利，由路易吉·德·蓬蒂（Luigi De Ponti）和阿方索·比亚莱蒂（Alfonso Bialetti）在 1933 年发明后以摩卡港之名命名。

②　"谢赫（Shaikh）"是阿拉伯语中的常见尊称，意为"部落长老"、"伊斯兰教教长"或"智者"等，通常用于称呼 40 岁以上的博学男子。

零的茅舍。茅舍的主人沙迪利（al-Shādilī）是某个穆斯林部族的首领，一位谢赫。他热情地接待了远道的异乡人。

> ……还端出咖啡招待他们。他本人非常喜爱这种饮品，并将许多卓越的品德归功于它。对咖啡一无所知的印度船员以为这种热饮是种药物，他们认为留在船上的商人也许可以在咖啡的帮助下痊愈。谢赫沙迪利承诺在他的祷告与咖啡的功效下，不仅病人可以恢复健康，船上的货物也能在上岸后卖得一个好价钱。[47]

095　　颇具商业头脑的谢赫还自告奋勇地预言道：有朝一日，这里会出现一座大型贸易都市，全世界的货物都将聚集于此。这激发了病中商人的好奇心，他决定亲自登岸结识这位与众不同的男子。在那里他品尝到了平生的第一杯咖啡，"并且觉得舒服多了"。[48]与此同时，本地商人也聚集到了谢赫家，他们购买了船上的所有货物。印度商人欢欣雀跃，突然疾病全消："兴高采烈地返回了印度，并在他的故乡广为传颂谢赫的伟大圣行。"[49]故乡的商人们不出意料纷纷被这桩从各种意义上讲都有利可图的生意强烈吸引。据传在极短的时间内无数房屋围绕那栋孤零零的小茅舍拔地而起，它们就是日后摩卡城的基础。这位谢赫据文献记载去世于 1418 或 1424 年，所以如果上述传说属实，摩卡城的建立就可以追溯到 14 世纪末至 15 世纪初了。

　　即便到了尼布尔的时代，这位创始城市的著名谢赫的坟茔上仍然伫立着一座清真寺。据我们的旅行家尼布尔所见："这座城市每天都有民众以沙迪利之名起誓发愿。反正只要摩卡城依然存在，他就不会被世人遗忘。"[50]那时，谢赫沙迪利的神圣光环仍在，那些以其名所发的誓言便是明证。总之，正如一位英国人向尼布尔保证的，在充斥谎言的摩卡最为可信的恐怕就是这样的誓言了。[51] 鉴于谢赫沙迪利与至关重要的咖啡转运中心摩卡之间有如此密不可分的联系，他自然而然也被全也门的逊尼派咖啡馆店主尊为庇护神。 096

> 沙迪利不仅是摩卡城的庇护神，也是所有逊尼派穆斯林咖啡馆店主的庇护神，据说他们在每天早晨的祷告中都会提到沙迪利的名字。他们当然不会直接向他祈祷，但他们会感谢真主通过谢赫沙迪利教会了人类如何使用咖啡，并且会请求真主赐福谢赫与他的后人。[52]

通过这则信息我们可以明确得知，摩卡的城市起源传说在本地公众的认识里与咖啡贸易及咖啡消费密切相关。

欧洲人对摩卡的兴趣相当浓厚。当然，绝大多数欧洲人只是为了采购咖啡而来，对摩卡的了解往往仅流于表面。只有极少数旅行家或商人能够兼且观察并记述这座城市及居民的状况。前已述及的约翰·奥文顿就是其中之一，他在 1689 年前往东印度（Ostindien）[①]的途中顺便拜访了摩卡城。八年后，他在伦敦出版了这次旅行的记录，其中不仅描绘了由欧洲前往亚洲的旅程，还描绘了港城孟买与苏拉特，以及今阿曼的首都马斯喀特（Muscat），更描绘了东南亚陆域的局部地区。在这本 600 多页的

---

① 这是一个松散、模糊的地域概念，既适用于现在的印度尼西亚（前荷属东印度），也可包括马来群岛；而广义的"东印度"还包括中南半岛和印度次大陆，以至延伸至整个东南亚和南亚地区。

书里，关于阿拉伯南部地区咖啡大城摩卡及其附近地区的内容总计约占有 30 页篇幅。值得注意的是，奥文顿主要致力于描绘咖啡及其他货物的贸易状况，而居民和城市则模糊在阴影里处于一种奇妙的缺席状态。

097　　　在奥文顿看来，对经过数周乃至数月航行才到达此地的欧洲水手而言，从海上眺望到的摩卡颇具东方城市风姿，似乎格外壮丽。毕竟周边地区的景致异常单调，从船舷望去除了椰枣树林（Dattelhaine）什么都没有。[53] 但他们对这座东方城市辉煌的第一印象在进入城市后没过多久显然就荡然无存了。摩卡的城市规模非常小，内城被城墙包围，只有 85~100 个街区，其中仅允许阿拉伯人和欧洲人居住。欧洲的贸易公司在城中心设有海外贸易站，建筑外观与阿拉伯商人的商馆并无二致。外城是犹太人、亚美尼亚人和印度人杂居的社区，19 世纪后许多索马里人也开始居住在这里。与内城奢华的建筑相比，外城的房屋则要简陋得多，居住条件也相当差，空气潮湿难耐，井水更是浑浊难以饮用。洁净的饮用水需要由骆驼商队从很远的地方运来，因此价格昂贵。[54]

　　　旅行家则更加关心红海咖啡大城摩卡的商业活动。首先，这是一座高度国际化的大城市，拥有数不尽的商业交流机会，还拥有大规模的信贷市场，人们可以在极短的时间内获得贷款——这一切都散发着无与伦比的吸引力。摩卡不仅是指向欧洲或印度洋

098　　方向的首要咖啡出口港，也是其他贸易品在红海地区与亚洲其他地区之间进行运输活动的重要中转站，而其中尤为重要的是与印度之间的贸易往来。奥文顿提到，来自埃及等北方地区的商人为了收购印度次大陆的贸易品，需要在摩卡停留以换取白银。[55] 既然他们已经来到了摩卡，自然会购买一批咖啡带回家乡。这里随处可见的印度商人也是摩卡与南亚之间贸易关系密切的重要明证，

正如前已述及的约翰·乔丹早在 1609 年就已描述的那样：在城里除了能见到阿拉伯人，还能见到来自古吉拉特（Gujarat）、第巴尔（Daibul）、第乌（Diu）、焦尔（Chaul）、瓦塞（Bassein）以及达曼（Daman）的商人。[56]

在摩卡，欧洲商人享有亚洲商人无法比拟的政策特权，他们只需缴纳较低的进出口关税，货物也无需检查，就可以从船上直接运往自己的贸易站。这意味着他们可以避免海关人员习以为常的百般刁难与索要贿赂。[57] 尽管萨那的统治者试图以这些官方政策给予欧洲人贸易优待，进而弥补他们收购咖啡时所支付的较高单价，然而摩卡地方总督并没有令这些政策发挥实际效用。总督的横蛮举措经常引发冲突和管辖权斗争，[58] 低关税给欧洲商人带来的收益轻而易举地就被贿金与赠送给本地官员的"礼物"吞噬殆尽。

例如在 1720 年代，摩卡总督卡西姆·图巴蒂（Kasim Turbatty）与萨那的官厅显然关系良好，欧洲人针对他的投诉函全被拦截而无法上达统治者。英国人失去了耐心，旅居摩卡的罗伯特·考恩（Robert Cowan）在 1725 年甚至提议英国东印度公司对这座防御薄弱的城市采取军事行动。尽管颇具胜算，但这条建议最终没有被付诸实施。在接下来的十年里，也门与英国的关系变得困难重重。这时也门的统治者曼苏尔（El Mansur）终于在萨那除去了曾长期对他构成威胁的内部反对派，巩固了自己饱受争议的政权，但胜利的代价是巨额的财政支出。为了改善财政状况，他大幅提高了针对欧洲人的进出口关税。1737 年，首先发难的不是英国人，而是同样因该政策而蒙受损失的法国人。他们从海上发动袭击并炮轰了摩卡。[59]

25 年后的 1763 年 4 月，卡斯滕·尼布尔来到摩卡，他在这

座城市里也没能留下什么美好的回忆。一切始于从拜特费吉赫前
往摩卡途中的入境检查。

> 我们一行及仆人带着随身行李于上午9点抵达摩卡。
> 按照这个国家的习惯，我们的大部分行李在初入境时就
> 被从船上直接送到了海关……我们想让他们先查看我们
> 由陆路带来的随身行李，这样就可以拿到厨具和床。但
> 是检查站要先检查那些从卢海耶直接经海路运到摩卡并
> 仍保存在海关的箱子与货物。货物里有一小桶福斯科尔
> 先生在阿拉伯湾收集的鱼货，他希望海关不要开封，因
> 为浸在整桶白兰地里的鱼闻起来不会有什么好味道。但
> 是检查员还是打开了它，并取出了鱼并用铁棒在桶里翻
> 搅，他似乎坚信里面藏着什么值钱的东西。尽管我们一
> 再请求他把小桶放下，最后他还是把它打翻了。腐坏的
> 鱼和白兰地的腥臭一时间溢满了整个房间。[60]

这次不愉快的遭遇致使他们的所有行李都必须滞留在海关接受检
查，为尼布尔一行平添了许多麻烦。五天后，他们终于拿到了床，
"尽管经过彻底检查已然断成了两半"。[61]

　　一行人逗留摩卡期间的潮湿闷热也损害了他们的健康。尼布
尔为腹泻所苦，语言学家冯·黑文持续高烧以致精神逐渐混乱，
"开始胡言乱语，时而用阿拉伯语，时而用法语、意大利语、德语
或丹麦语"，[62]最终在1763年5月24日于深夜去世。尼布尔找不
到棺木，便匆忙在城里"用木材拼凑了一个木箱"。[63]无论如何，
两天后英国商人派遣六位印度天主教徒在晚间将木箱运往了外城
的基督教墓地。

　　尼布尔时代泛滥于摩卡的地方官僚主义、裙带风气和腐败现象也许都是这座建于咖啡之上的空中楼阁江河日下的外在表现。因为随着荷属东印度和西印度①等殖民地咖啡种植经济的发展，摩卡的财富从 18 世纪下半叶开始就已逐渐枯竭。这座传统港口慢慢遭到闲置，越来越多的印度船只选择直接驶向吉达卸载棉花。到了回程时它们也不再经过也门，而是绕行苏丹的萨瓦金（Suakin），以便装载食盐返乡。[64] 在过去的 200 年里，昔日的港湾入口处逐渐被泥沙淤塞，今天的摩卡只留有辉煌散尽的残影。历史悠久的旧城区如今已几乎成了一片废墟，人们最近几年才在它的南边建起了一座现代化港口和一座发电厂。[65]

101

----

① 1954 年，荷属西印度殖民地组成"荷属安的列斯（Niederländische Antillen）"，成为尼德兰王国的一个构成国。后来，其于 2010 年解体为三个构成国 [阿鲁巴（Aruba）、库拉索（Curaçao）和荷属圣马丁（Sint Maarten）] 以及直属荷兰本土的三个公共实体（特别市），即所谓的"荷兰加勒比地区（Karibische Niederlande）"，包括博奈尔（Bonaire）、圣尤斯特歇斯（Sint Eustatius）和萨巴（Saba）。

第 5 章　东方世界的咖啡热望

以也门为起点，没过多久整个前东方地区的人们都知晓了咖啡这种饮品。它先是宗教仪式中的兴奋剂，后随岁月的流逝渐渐进入人们的日常生活，最后终于与咖啡馆一起成为社会与政治辩论的议题。于是，宗教与世俗统治机构很快都开始尝试对其进行监管，小小的咖啡豆就这样突然置身于交叉火力网中。与中国茶和日本茶的传播过程类似，咖啡先是在产地拥有了消费市场，然后以此为基，相关的产品与制备技术才逐渐传播到欧洲。所以欧洲人享用咖啡终究还是要比亚洲人迟一些。当 16 世纪第一批欧洲人访问东方时，那里早已形成了高度制度化的咖啡贸易与消费网。旅行家和商人不仅在印度和北非之间的市场和巴扎中见识到了规模宏大的咖啡豆交易，还在小村落暂歇时亲身体验了当时流行的咖啡享用方式。

诚如第 4 章所述，咖啡在伊斯兰世界最初被苏非神秘主义当作冥想静修时的兴奋剂。苏非行者的主要修行目标之一是将心灵打磨得如金属镜面般澄明，进而映照真主的光芒。为此，他们在吟诵仪式"迪克尔（dhikr）"①中念想真主，通过无数次重复念诵"安拉（Allāh）"，全能的真主将在虔信者某种特别的呼吸方式中

---

① 阿拉伯语原意为"怀念／记忆"，也称"记主词"，系一种伊斯兰教仪式，即通过反复念诵《古兰经》或"赞词"来感念真主，是伊斯兰教法嘉许的虔诚行为。苏非主义者在视"迪克尔"为重要功课的基础上又赋予其神秘意义，认为它是达至更高层次的世界并触及唯一真主的最佳途径。

渗透进他们的肉体与心灵。静修仪式一般在夜晚进行，行者们则以念珠为吟诵计数。[1]

自 15 世纪以来，咖啡一直在这些夜间宗教静修仪式中帮助苏非行者振奋精神、集中注意力。因此在早期，这种饮品对信众而言不仅是一种兴奋剂，其振奋效用是真主为了使他们能够更好地修行所降下的恩赐。比如据伊本·阿卜杜勒－加法尔（Ibn 'Abd al-Ghaffār）所述，也门的苏非行者会在每周一和周五的冥想静修中集体饮用咖啡，他们将其看作修行的一部分。导师会用小瓢按特定顺序为信众斟好咖啡，边斟还边吟诵宗教咒语。[2]

既然咖啡在苏非主义仪式中已然具备社交饮品的属性，那么它甫一进入世俗社会就被用于社交活动也不就足为奇了。大概在 16 世纪初，咖啡开始走出也门苏非主义者封闭的小圈子，逐步向更广泛的社会群体蔓延。拉尔夫·S. 哈托克斯（Ralph S. Hattox）在研究中东咖啡馆的论文中推测，是苏非主义者主动传播了咖啡饮用的相关知识。这些苏非行者来自社会的各个阶层，其中许多普通信众都必须在世俗中谋求生计。他们与苏非主义之外的社会接触频繁，很有可能在接触中将这种黑色饮品告知他人。[3]这种传播奠定了咖啡彻底世俗化的基础。到了 18 世纪，当欧洲人询问也门人为什么喝这么多咖啡时，也门人通常的第一反应是，因为它营养丰富，然后才是因为它令人感到享受和放松："一种甜蜜的享受，一种令人身心愉悦的习惯。"[4]而咖啡在苏非主义冥想静修中的重要作用则罕有人再提起。

最迟在 1520 年代，这种于世俗间流行的新型提神饮料即已传抵麦加和开罗等阿拉伯－伊斯兰地区的大城市。[5]然而，咖啡之所以能广泛且持久地融入也门以外地区人们的生活，奥斯曼帝国看似势不可当的扩张或许功不可没。早在中世纪时，开国君主奥斯曼一世（Osman I，约 1281~1326）就从安纳托利亚（Anatolien）西北部的一个小贝伊国起家建立了奥斯曼酋长国（Osmanische Emirat），其在日后又发展成为奥斯曼帝国。后来，奥斯曼一世率领一支强大的雇佣军向摇摇欲坠的拜占庭帝国发动突袭。1453 年，其继承者攻陷了君士坦丁堡（Konstantinopel，今伊斯坦布尔），古老的拜占庭就此覆灭。尔后，奥斯曼帝国征服了埃及，并在阿拉伯半岛扩张到直至暂时占领了也门，这对咖啡消费在伊斯兰世界的发展产生了重大的意义。[6]

尤为显著的是埃及的奥斯曼精英阶层，他们很早便开始熟悉并享用咖啡了。而在开罗，这种饮料几乎无处不在，17 世纪的法国人巴尔塔萨·德·蒙库尼（Balthasar de Monconys）对这座城市里的居民曾作过如下描述。

> ……他们喜欢饮用"咖啡（cave）"作为消遣；这是一种比搅浑的烟灰还要黑苦的饮料；尽管如此，几乎每个人（不论男女）都要每天喝上两次，几乎每条街都有至少一座大型咖啡馆……[7]

随着奥斯曼帝国的扩张，咖啡也迅速由开罗向东北方向扩散。到了 1534 年，咖啡出现在大马士革（Damaskus），二十年后又出现于伊斯坦布尔。1554 年，奥斯曼苏丹苏莱曼大帝曾被迫提高奢侈税以遏制爆发性蔓延的咖啡消费行为。[8]一些机敏的商人率先将咖啡引入新的地区，并在那里销售，其中不乏由此而一夜暴富的人，比如 16 世纪中叶活跃于伊斯坦布尔的叙利亚商人哈克姆（Hakm）与沙姆斯（Shams）。

到了 1580 年代，咖啡已经融入了所有社会阶层的日常生活，成为奥斯曼帝国都城公共文化的一部分，正如意大利公使詹弗朗切斯科·莫罗西尼（Gianfrancesco Morosini，1537~1596）所嫌恶的那样。

> 这里的人们粗鲁鄙俗、衣衫不整，终日游手好闲，完全没有经营商业的能力。他们几乎永远坐在那儿喝着东西消磨时间，不仅底层人这样，身居高位的人也如此。他们在所有的公共场所，不论在小酒馆还是大街上，尽可能趁热饮用一种煮沸的黑色液体。这种液体来自一种叫作"咖啡（cavée）"的种子，他们说这种种子能够令人保持清醒。[9]

这位威尼斯人借咖啡表达了欧洲人常见的刻板印象：东方人颓废且缺乏商业能力。然而事实证明，东方人极其坚忍顽固，几百年后著名的社会学家马克斯·韦伯（Max Weber）的研究充分阐明了这一点。

16 世纪下半叶，咖啡贩售在奥斯曼帝国已随处可见。莱昂哈德·劳沃尔夫（Leonard Rauwolf）在阿勒颇（Aleppo）的巴扎上见到了无数销售咖啡豆或咖啡饮品的店家。但广泛的销售网致使咖啡产业上游趋于匿名化，16 世纪位于奥斯曼帝国核心区域的消费者显然对咖啡豆的真正来源一无所知，这与当今消费者的状况颇有类似之处。据劳沃尔夫在阿勒颇所悉，本地人"一贯认为咖啡豆是从印度运来的"。[10]

咖啡在东方早已成为一种社交饮品，正如 1615 年佩得罗·德拉·瓦莱（Pietro della Valle）所说："人们在朋友聚会时总在喝咖啡。"[11] 同时，这种黑色饮品并非男性的专利。尽管在伊斯兰世界，

106

除娼妓与服务人员外的大部分女性都不太可能频繁出现于咖啡馆，但对她们而言，居家享用似乎已成为一种普遍的习俗。例如开罗人的婚书中经常包含一条约定：丈夫承诺为妻子定期提供足量的咖啡。如果逾期未给或给数不足，至少在理论上这可以成为离婚的理由。[12]

107　　与此同时，一种特殊的物质文化伴随消费咖啡的行为播散开来。当时，奥斯曼帝国常见的咖啡壶是一种通体铜制、内外镀薄锡且下宽上窄的款式；咖啡杯则一般为陶制或瓷制，后者在富裕的家庭中较为常见。[13]让·德·拉罗克（Jean de la Roque）在1675年这样写道：

> 在咖啡馆可以见到一种饰有彩色漆绘的扁平木制托盘，有的店家也使用银制托盘，盘上足以放置 15~20 个咖啡杯。这些咖啡杯一般是瓷制的，富人或某些讲究的客人会使用小银杯。这种银杯被称为"fingians"，只有我们杯子的一半大。人们使用银杯时从不斟满，既为了防止咖啡溢出，也为了不让沸热的液体烫伤嘴唇。他们将拇指托在杯底，用食指和中指扣住杯口，轻轻钳起咖啡杯饮用。[14]

诚然，上述情景很可能发生于奥斯曼帝国的精英阶层而非普通消费者阶层。尽管如此，这一原始资料仍然意义重大，因为它表明欧洲人在发展自己的咖啡用具之初，在审美旨趣和功能性上都参考了东方既有的咖啡托盘和咖啡杯；而且他们对东方形制进行的改动非常有限，顶多只是为咖啡杯添加一个把手之类的程度。

那么，阿拉伯和土耳其地区会如何烹制咖啡呢？1700 年前后，有位法兰西旅行家曾作出过如下描述：

> 这里的烹制法与黎凡特任何一个地方以及我们在法兰西每天照猫画虎的方法是一样的。唯一的区别是阿拉伯人会将煮沸的咖啡不加糖直接倒入杯中，而不会先倒入咖啡壶。有时他们会先将咖啡壶从火上取下，然后立即用湿布包裹，咖啡渣就会倏尔沉到壶底，咖啡液则会变得清澈，并且表面浮有一层丝绒般的油脂。这样一来，当咖啡被注入杯中时就会升腾起更多蒸汽，芳香在空气中弥漫，令人格外陶醉。[15]

108

他还提到一种据说受到"有品味人士"格外青睐的"基什咖啡（kisher）"，这种饮品由晒干的咖啡果肉带着内果皮混合熬制而成。

> 人们用咖啡壶烧上开水，然后从熟透的果实中取出果肉和内果皮磨碎，再放入陶制平底锅中边搅拌边烘烤，直至完全变色，方法与烘焙咖啡豆差不多。烤好的混合物再添加其四分之一分量的生果肉，然后一起倒入咖啡壶，接着在沸水中像平时烹制咖啡一样熬煮。煮好的饮品与英式啤酒的颜色差不多。此外，果肉必须放在干燥处保存，如果返潮就会散发出难闻的异味。[16]

这种饮品要比通常的咖啡苦一些，在也门萨那等地的上流社会中较为流行。由于是宫廷饮品，它也被称为"苏丹咖啡（Coffee of the Soltâna）"。但随着时间的流逝，消费者对基什咖啡的态度逐渐改变，终于在 18 世纪完全失去了兴趣。

咖啡在前东方地区的流行趋势愈演愈烈，几个世纪以来充当了贸易引擎的角色，为推动以也门海岸为中心的大范围商业活动作出了贡献。众所周知，也门最重要的输出贸易港是北部的卢海耶、中部的荷台达以及南部濒临红海的摩卡，这些港口的出口货物都由位于中心地带的拜特费吉赫供应。卢海耶与荷台达两港的位置虽然更有利于与埃及的贸易往来，但航行较为困难。就像卡斯滕·尼布尔所注意到的："荷台达的港口比卢海耶稍微容易通行一些，但那里仍然很难见到大型船只。"[17] 相比之下，摩卡则足堪也门与印度洋进行商贸活动的门户。也门通过这三个港口从陆路和海路独力供应了伊斯兰世界内部咖啡跨区域市场的全部需求，其贸易范围从非洲西北部的摩洛哥到巴尔干半岛、安纳托利亚半岛和阿拉伯半岛，一直延伸至印度洋。

在奥斯曼帝国时期，麦加谢里夫①与吉达帕夏享有吉达港的"过境权（Stapelrecht）"②，所有沿红海南来北往的货运船只都必须在这里停泊并重新装载货物。这项权利不仅使两位地方领袖可以获得一笔可观的海关税收，也确保了阿拉伯半岛圣地粮食与其他日用品的供应。从这一点来看，朝圣活动与红海地区区域贸易的

---

① "谢里夫（Sharif）"源自阿拉伯语形容词"šarīf"，意指"高贵／崇高"，常被用于尊称穆斯林贵族。1517 年，奥斯曼帝国苏丹塞利姆一世（Selim I）在征服埃及马穆鲁克王朝后受领"两圣地之仆（Khādim al-Ḥaramayn al-Sharīfayn）"头衔，而先知穆罕默德的族裔哈希姆家族（Haschimiten）则在 1201~1925 年一直实际统治着麦加与麦地那，并世袭"麦加谢里夫"一职。

② 一种中世纪欧洲和中东等地区的城市权利。当时，商人会被强制要求将全部货物在过境地公开展示并销售一段时间，通常为期三天；在有些城市，过境商人也可通过缴纳税金来取得豁免。

紧密啮合再次得到了明确的旁证。[18]

　　而埃及的开罗则在北方发挥着举足轻重的作用。大部分咖啡豆会先经水路穿过苏伊士运河，然后由沙漠商队经陆路运抵开罗。在 1700 年前后，开罗咖啡商人的代理人每年会从吉达——偶尔从摩卡或荷台达——收购约 4500 吨咖啡，占也门年出口总额的一半以上。这些咖啡在到达开罗后将有约一半用于满足奥斯曼帝国的内部需求，另一半则转而运往欧洲。咖啡既是一种商品，也是一种投机品。每次一有货船进入苏伊士运河，咖啡价格就会产生大幅度震荡。精明的商人则会经常利用这种规律赚取附加利润。[19]

110

　　这一地区存有一个广泛的咖啡贸易网，以开罗为中心覆盖大马士革、士麦那［Smyrna，今伊兹密尔（Izmir）］、伊斯坦布尔、塞萨洛尼基（Saloniki）、突尼斯以及马赛等地。该网络内约有 360 支商队，其中的 60 支专门从事咖啡豆贸易。咖啡豆贸易为从事这项业务的商人打下了坚实的财富基础，他们是一群虽然远离城市却最富有的人。他们的宅邸被建造成马穆鲁克风格，如宫殿般堂皇，其中的一些留存至今，是其昔日财力最为有力的证明。[20]

　　咖啡业利润在 17~18 世纪不断增长，这足以弥补该地区商人因"好望角航线（Kaproute）"①的兴起而在欧洲贸易中蒙受的损失。面对新贸易航线的挑战，穿越埃及和黎凡特的传统咖啡贸易路线展现了惊人的韧性。[21]法国的马赛港一直以来都是这条伊斯兰 – 黎凡特贸易路线在欧洲的终点，大部分咖啡豆都是从这里转运到欧洲其他地区的。[22]

---

①　指绕过好望角从而沟通欧亚的航线，其虽然与航行苏伊士运河相比海程较远，却可以通过体量较大的船只。该航线自被发现后就日益威胁着传统苏伊士航线的地位。

以也门为起点的咖啡豆贸易产生了持续性的经济影响，尤其是自1570年代以来，越来越多的白银从新大陆涌入地中海，又在地中海通过咖啡豆贸易流入西亚，并在西亚成为重要的商业引擎，推动了该地区与印度洋地区商业贸易的发展。长远来看，这一过程也推进了也门的货币化进程，并通过税收和关税促进了区域政权结构以及跨区域政权结构的发展。[23]

咖啡不仅从也门沿红海向北传播到埃及和奥斯曼帝国，还沿哈德拉毛海岸向东越过波斯湾抵达波斯。波斯与奥斯曼帝国一样，在16世纪形成了一个统一的大国。1501年，伊斯迈尔一世（Ismail I，1501~1524年在位）击败了波斯西部地区突厥部落的地方势力，在大不里士（Tabriz）建立了萨非王朝（Dynastie der Safawiden）并自称"沙阿"[①]。尔后，他征服了波斯全境以及安纳托利亚东部，从这时起萨非王朝与近邻奥斯曼帝国就纷争不断。此外，萨非王朝信奉什叶派，而奥斯曼帝国信奉逊尼派，教派对立也致使冲突加深。在第五位沙阿阿巴斯一世（Abbas I，1587~1629年在位）统治时期，萨非王朝的文化与政治达到了空前的繁荣。他从大不里士迁都伊斯法罕（Isfahan），并斥巨资打造了颇具代表性的建筑群，将新都发展成为文化的中心。

1630年代，前已述及的石勒苏益格－荷尔斯泰因－戈托普公爵腓特烈三世（Friedrich III，1618~1658年在位）所派遣的使者团抵达波斯，并拜访了位于伊斯法罕的萨非王朝宫廷。腓特烈三世为了连通施莱（Schlei）与波斯湾之间的丝绸贸易，满怀热情地派出了这支由北德意志商人、艺术家和学者组成的探险队。此

---

① "沙阿（Shah）"也译"沙赫"、"沙王"或"沙"，系波斯古代君主的头衔，其全称"Šāhanšāh"意为"万王之王"。

前不久，石勒苏益格西海岸刚刚建立了一座名为"腓特烈施塔特（Friedrichstadt）"的市镇，他们受命从遥远的俄国采购丝织品带回再输出到西欧其他国家。而日后任职于戈托普宫廷的博学家和数学家亚当·奥莱留斯则担任该使团的秘书。鉴于遥远的路途以及公爵捉襟见肘的财政状况，他们雄心勃勃的初衷很快便告破灭，小小的公国也卷入了三十年战争（Dreißigjähriger Krieg）。尽管如此，这次旅程至少留下了一项粲然可观的成果——奥莱留斯详尽的旅行报告。 112

在报告中，奥氏怀着甚至带有一丝钦佩的好奇心写下了伊斯法罕的波斯人聚饮咖啡的情景。

> "Kahweh Chane"是一间小馆……在那里有许多人吸食烟草或饮用咖啡。在这样的小馆中……也可以看到诗人和讲史人……我曾看到他们坐在房间中的高椅上……听到各种各样的历史、寓言和虚构故事。[24]

显然，在奥莱留斯看来咖啡馆的意义非同小可，那里弥漫着知识分子气息，氛围也完全不同于在波斯常见的葡萄酒馆。他在那些酒馆里看到过一些舞者，"有些男童……一边搔首弄姿，一边跳着装模作样的舞蹈"。[25]

最迟在 17 世纪下半叶，享用咖啡的习惯就已经通过阿拉伯海和孟加拉湾的贸易路线传到了印度。英格兰旅行家托马斯·鲍瑞（Thomas Bowrey）高度赞扬了印度戈尔康达苏丹国（Fürstentum von Golkonda）的伊斯兰社会法律系统与道德体系。他这样描述港城默苏利珀德姆（Masulipatnam）中生活宽裕的穆斯林：

　　　　他们喜欢坐着，很少甚至从不像欧洲人那样边散步
边放松自己。即便他们想聚在一起谈话，也总是坐在一
起。而且他们不坐椅子、高凳或长凳，只坐铺在地上的
毯子和垫子。他们在地上盘膝而坐，常常边谈边抽烟、
喝咖啡或嚼槟榔，显得非常舒适安逸。[26]

113

鲍瑞敏锐地发现并明确指出了早在 17 世纪"饮咖啡"就成了印度
东海岸穆斯林进行社会交往和人际沟通时的"保留曲目"。

　　这里绝大多数的咖啡豆都由印度船只带回。它们通常在每年
3 月离开印度，乘季风安全且耗时稳定地前往毗邻曼德海峡的摩
卡——如果错过了季风就待来年再行起航——这样一般会在 4 月
至 5 月中旬抵达曼德海峡。阿拉伯海的风向会在 8 月底转变，它
们于此时离开亚丁湾，然后乘西南季风回返家乡。

　　水手所面临的问题不仅仅是季风。据奥文顿所述，阿拉伯半
岛西南岸的洋流非常危险，因此来自印度的船只偏爱绕行南线，
取道索科特拉岛（Insel Socotra）和今索马里的瓜达富伊角（Kap
Guardafui）驶进亚丁湾。沿这条航线航行最先经过的阿拉伯贸易
集散地是佐法尔和卡西姆（Casseem）。在奥文顿眼中，曼德海峡
最美丽的城市仍属亚丁，这里内有雄伟的城墙环抱，外有如画的
青山影翳，给他留下了难以磨灭的美好印象。[27] 而去此不远，就
是咖啡的产区也门。

114　　曼德海峡连通红海和阿拉伯海，是每艘船只由印度洋驶往摩
卡的必由之路。早在 17 世纪末，奥氏就精确描述了这条艰难航线
中的所有地标。[28] 18 世纪，卡斯滕·尼布尔在从摩卡前往印度的
途中反向穿越了这条海峡。

曼德海峡的最窄处宽度约 5 德里（deutsche Meile）^①，海中距阿拉伯半岛海岸 1 德里处的丕林岛（Perim）虽然是一座天然良港，但极其缺乏清洁的淡水。我们从船上向南望去，可以看到非洲海岸附近有其他几座小岛，而且非洲海岸上的山峦要比阿拉伯半岛一侧高得多。一般而言，船只会穿行丕林岛与阿拉伯半岛海岸间的航道，但是这里有一股强大的海流，当时的风向也对我们不利。所以我们绕行了丕林岛与非洲海岸间较为宽阔的航道，那一边有更多的空间供我们抢风行驶，船长也不必再为寻找淡水而烦恼。[29]

尼布尔乘坐的船只所选择的外侧航线显然是大部分水手的惯用路线，因为奥文顿也写到了丕林岛与非洲海岸间的航道更宽更深，更适合吃水量较大的船只航行。许多欧洲旅行家都曾提到曼德海峡处处都是危险的强海流，即便是大型船只在这里也可能会遇到问题。1700 年，"非洲之角（Horn von Afrika）"^②周边海域与今时今日一样危机四伏，常有海盗在印度北部的"大莫卧儿（Großmogul）"^③或古吉拉特邦统治者的支持下活动于印度坎贝湾（Golf von Cambay）以及索科特拉岛附近。所以，欧洲商人很早就发觉了在摩卡与苏拉特间建立行之有效的护航舰队体系的必要性，就结果而言，本地商人也同样从中获益。[30]

115

---

① 1 德里约合 7532.5 米，于 19 世纪后期以前通行于德意志地区。
② 位于非洲东北部，是东非的一个半岛，在亚丁湾南岸向东伸入阿拉伯海数百公里，包括今吉布提、埃塞俄比亚、厄立特里亚和索马里等国。
③ 系 16 世纪末 17 世纪初统一印度的莫卧儿帝国君主的称号。

　　非洲与印度次大陆间不计其数的咖啡馆佐证了咖啡在东方地区卓然不群的重要性。每当也门人饮用咖啡的习惯流传到一个新地方，不论是汉志还是最终的埃及，当地人都会很快建立起本地的第一家咖啡馆。正如前面所述，咖啡在东方的登场就是出现在社交活动与公共场合中的。相反，如果有人在家里饮用咖啡，那么在伊本·阿卜杜勒·加法尔等编年史作家看来就是一件值得大书特书的事情，据说在麦地那偶尔会有这种情况出现。17世纪以来的欧洲旅行家还发现，在伊斯兰世界的咖啡馆里品啜咖啡的几乎全是男性。[31] 早在1570年，伊斯坦布尔仅公开的咖啡馆就超过600家，它们的装潢风格各异，规模也大小不一。随后，咖啡馆逐渐传播到了该国的其他城市。此外，各大城镇外的交通要道沿途还设有许多咖啡铺，以供过往旅行家饮用提神。[32]

　　那里曾先后出现过三种专门提供咖啡的餐饮店，即"咖啡摊（Kaffeebuden）"、"咖啡铺（Kaffeeschenke）"和"咖啡馆（Kaffeehaus）"。今天，在亚洲的许多地方仍可以找到咖啡摊，其在印度尤为常见。这种摊位有些是露天的，有些则装有顶棚，但一般都是配有一个桌台的小摊，客人可以站在台前饮用。常见的情景是，童仆在这种摊位替主人购买咖啡后匆匆跑走以免热饮变凉。

　　咖啡铺的规模不大，陈设也很简单，仅有少量粗陋的座位供客人坐饮。这种极其简朴的小铺一般开在偏远的乡下，客人来这里的目的也很纯粹：在旅途中小憩，享用一杯提神的饮料。尼布尔在也门行至一座小村庄时遇到了一家这样的店铺，他生动地描绘道：

　　　　在本次旅程中，我经常遇到一种被阿拉伯人称为"mokeija"的小咖啡屋。没去过也门的人可能不会相

116

信，阿拉伯咖啡馆的服务与欧洲的一样好。当然我必须有言在先，这些阿拉伯小店的店面并不怎么样，陈设器皿跟卢海耶最差的家庭差不多，里面甚至都没有"长凳（serir）"。这里只出售大陶杯装的咖啡，有时甚至只有基什咖啡———一种由咖啡果皮做成的饮料。一些讲究的阿拉伯人用不惯这种大陶杯，他们会在旅行时随身携带自己的劣质瓷杯。店里免费提供清洁的饮用水，但除此之外再没有任何其他餐饮。[33]

咖啡在这里应该非常受欢迎。因为在也门的高温下，大多数旅行家不论是在沿海地区还是在山区都会选择乘夜赶路，咖啡特别适合他们用来缓解夜行中的疲惫困顿。于是他们在咖啡铺中得到了不到半小时的短暂休憩，并且这种地方往往没有什么值得一提的事情发生。只有一次，当时尼布尔正在去往拜特费吉赫的路上，他在一家小店中看到"一个每只手足都有六根手指或六根脚趾的年轻人"。[34]

　　除了咖啡铺，一些小旅舍也会在道路沿途为旅行家提供咖啡。尼氏称它们为"酬宾舍（Mansale）"，意为"在某些日子里会免费招待旅行家的房子"。[35]这些旅行家会在一个共同的房间里过夜，旅舍用热腾腾的杂粮面包、黄油和骆驼奶招待他们，当然也少不了咖啡或基什咖啡的份儿。总之，欧洲旅行家不太适应里面的饮食，正如尼布尔所说：

　　　　我们已经很久没有见过葡萄酒或白兰地了，在这里我们只能靠水、咖啡和基什咖啡聊以自慰。然而帖哈麦大部分地区的水质都非常糟糕；咖啡豆做的饮料会使人

身体里的血液发热；基什咖啡对欧洲人而言也非常难以
习惯，尽管阿拉伯人坚称它对身体有益。此外，我们还
被再三警告千万不要吃这里的肉类菜肴。[36]

饮用基什咖啡显然对健康有益，至少可以通过加热解决饮水不洁
的问题，也门平原的居民就是这么做的。

不论硬件设备还是服务，咖啡馆在这几种咖啡供应店铺中都
是顶尖的。它一般位于城市的繁华地段，拥有独立且封闭的空间，
往往会为客人提供歌手演唱、舞者表演或音乐演奏等娱乐活动。
有的咖啡馆里还设有喷泉，以便营造一种凉爽而舒适的氛围。[37]
同日后欧洲的咖啡馆一样，人们在这里除了社会交通，也会进行
商业交流。许多人在这里做生意，还有许多人从这里开始自己的
职业生涯。[38]

在1600年前后的西亚与埃及，咖啡馆是城市景观必不可
少的组成部分。1613年，士兵约翰·维尔德（Johann Wild，
1497~1554）结束了在奥斯曼帝国的七年监禁生活后曾写道：

> 在咖啡馆还有各种娱乐表演……人们在这里享受热
> 咖啡……所有人都会光顾这里，不管是土耳其人、摩尔
> 人、阿拉伯人，还是基督徒或犹太人，只要进来就可以
> 喝上一杯。这样的咖啡馆在开罗有上百家，而土耳其的
> 各个城市也差不多都是如此。对土耳其人、摩尔人或阿
> 拉伯人而言，如果一天不来上一杯咖啡，整天都会兴味
> 索然、萎靡不振。如果你游遍这个国家就会发现，他们
> 全都喝这种饮料，而且喜欢将咖啡煮沸后滚烫着喝。在
> 大多数咖啡馆里都有旅行艺人和表演者，他们能把观众

118

兜里的钱掏光。咖啡馆挽留并招待这些艺人……表演会
持续一整天，人们在这里消磨时光。[39]

首先，约翰·维尔德注意到咖啡馆内存有一种社会性的平等：不
论来自社会上的哪个阶层，每个人都可以进入后享受服务。其次，
他发现咖啡馆非常多，在奥斯曼帝国的城中随处可见。最后，他
生动描绘了在那里遇到的各色人等和娱乐活动，令我们不禁想起
尼德兰 17 世纪的风俗画：那些善于让客人掏出袋中金币的音乐
家、杂耍者和戏剧演员。一些材料还提到了在咖啡馆里讲论故事
和历史的人，他们有时会伴着音乐讲述，听来妙趣横生。除此之
外还有在斋月才能偶尔见到的木偶戏。这些艺术家从咖啡馆经营
者那里获得的报酬非常微薄，甚至完全没有。他们的收入主要依
靠游客的善意赠与。维尔德还遇到了那些男童，这显然是这些咖
啡馆的保留项目。

119

　　常常能看到有人跟那些年轻俊美的男童玩乐消遣，
本地人称他们为"cuban"。他们穿着精致华美，系着一
手掌宽的纯金或纯银腰带。在咖啡馆中他们需要向客人
展示自己的一技之长，比如漂亮的脸蛋或者吹奏长笛的
技巧。[40]

许多欧洲的文献都曾暗示这些男童会为客人提供性服务，但在阿
拉伯的文献中则几乎无法找到相关的记载。[41]
　　相较而言，在咖啡馆中享用烟草就显得正派且无害，尼布尔
写道：

> 埃及人、叙利亚人和阿拉伯人消磨晚间时光的主要
> 方式就是坐在咖啡馆里边抽烟斗边听音乐家演奏歌唱，
> 或者听讲史人说故事。艺人们为了赚一点小钱总是聚集
> 在这里。咖啡馆里的这些东方人经常数个小时不发一言
> 地坐在一起，享受消遣的乐趣。在埃及，人们通常使用
> 一种长长的烟斗，烟管是木制的，有时覆以丝绸或者讲
> 究的面料。[42]

北德旅行家再次向我们展示了咖啡馆绝不仅仅是一个喝东西的地方，而是一个复杂玄妙、自行其是的社会性小宇宙。

随着咖啡在近东和中东愈发渗透人们的日常生活，它渐渐成为官方监管和禁令所关注的对象，更成为社会舆论激烈争论的焦点。常有知名学者撰写文章讨论饮用咖啡的利弊；也屡见一些地方的下级官员强行干预本地的咖啡消费行为，并借此扬名而受到提拔。[43]总之进入 16 世纪以后，这些关于咖啡的争论发展成为反映前东方社会与公众真实状况的一面镜子。

饮用咖啡与伊斯兰教信仰能否相容？对这个问题的解答基本分为两派：赞成派设想世界上的一切事物都是由真主创造的，而真主创造的必然是美好的，咖啡也不例外；反对派则认为咖啡与其他嗜好品一样会令人上瘾，必须保护每个信徒免受其害。反对咖啡的人还有另一项凭据：烘焙后的咖啡豆像碳一样，而先知穆罕默德禁止穆斯林食用一切烧焦的食物。

自 16 世纪以来，赞成派与反对派争论不断。在 1523 年甚至曾因一位高级圣职在清真寺发表了反对这种饮品的官方声明，而在开罗引发了一场严重的骚乱。为了能让争论双方将问题摆到桌面上，开罗的世俗统治者邀请双方的主要代表在他的官邸展开辩

论。无论如何，这位世俗官员并没有亲自参与讨论，而代之以一个象征性的行为表明自己的意见：他下令给在场的每个人端上一杯他们正在争论的黑色饮料，然后率先端起杯啜了一口。出于尊重，其他人也只得跟着喝了一口，于是这场争论就这样被搁置了。[44]

同样是在 1523 年，麦加的马穆鲁克帕夏哈伊尔贝伊①（Khā'ir Beg）深受虔诚的穆斯林氛围影响，于上任后不久便颁布禁令，禁止人们享用咖啡。他认为咖啡和咖啡馆严重威胁了人们的健康与社会秩序。然而，这些正统派观点很快就遭到了那些思想较为活络的咖啡爱好者的嘲笑与批判。为了给自己的禁令背书，哈伊尔贝伊随后组织了一场学术辩论。辩论中亚丁穆夫提（Mufti von Aden）②支持享用咖啡，两位波斯医生及一名所谓的咖啡中毒者是反方。最终，这场辩论以反方占据上风而告终。哈伊尔贝伊立即将禁令文本寄送给开罗的上级，并进一步禁止麦加的一切咖啡买卖行为。咖啡馆也全都遭到查抄，所得的咖啡豆则按照规定都应焚毁。然而，所有这些举措都不能阻止咖啡继续成为麦加最受欢迎的饮品，尽管有禁令，可人们依旧照喝不误。

①　"贝伊（Beg）"在突厥语中意为"首领"或"酋长"，后成为奥斯曼帝国和伊斯兰世界的一种头衔，有"总督"和"老爷"等意。奥斯曼帝国前几位君主的头衔就是"贝伊"，其在 1383 年穆拉德一世（Murad I）被哈里发授予苏丹称号后停用。此后，贝伊成为次于帕夏的一种头衔。1934 年，土耳其共和国政府明令将"贝伊"改为"巴依（Bay）"，因而其在现代土耳其语中已失去"首领"之意，仅是对成年男子的尊称，相当于"先生"。

②　"穆夫提（Mufti）"是伊斯兰教教职，意为"教法解说人"，其不仅有权针对判决或新出现的问题作出告诫，也有权发布伊斯兰教令。

　　而且身在开罗的苏丹对这件事显然持有不同看法，他收到文本后立即下令哈伊尔贝伊放松禁令，或许他本人就是一位嗜饮咖啡的人。如前所述，咖啡在这时的开罗不单单是一项嗜好品，而早已成为有助于实现贸易顺差的重要商品。此外，我们还可以想见，统治者绝不想破坏自己与城中势大权重的豪商间的关系。很快，哈伊尔贝伊的政治生涯就为这种鲁莽行径付出了代价，仅在任一年便遭撤换，圣城麦加的咖啡禁令也随之解除。

　　到了 1570 年代，围绕咖啡禁令的争论再次爆发，中心则是伊斯坦布尔。有所不同的是，这次争论的开端并非基于神学理论，而是基于圣职们非常现实的抱怨：比起在清真寺里祷告，穆斯林更喜欢出入咖啡馆消磨时光。然而即便是基于此等现实所发布的禁令，其持续有效性也非常有限。[45]

　　有时，咖啡禁令虽托词于宗教理由，实际上却是当局出于对政治动荡赤裸裸的恐慌才付诸实施的举措。比如 1580 年前后，苏丹穆拉德三世（Sultan Murad III，1574~1595 年在位）为了巩固自己存在争议的奥斯曼帝国皇位宣称权而肃清了所有兄弟。这件事很快就在咖啡馆内激起了广泛的政治议论，最后发展到似乎将在咖啡馆中结成一个针对苏丹的反对派。于是，穆拉德三世以宗教意见为由在不久后颁布了咖啡馆禁令，就此咖啡消费暂时转入了私人领域。

　　1630 年前后，咖啡馆再次成为政治风波的牺牲品。苏丹穆拉德四世（Murad IV，1623~1640 年在位）掌权之初对享用咖啡的态度曾较为开明，甚至为了充实国库而相当欢迎咖啡贸易。但随着时间推移，他在"大维齐尔（Großwesir）"[①]的影响下逐渐将咖

---

　　①　系奥斯曼帝国官职，权限等同于总理大臣，地位仅次于苏丹。

（左侧页码）122

啡馆视为酝酿叛乱与政治反抗的温床，而且这种疑虑并非空穴来风。然而此刻单单封禁咖啡馆显然为时已晚，于是穆拉德四世在1633 年终于将禁令扩大到在奥斯曼帝国境内跟咖啡、烟草和酒类消费有关的一切行为。为了震慑民众，在禁令颁布后仍继续消费或持有以上物品者会被判罪，并被装入麻袋活着沉入水中。而在同时代的波斯，当局反而会派遣密探混入咖啡馆，以便迅速掌握反抗活动的端倪。[46] 总而言之，上述种种已然充分证明了咖啡在前东方地区日常生活中的重要性。

第6章　远抵欧罗巴

　　亚洲与欧洲彼此之间自古典时代起便有着千丝万缕的联系。名为"丝绸之路（Seidenstraße）"①的贸易网络由地中海地区一直绵延到中国。公元前4世纪，亚历山大大帝（Alexander der Große）征服了西亚的大部分地区，他带去了战争，也带去了希腊文化以及希腊化进程，这些在今阿富汗附近与佛教文化碰撞出了"犍陀罗艺术（Gandhara-Schule）"。即使到了中世纪，东西方之间的文化与经济联系也从未中断。虽然很长时间以来历史学家一直将自7世纪开始传播的伊斯兰教视为阻隔基督教世界与印度或中国的藩篱，但我们知道，今天的伊斯兰国家实际上具有极强的可渗透性，其掌权阶层甚至会主动推进贸易以便从中获利。奥斯曼帝国也是如此，他们与欧洲人的关系永远矛盾纠葛、一言难尽。高门（Hohe Pforte）②一方面是法兰西等国的亲密盟友，另一方面却是一些欧洲人视若魔鬼的仇敌。他们对奥地利哈布斯堡皇朝与神圣罗马帝国（Heiliges Römisches Reich）的威胁与日俱增，以致"残忍的土耳其人"在16和17世纪成为出版物中常见的陈词滥调。

---

① 其精确定义最早由德国地理学家费迪南·冯·李希霍芬男爵（Ferdinand Freiherr von Richthofen）在1877年出版的五卷本巨著《中国：亲身旅行和据此所作研究的成果》（*China: Ergebnisse eigener Reisen unddarauf geründete Studien*）中作出。

② 也译"最高朴特"，系基督教世界对奥斯曼帝国苏丹内廷的代称。拜占庭帝国的统治者传统上会在宫殿大门处宣布官方决定或判决，奥斯曼帝国沿用了这一做法，也在宫殿入口的"崇高门"处进行重大决策。

在葡属印度与西北欧各贸易公司繁盛的时代，东西方之间的交流前所未有地加快了。调味料、纺织品、茶、瓷器，还有各式各样来自东方的文化古物、奇珍异宝铺天盖地地涌入欧洲。与此同时，无穷无尽的白银也就此流向东方。而欧洲的文化与艺术也随着这种贸易发生了改变，但尤为重要的是殖民扩张转化了欧洲的政治结构。在如此密集的接触与物质和非物质交流的影响下，咖啡自然也是洲际交往中必不可少的一分子。

16 世纪末，欧洲与这种富含咖啡因的小豆子初次结识，这时距瓦斯科·达·伽马（Vasco da Gama）发现欧亚之间好望角航线的划时代航行已经过去了约一个世纪。但这条新航线似乎完全没有被用于咖啡贸易，那时的咖啡主要由地中海东部地区经意大利或法兰西运抵欧洲大陆。于是，咖啡在成为欧洲的日常消费品，进而发挥其经济和文化影响力之前，率先成了学术研究的对象。从 16 世纪末开始，不断有旅行家将一小批一小批的咖啡豆带回欧洲，有些咖啡豆就这样进入了学者的研究室。只有在极少数且极特殊的情况下，学者才有机会在咖啡植株生长的天然环境中亲自观察它们。

1580 年代，上德意志地区（Oberdeutsch）①的植物学家莱昂哈德·劳沃尔夫（1535~1596）在行记中介绍了咖啡，这很可能是咖啡第一次为欧洲公众所知。劳沃尔夫出生于奥格斯堡（Augsburg）的一个商人家庭，早年似乎求学于巴塞尔（Basel），后来前往意大利和法兰西，1562 年在瓦朗斯（Valence）取得博士学位。随后他在蒙彼利埃（Montpellier）进行研究，并在法国南部的地中

---

① "Oberdeutsch" 原指"南部德语"，是"高地德语（Hochdeutsche Sprachen）"的一种方言；也指通行这种方言的地区，包括今德国南部、瑞士北部和中部、奥地利、列支敦士登、意大利南蒂罗尔和法国阿尔萨斯等地。

126 海地区进行田野调查。劳氏利用这次调查建立了一座植物标本室，记录了约600种该地区的植物。然后，他继续前往意大利作进一步的研究，并在归乡途中于瑞士继续采集植物。其间，他一直与同时代的杰出植物学家保持联系，比如后文将会谈到的夏尔·德·莱克吕兹［Charles de l'Écluse，也称"卡罗卢斯·克卢修斯（Carolus Clusius）"，1526~1609］①。劳沃尔夫回到奥格斯堡后结了婚，并在德意志南部地区做了一段时间医生。

　　但真正令劳沃尔夫声名鹊起的是他在1573年开始的东方之旅。他这次旅行的首要目的是在东方找到在自己家乡有利可图的新贸易品。他的姐夫梅尔基奥尔·曼利希（Melchior Manlich）是这次旅行的出资人。这位奥格斯堡商人非常富有，连西班牙王室都曾向他借贷。曼利希的公司致力于在地中海东部地区开展贸易，并一直在谋求利润稳定的新贸易品。¹劳沃尔夫先从马赛走水路抵达的黎波里（Tripolis），然后从那里前往巴格达和阿勒颇，接着还探访了伊斯坦布尔和耶路撒冷，最后他再次取道的黎波里，回归了阔别近三年的家乡。劳氏在本次旅行中除了达成具体的商业目的，还随处收集植物，并忠实观察着沿途各地的文化与习俗。但回到奥格斯堡后没过多久，劳沃尔夫就被卷入了教派斗争，不得不再次离开奥城。他生命中的最后几年是在奥地利的林茨（Linz）作为一名医生度过的，最终于奥土战争（Österreichischer Türkenkrieg，1593~1606）期间死于痢疾。他

127 的植物标本收藏则先由巴伐利亚公爵（Herzog von Bayern）持有，

---

①　植物学家，曾在维也纳担任奥地利哈布斯堡皇朝的御医，在被招至荷兰莱顿大学后于校内设立了莱顿植物园，以便全力栽培和研究当时西欧所没有的郁金香。因此，德·莱克吕兹又被称为"郁金香之父"。

后流入瑞典，最后成了荷兰莱顿大学（Universität Leiden）图书馆的藏品。

劳沃尔夫学术上的伟大成就在于他首次将生长于西亚地区的众多植物通过出版物展现在世人面前，其中包括香蕉、椰枣、甘蔗以及咖啡等作物。他还将前东方地区的疾病和治疗手段介绍给了读者。1582 年，劳沃尔夫将自己旅行中获得的学术成果以行记的形式出版，该书用德语写成，标题颇为繁琐:《旅行真实记述——针对这段时期崛起的东方国家，例如叙利亚、犹地亚、阿拉伯、美索不达米亚、巴比伦尼亚、亚述和亚美尼亚等——以不辍辛劳冒莫大危险著成此书》（*Aigentliche beschreibung der Raisz, so er vor dieser zeit gegen Auffgang inn die Morgenländer, fürnemlich Syriam, Judaeam, Arabiam, Mesopotamiam, Babyloniam, Assyriam, Armeniam u.s.w. nicht ohne geringe mühe unnd grosse Gefahr selbst vollbracht*）[①]。这种标题风格延续了他六年前出版的《第四生物手册——莱昂哈德·劳沃尔夫为您深入展示众多美丽而陌生的生物》（*Viertes Kreutterbuch – darein vil schoene und frembde Kreutter durch Leonhart Rauwolffen ... eingelegt unnd aufgemacht worden*）。[2]

由于劳沃尔夫只见过咖啡消费而没见过咖啡种植，所以他将注意力主要放在当时社会背景下人们使用咖啡豆的方式上。

> 如果有人想吃点东西或喝点别的饮料，他们很容易找到一种向所有人开放的店铺。人们在这里围坐于地板

---

① "犹地亚（Judaeam）"在现代德语中写作"Judäa"，位于今巴勒斯坦中部山区，主要城市有北部的耶路撒冷和南部的希伯仑（Hebron）。

或坐垫上一起不停地喝东西。其中一种被称为"chaube"
的饮料是他们不可或缺的。这种饮料呈纯黑色，可以缓
解虚弱症状，尤其是对胃有好处。每个人都会在清晨或
在公共场合饮用，独自一人时则很少喝它。他们使用陶
瓷或其他质地的深碗，尽可能趁热凑到嘴边迅速吸上一
口，然后传递给别人，有时会传给邻座，有时则会传给
周围的人。[3]

128

劳沃尔夫首先发现饮用咖啡在东方是一种社交行为。他还观察到
人们通常会在咖啡馆饮用这种饮料，这一点后来在欧洲人尽皆知。
他也描述了与享用咖啡有关的物质文化。最后，饮用咖啡的场景
在他看来似乎具有某种仪式性，比如人们会围坐一圈并传饮咖
啡碗。

劳沃尔夫虽然没有到过也门的咖啡种植地，也没有见过咖啡
植株在自然环境中生长的样子，但他至少初步描述了这种植物的
外观。

他们把一些被本地人称为"bunnu"的水果带到了船
上。这种果实大小不一、颜色各异，看起来有点像月桂
果。仔细观察下可以发现，它包裹着两层薄薄的皮。根
据古老的传说，这种水果是从印度传到这里来的。[4]

他还提到他们在这种果实中找到了两枚咖啡豆，并信誓旦旦地叙
述了这种饮品所谓的健康功效。劳氏报告中明确指出的几点已经
决定了欧洲在接下来的两个世纪中辩论咖啡的全部基本内容：咖
啡馆、饮用咖啡对健康的利弊以及咖啡的经济意义。

1592 年，帕多瓦（Padua）的医生普罗斯佩罗·阿尔皮尼
［Prospero Alpini，也称"普罗斯佩尔·阿尔皮努斯（Prosper
Alpinus）"］提交了一篇涉及咖啡的学术研究。阿尔皮尼于 1574
年自军队退役后开始在帕多瓦学习医学，他从这时起就表现了
对植物学的浓厚兴趣。在拿到医学和哲学博士学位后，他成了
故乡附近的一名医生，并将自己的热情投入植物学领域。1580
年，阿尔皮尼作为威尼斯共和国（Republik Venedis）驻开罗大
使焦吉亚·埃默（Georgia Emo）的私人医生前往埃及，凭此机
遇他对外来植物的兴趣逐渐变得愈发强烈。在那里他积累了扎
实的基本知识，自此植物学与他的人生密不可分。他在开罗的
公园中看到了活生生的咖啡灌木，并和劳沃尔夫一样通过本地居
民学习到如何享用咖啡豆。回到意大利后，阿尔皮尼成为热那亚
战争英雄和政治家安德烈亚·多里亚（Andrea Doria）的私人医
生。1590 年他迁往威尼斯，并在两年后出版了关于埃及"植物区
系（Pflanzenwelt）"①的划时代研究著作《埃及植物》（De plantis
Aegypti）。这本书在学术界拥有卓著的地位，到了 17 世纪已有多
种版本问世。1591 年，帕多瓦大学重新设立植物学教授一职，曾
邀请阿氏就任。

　　虽然阿尔皮尼与劳沃尔夫一样在咖啡种植方面并无论述，但
他粗略描述了咖啡植株的外观以及咖啡豆的功效。

①　　"植物区系"是植物界在一定自然环境中长期发展演化的结果，
　　　是某一地区、某一时期、某一分类群或某类植被等所有植物种
　　　类的总称，分自然植物区系和栽培植物区系。以我国为例，中
　　　国秦岭山脉生长的全部植物的科、属、种即是秦岭山脉的植物
　　　区系。

> 我在土耳其哈雷贝（Halybei）的一座公园中看到一
> 棵树……从这种树上可以收集到一种在当地人尽皆知的
> 种子，他们称之为"bon"或"ban"。不管埃及人还是
> 阿拉伯人都会用它制作一种非常普遍的饮料以代替葡萄
> 酒。这种被称作"caova"的饮料在饮食店中有售，这
> 有点像在欧洲销售葡萄酒的方式。它是从阿拉伯地区
> 传来此地的。……每个埃及人都擅长用这些种子制备饮
> 品。……他们用它来增强胃部机能，以帮助消化或缓解
> 便秘。[5]

130　这段描述带有强烈的前东方色彩，不但有利于我们区分"bon /
bunna"或"caova"这些名词，也有助于我们了解当地的文化
背景，比如其中提到在穆斯林的传统话语体系下，人们将咖啡
视为酒精饮品的替代品的事实。这位学者也同样关注到了享用
咖啡的社会性层面，提到东方的咖啡馆是享用咖啡的场所。

　　几乎在劳沃尔夫和阿尔皮尼的著作出现的同时，第一批咖啡
豆也进入了欧洲学术界。据说咖啡豆是在 1590 年代传入意大利
的，然后引发了意大利植物学家奥诺里奥·贝利（Onorio Belli，
1550~1604）的兴趣。1596 年，他将一部分珍贵的咖啡豆样本寄
往法兰西 – 尼德兰医生兼植物学家夏尔·德·莱克吕兹处作进
一步研究。在邮件中他附言道：这种种子"被埃及人用来制作一
种叫作'cave'的液体"。[6] 他还指示德·莱克吕兹将随信的豆子
放在火上烘烤，然后用木制的杵臼捣碎。虽然当时正处于咖啡豆
进入欧洲之初，但贝利显然已经非常了解在东方烘焙咖啡豆的方
法。几年后，德·莱克吕兹在自己的著作《印度历史中的香料与
简单药物》（*Aromatum et simplicium aliquot medica – mentorum*

apud Indos nascientum historia）中提到了这种植物。他还鼓励
菲利普－西尔维斯特·杜福尔（Philip-Sylvestre Dufour）、尼
古拉·德·布莱尼（Nicolas de Blégny）和约翰·雷（John
Ray）等学者研究咖啡植株的性质以及饮用咖啡对人类健康的
影响。[7]

　　学者的著作往往只被他们的同行理解，但商人和圣职却可
以将关于咖啡的知识传播给更广泛的受众。像劳沃尔夫或阿尔
皮尼一样，他们大多在亲历东方地区时认识了这种黑色的饮品，
并且非常熟悉其制备方法，但是完全没有见过咖啡植株。在这
些传播者中以英格兰人居多。1600 年，牧师威廉·比杜尔夫
（William Biddulph）描述了自己在阿勒颇见到的黑色未知熬煮
液，令他难以忘却的除了其墨黑的色泽，还有制作过程——先
将一种"豌豆"磨碎，再置入沸水中熬煮。他与劳沃尔夫同样
发现本地人会尽可能趁热饮用这种饮料。[8]早期的欧洲旅行家大
都认为咖啡的味道既苦涩又难以下咽，所以在他们看来咖啡作
为药品的功效要比作为嗜好品重要得多。旅行家乔治·曼纳林
（George Manwaring）认为它虽然香气很差，但是总的来说"非
常健康"；同时代的威廉·芬奇（William Finch）则描述得更
为具体：咖啡对舒缓头部和胃部有好处。还有一些作者不约而
同地认为它可以驱散愁绪。[9]这些文章在英格兰引发了一场关于
咖啡的大规模争论。

　　后来，一些专门以咖啡、可可或茶等富有异国情调的嗜好品
为题材的专题著作渐渐出现，其中部分被翻译成了德文。1686 年，
第 2 章曾引用过的雅各布·斯彭的著作《论三种奇特的新饮品：
咖啡、中国茶和可可》（*Drey Neue Curieuse Tractätgen von dem
Trancke Café, Sinesischen The, und der Chocolata*）的德文版问

131

市。该书于 1671 年出版了第一版法文版，截至 1705 年其至少以四种语言再版了 12 次——这本书在 17 和 18 世纪之交的受欢迎程度可见一斑。[10] 1776 年，约翰·科克利·莱特森（John Coackley Lettsom）与约翰·埃利斯（John Ellis）等人在启蒙精神的鼓舞下出版了德译著作《咖啡与茶的历史》（*Geschichte des Thees und Koffees*），该书向广大读者介绍了探险活动在当时的最新成果与新兴殖民地的种植园。[11]

但很少有人能够想到推动早期咖啡流行的竟然是哲学。弗朗西斯·培根（Francis Bacon，1561~1626）在其 1638 年出版的乌托邦遗作《新亚特兰蒂斯》（*Nova Atlantis*）中以独特的方式表达了科学在当时的时代诉求：通过实证的世界观拓展人类知识的边界。《新亚特兰蒂斯》是一本小说式的行记，该作品将读者带到一座名为"本萨勒（Bensalem）"的虚构岛屿上。培根依循托马斯·莫尔（Thomas More）① 的足迹，试图通过这部作品提出一个尽可能完善的国家宪法构想。遗憾的是，《新亚特兰蒂斯》最终出版的仅是未完成的残本，其核心部分讲述了"所罗门研究院（Hauses Salomon）"的故事：这座虚构岛屿上的精英分子集中在研究院内负责完善整个社会的福祉。培根认为他们最重要的任务就是为社会生活最大限度地争取尽善尽美的物质基础，而植物学正是为这个目标服务的其中一环。

———————

① 英格兰政治家、作家、哲学家、空想社会主义者及北方文艺复兴的代表人物之一，于 1516 年用拉丁文写成了对社会主义思想发展影响很大的著作《乌托邦》（*Utopia*），后于 1535 年因反对英格兰国王亨利八世（Heinrich Ⅷ）自创安立甘教会并兼任最高领袖而被处死。罗马天主教会教宗庇护十一世（Papst Pius Ⅺ）于 1935 年追封其为圣徒，故莫尔又有"圣托马斯·莫尔"之称。

我们还拥有苗圃和许多大小各异的花园。我们不大关心其中诸如步道之类的设施是否美观，更重要的是土壤和地形的多样性，因为不同的树木与植物需要不同的土地环境。其中一部分种植着果树与浆果灌木，我们用这些果实制作各种饮料，只是没有种植葡萄藤。我们也在花园、森林和果树林中尝试枝接与芽接，这给我们带来了丰厚的收获。在果园和树林中，我们可以利用人工手段提前或延迟开花结果的时间，令植物比在自然界中更快地发芽、生长和结果。[12]

133

在培根的故事里，优选并栽培植物是保障食物供给的重要前提。他刻意强调这里没有葡萄藤，暗示着对消费酒精饮品的否定。而本萨勒的居民则通过试验，用其他植物制作饮料以替代酒精饮品。[13]我们据此可以推断培根的构想中间接包含了咖啡这一元素。作者在他处还曾将咖啡视为一种瘾剂，认为这种饮品与鸦片一样都可以使人"心灵凝聚"进而延长生命，所以成年人应该每年至少服用一次。[14]就当时而言，将植物学作为一门科学进而服务于社会群体还是一种崭新的想法，这一构想是在 18 世纪的重商主义发展时期才得以开花结果。

到了 17 世纪中叶，咖啡等同于鸦片制剂的观念遭到了质疑，当时咖啡消费在英格兰事实上已经有了一定程度的普及。这一时期牛津的开业医生托马斯·威利斯（Thomas Willis，1621~1675）虽然对咖啡因一无所知，但仍在医疗实务中发现：服用咖啡对病人完全没有麻醉放松的效果，反而会提高他们的警惕性和专注力。更重要的是，他还注意到咖啡可以行之有效地驱散人们的疲惫。于是，威利斯欣喜若狂地建议自己的病人：与其去药房，不如去咖啡馆。[15]

　　尽管如此，培根的话语还是激励了一代英国学者投入到与
咖啡有关的研究中。1640年，英格兰植物学家约翰·帕金森
（John Parkinson，1567~1650）依据劳沃尔夫和阿尔皮尼等人的
描述，在《植物学》（*Theatrum Botanicum*）一书的"奇特稀有
植物"分类下对咖啡进行了分析。他认为咖啡具有积极的治疗效
果：它可以增强胃部机能，帮助消化，缓解肿瘤症状以及肝脾
不适。[16]

　　早期，由于咖啡被认为具有很高的药用价值，学者们便纷
纷思考其具体的服用方式。我们今天常见的以沸水煮泡只是咖
啡众多服用方式中的一种。威尔士法官兼博学家沃尔特·拉姆西
（Walter Rumsay，1584~1660）在1657年的文章《论治疗手段》
（*Organon Salutis*）中建议将磨碎的咖啡调入蜂蜜混合成膏状服用。
我们不难想象这种膏剂相当催吐，可以"调和体液，使身体准备
好吸收饮食"。拉姆西将咖啡视为当时常用的一种催吐剂；《论治
疗手段》后来则成了畅销书被人们广泛阅读，并在十年内再版了
两次。[17]

　　在17世纪的英格兰，咖啡不仅引发了医学领域的关注，还
引发了语言和文化科学领域的关注。爱德华·波科克（Edward
Pococke，1604~1691）是牛津大学委任的第一位阿拉伯语教授，
他在1659年翻译出版了阿拉伯作者达乌德·安塔基（Dawoud
al-Antaki）的《咖啡作为饮品的特性》（*The Nature of the Drink
Kahui, or Coffee*）。这本书启发了伟大的英格兰医学家威廉·哈
维（William Harvey，1578~1657），他最终将咖啡纳入了古老的

134

"气质体液说（Körpersaftlehre）"①。波科克的译本最初只针对学术界，甚至只针对牛津大学的读者。所以印量较小的初版迅速绝版，许多对此感兴趣的人不得不想方设法取得誉本阅读。于是汉堡医生马丁·沃格尔（Martin Vogel）承担了这项工作，他所传抄的拉丁语版本后来成为欧洲流传最广的版本。从波科克的这部作品中我们可以看出知识是如何在 17 世纪的欧洲蜿蜒流传的，那时学术知识的传播并不总是依托印刷品，经常也会通过誉本、书信往来或口头交流来实现。

135

17 世纪初，英格兰有一群在社会中被称为"学艺大师（virtuoso）"的人。英国历史学家布莱恩·考恩（Brian Cowan）在自己的著作《咖啡化社会生活》（*The Social Life of Coffee*）中认为：正是学艺大师们将咖啡在文化、健康和经济方面的意义传达给了咖啡之国英格兰的广大公众。[18] "virtuoso" 出自意大利语，指求知欲旺盛，力图吸收从古典时代到意大利文艺复兴时期的一切知识，再传给大众的人。英格兰的学艺大师除了继承上述特

---

① 公元 2 世纪，古罗马医师盖伦（Galen）继承和发展了古希腊医师希波克拉底（Hippokrates）的"体液说"，认为人体拥有四种占比各不相同的气质："血液（Blut）"占优属于"多血质（sanguine）"，表现为行动上热心、活泼；"黏液（Weißschleim）"占优属于"黏液质（phlegmatic）"，表现为痰多，心理冷静且善于思考和计算；"黄胆汁（Gelbgalle）"占优属于"胆汁质（choleric）"，表现为易发怒且动作激烈；"黑胆汁（Schwarzgalle）"占优属于"抑郁质（melancholic）"，表现为有毅力却悲观。这是心理学史上最早关于四种气质类型的行为描述，因其对各种特征的描述接近事实，遂为现代心理学所沿用。但实际上这种以体液为依据的划分不够科学，而伊万·彼德罗维奇·巴甫洛夫（Iwan Petrowitsch Pawlow）关于高级神经活动类型的学说则为这种划分提供了生理学根据。

征，还将他们的求知欲延伸到了其他领域，尤其醉心于新奇事物与异国风情。于是，他们吸纳了一切被自己视为有趣的东西，重视数量远胜于重视质量，很快他们就成了当时大学学者的嘲弄对象。即便到了今天，历史学家对他们也不大重视。[19] 然而他们确实向同时代的公众传递了一种全新而普世的生活方式。他们旅行

136　到从前无法想象的远方，在旅程中品尝了闻所未闻的食物，并将这些异闻带回家乡。所以欧洲人，尤其是英格兰人，不仅了解了咖啡这种贸易品，还通过学艺大师的出版物，身在家中就能感受异国的风情与氛围，而这一切都在刺激着他们消费咖啡。[20]

　　此外，咖啡消费的推崇者早在 17 世纪即已开始积极针对他们眼中的洪水猛兽——酒精消费。来自赫特福德郡（Herefordhire）的博学家约翰·比尔（John Beale，1603~1683）在 1657 年曾写道：咖啡可以完美替代人们太过依赖的酒精饮品，他希望"这种饮料……可以成为堤坝，抑制该地区显然早已泛滥成灾的嗜酒现象"。[21] 他还认为应该将咖啡引入该郡以取代酒精饮品。

　　大众议论的另一个焦点在于咖啡业务对经济的积极影响。药剂师约翰·霍顿（John Houghton）是英国王家学会（Royal Society）的成员，同时也是茶与咖啡贸易的参与者。他在 1699 年出版的《咖啡论》(Discourse on Coffee) 中表达了自己的理念：与咖啡相关的贸易，尤其是英格兰向欧洲其他国家进行的再出口将长期刺激本国的经济。这里他所指的不仅是针对咖啡饮品的贸易活动，还包括相关器具以及砂糖等其他异国产品的贸易。从商业角度来看，他还认为咖啡馆可以使人们更加热爱社交，从而改善工商业与贸易环境，进而促进知识积累。[22]

　　西欧的消费者从 17 世纪上半叶就开始喜好这种黑色的饮料了，然而尽管相关出版物众多，人们对咖啡植株的外观还是像对

茶树一样仅具一些模糊的想象。据劳沃尔夫所说,即便到了 17 世   137
纪中叶人们也还经常混淆咖啡豆与桑树的果实。[23] 人们普遍认为
描绘咖啡植株的早期绘画并不真实可靠,所以欧洲人早前前往咖
啡种植地也门的旅行就显得尤为重要。然而从欧洲人在埃及或叙
利亚与咖啡初会到前往也门也足足间隔了一整个世纪。18 世纪初,
希尔·德·诺伊尔(Sieur de Noïers)将一株刚刚摘下的咖啡枝条
从也门山区带到该国的滨海平原,并在那里将其画下。人们很快
就发现:"不论任何人只要仔细观察这些照实物原比例绘制的枝
条、叶子和果实,就会立即发觉它们与迄今为止在书中看到的大
不相同。而这些书籍的作者无不自称他们画的是咖啡树的一枝。"[24]

    学术话语与社会议论紧密相连的现象不仅仅出现在西欧,卡
尔·冯·林奈的观点就是该现象在北欧的映现。这位著名的瑞典
植物学家相当热衷于享用咖啡,曾先后两次直接从中国订购瓷器,
以便为自己的狂热嗜好置备恰如所愿的容器。1761 年 12 月 17 日,
一位名叫亨利克·斯帕舒赫(Henric Sparschuch)的学生在乌普
萨拉大学(Universität Uppsala)进行了题为《咖啡饮品》(*Potus
Coffea*)的博士论文答辩。这篇长达 22 页的医学论文先从药用植
物学的角度分析了咖啡,然后叙述了咖啡果实收获、制备和再加
工的过程。其中还简要介绍了饮用咖啡的历史,并错误地指出欧
洲的首家咖啡馆是在 1671 年于马赛建立的。

    当时,乌普萨拉大学的博士论文答辩机制与今天有所不同,   138
采取的是所谓的"总监督制(praeses)",即主管论文的导师兼且
负责在答辩会上维护论文的观点。所以尽管亨利克·斯帕舒赫
是这篇小论文的署名作者,但我们完全可以推测该文代表了背
后的负责导师卡尔·冯·林奈的观点。林奈担任总监督的其他
185 篇论文中的绝大部分很可能也是如此,这些文章涉及植物分

类、花蜜、可可和茶等题材。论文通常会在答辩日的前一周印刷成册以便学者传阅。出人意表的是该论文除了经验性的阐述，还颇为进击地主张摒弃咖啡消费，这显然反映了大名鼎鼎的林奈的观点。这篇论文认为咖啡是法国人送来瑞典的"特洛伊木马（Trojanisches Pferd）"①，目的是感染和腐化瑞典人。斯帕舒赫还颇从重商主义角度指出：在欧洲拍卖会上购买这种商品导致了大量白银外流。尽管林奈本人不但是品鉴咖啡的行家，也是鉴赏名贵咖啡器具的行家，但他依然不吝于讥弄那些自认为过度华贵的器物，比如银制咖啡壶、瓷制咖啡杯、钢制咖啡磨或华丽的托盘与桌布。他认为对瑞典而言这种精英消费太过奢侈浪费，应该推广一些替代性饮品，比如可以用烤桃仁、烤杏仁、豆类、玉米、谷物甚至烤面包来制作草药茶。

尽管疑议纷繁，但鉴于日益增长的医学与商业需求，人们对咖啡植株的了解还是在逐步加深。当然，这也可能只是因为在欧洲终于出现了活生生的可供研究的咖啡植株。1700 年前后，数棵咖啡植株定居阿姆斯特丹植物园（Hortus Botanicus Amsterdam），并于三年后成功开花结果。这证明相较于茶，咖啡更容易从海外移植到欧洲，因为同一时期从中国移植过来的茶树至多仅能存活几个月。但当时的人们已经明白咖啡在欧洲的气候条件下只能小规模种植，这一方案并不具有商业价值。[25]

这些于欧洲栽培成功的咖啡植株除了可以作为研究对象，还非常适合充当交际场合的礼物。没过多久，阿姆斯特丹市政府就发现了这一点，他们将一株"生长完美"且挂满果实的咖啡灌木

---

① 此处原书写作"达纳尔的礼物（Danaergeschenk）"，在德语中即指"特洛伊木马"。"达纳尔"是《荷马史诗》中指称"希腊人"的其中一个称谓。

赠送给法兰西国王路易十四。此前不久,法国人曾试图从尼德兰收购咖啡植株。但每次经过长途跋涉幸存下来的植株在巴黎都存活不了太长时间。于是,一些愤世嫉俗的流言开始出现:这些失败的背后实际上是尼德兰人在作梗,因为将可生根发芽的咖啡植株带出国外不符合他们的国家利益。直到 1697 年《里斯威克条约》(Frieden von Rijswijk) [①] 的签订,尼德兰人才改变了态度。

针对咖啡及植物园暖房中娇弱植株的研究文章日益增多,这是一项重要指标,标志着咖啡正在渐渐进入欧洲消费者的购物篮。在西北欧各贸易公司绕行好望角将大批咖啡从摩卡运到欧陆前的100 年,欧洲流通的咖啡豆大都是通过黎凡特一小批一小批进口的。1624 年,第一批作为货物的咖啡豆由东方运抵威尼斯,并在不久后转运至神圣罗马帝国。1644 年,从黎凡特归来的法国旅行家皮埃尔·德·拉罗克 (Pierre de la Roque) 将咖啡豆带回马赛,同时也带回了东方享用咖啡的习用器具,诸如烘焙工具、杵臼、咖啡壶、瓷碗和盛壶碗的托盘等。据地方商会记载,1657 年约有300 公担 (Zentner) [②] 咖啡豆运抵马赛,到了 1660 年这一数字至少达到了 19000 公担。在这时的法兰西南部,咖啡已不再是一种新奇事物,而是成了一种日常商品。[26]

相比之下,此前 100 年欧洲船只从印度洋及大西洋直运而来的咖啡豆几乎少到可以忽略不计。比如 1600 年尼德兰一家商会的

140

---

① 1688 年尼德兰联省共和国、神圣罗马帝国、英格兰王国与西班牙帝国结成同盟,共同对抗路易十四统治的法兰西王国,史称"大同盟战争 (Pfälzischer Erbfolgekrieg)"。1697 年《里斯威克条约》签订后,战争终结。

② 一种计量单位,主要用于德国、奥地利和瑞士,有时也用于英国。在德国,1 公担等于 50 公斤;在奥地利和瑞士,1 公担等于 100 公斤。

商人彼得·范·登布鲁克（Pieter van den Broeke）就曾从摩卡携带小批咖啡豆返回尼德兰，但直到 1663 年尼德兰才开始定期经由海路从也门直接进口咖啡，而且资料显示这种商品直到次年才在该国公开销售。早期，极为有限的咖啡交易一般都要经过本地商人或药剂师之手方能实现。

咖啡首次出现在英格兰应该是在 1630 年代，希腊人纳塔涅尔·科诺皮奥斯（Nathaniel Conopios）将其带至牛津大学。据传它在牛津大学内部的小圈子里非常受欢迎，毫无疑问这并非偶然，因为该大学的医学家和植物学家一贯对奇特的外来植物或果实抱有非常的兴趣。或许也是因为如此，英格兰的第一家咖啡馆在 1650 年由一位名叫雅各布的犹太生意人在牛津大学城内开设。[27] 远在英格兰人以爱好饮茶闻名于世之前，他们的咖啡消费量就已经远超尼德兰了。1726 年平信徒传教士① 弗朗索瓦·瓦伦泰因（François Valentijn，1666~1727）曾指出：仅仅四十年前咖啡在尼德兰还几乎不为人知，而且实际上正是英格兰人教会了尼德兰人如何享用咖啡。[28] 也正是在 1720 年代，尼德兰对咖啡的痴迷得以后来居上，瓦伦泰因就此打了个奇妙的比方："不管女仆还是裁

---

① "平信徒传教士（Prädikant）"系欧洲宗教改革运动后基于"福音主义（Evangelikalismus）"主张而出现的一群致力于传播福音的平信徒——在现代社会其一般需要经过培训再由教会派遣到教区。而福音主义不仅是路德宗、加尔文宗和安立甘宗等新教教派的共同主张，还是新教神学影响层面最为广泛的神学主张之一，因重视被称为"传福音（Evangelisation）"的宣道工作而得名。故而，在基督教近代史中其等同于信仰上的保守主义，具有四大特点：强调个人归信基督，积极地表述和传播福音，强调《圣经》的权威、坚信《圣经》无错谬，以及强调与耶稣复活有关的基督教教义。

缝，要是早上没能喝上一杯咖啡，他们连针都纫不上。"[29]

　　咖啡最终从两条线路侵入了神圣罗马帝国：一条是通过南部的威尼斯和维也纳；另一条是通过德意志北部的滨海城市。在北部的传播中起到明显作用的是汉堡，该城与西欧的主要货物转运中心均保持着良好的贸易往来。[30]到了 17 世纪下半叶，经商的犹太人和塞法迪犹太人（Sephardim）[1]开始从海路将生咖啡豆运往易北河畔的大城市汉堡，他们同时还带来了砂糖、烟草、可可、调味料与棉织品。早期抵达汉堡的咖啡豆主要来自阿姆斯特丹。世界各地的咖啡豆最迟在 1730 年代就一齐出现在了汉堡的市场中，尤为显著的是也门（摩卡）咖啡和波旁变种咖啡，此外还有来自爪哇、荷属圭亚那［Niederländisch-Guayana，今苏里南（Surinam）］和马提尼克（Martinique）等地的咖啡。一段时间后，产自伊斯帕尼奥拉岛（Insel Hispaniola）[2]和巴西的咖啡豆也流入了汉堡。[31]

　　我们可以根据汉堡海军部（Hamburgische Admiralität）的海关记录回顾在一段较长的历史时期内该城市咖啡进口规模的变化。汉堡的咖啡进口量先是经历了一段温和的增长期，然后从 1760 年代开始因战争而暴跌，战后虽曾短暂复苏，但很快又在美国独立

----

①　系"犹太教正统派（Orthodoxes Judentum）"的一支，其在 1492 年卡斯蒂利亚－阿拉贡联合王室攻克格拉纳达（Granada）后的"收复失地运动（Reconquista）"中被驱逐出祖籍地伊比利亚半岛，后形成了三个分支：迁往奥斯曼帝国的"东方塞法迪犹太人"，迁往北非地区的"北非塞法迪犹太人"，以及留在原地改宗天主教后又重皈犹太教的"西方塞法迪犹太人"。

②　该岛得名于发现新大陆的哥伦布，时人却自称"基斯克亚（Quisqueya）"或"艾提（Ayti）"，前者意为"万岛之母"，后者意为"多山的群岛"。后来的"海地（Ayiti / Haiti）"即由此得名。

战争时期陷入了新一轮的衰退，直到 1790 年代中期其进口量才突然激增。[32] 在价格方面，1780 年代前的咖啡价格要远低于茶叶，而且时有剧烈波动。直到 1790 年代，咖啡的售价才趋于平稳且日益走高，但仍然一直没有超过茶叶。[33] 然而我们需要注意的是，汉堡的咖啡进口量在 18 世纪后要远远高于茶叶，这说明咖啡在德意志北部及其辐射区域非常受人欢迎。

　　汉堡也有着特殊的嗜饮习俗，人们喝咖啡喝得非常清淡，"依汉堡的习惯"要淡到可以透过满满一杯咖啡看到杯底。[34] 以今日的角度来看，这种习惯似乎也没有那么难以接受，至少比偶见于德意志北部的将蛋黄打入其中搅拌的喝法要正常得多，诗人弗里德里希·戈特利布·克洛普施托克（Friedrich Gottlieb Klopstock）就是后者的一名忠实爱好者。[35] 同巴黎一样，咖啡在汉堡也非常受女性欢迎。但尽管如此，她们也很少光顾第 7 章中将要详细介绍的那些新兴咖啡馆。她们通常都是在家中饮用，间或也会到户外在大自然中无拘无束地享用。1740 年前后，施特拉尔松（Stralsund）的一名学生约翰·克里斯蒂安·缪勒（Johann Christian Müller）乘坐驿站马车前往汉堡，他于途中看到女性在市郊露天烟酒饮乐，对此惊讶不已。

　　　　我们看到老妇人卧在花园里休憩。她们叼着短短的烟斗，随身带着瓶装烈酒，不时嘬上一口。同车的邮差说这样的场景在汉堡更加常见，那里几乎所有的女人都抽烟。他还补充道，她们非常喜欢喝咖啡，每天都得喝，而且不喝上 10~12 杯是不够的，但她们的咖啡淡得像水一样。[36]

在 18 世纪的汉堡及其他地方，咖啡和烟草、酒精一样，一跃成为女性自我解放的媒介。

尽管相关文献较少，但我们还是可以看出早在 17 世纪下半叶，咖啡就已渗入神圣罗马帝国核心区域的私人家庭生活中。比如 1678 年不伦瑞克里达格绍森修道院（Kloster Riddagshausen，Braunschweig）院长遗孀的遗产中就包括"一包土耳其豆子"。[37]至迟在 18 世纪，咖啡替代常见的"面粉汤（Mehlsuppe）"[①]和"啤酒汤（Biersuppe）"[②]占据了市民阶层中上层的早餐桌。文艺理论家约翰·克里斯托夫·戈特舍德（Johann Christoph Gottsched，1700~1766）在自己的著作《理性的女性批评者们》（*Vernünftigen Tadlerinnen*）中提到当时的咖啡消费者时不无讽刺意味地写道："他每天清晨总是规规矩矩地睡到 8 点或 8 点半，然后有时在床上，有时下床起身喝他的咖啡。"[38]

我们在第 7 章还将仔细讨论的咖啡馆在早期确实是这种新型饮品的主要传播者。但咖啡消费不单单发生在咖啡馆，随着时间的流逝，越来越多的人会在家中享用咖啡。德意志北部的贸易城市凭借它们与西欧在经济和交往沟通上的紧密联系，在新的生活与休闲趋势的传播过程中发挥了重大作用。就汉堡而言，在家中或城市公园中靠享用咖啡消磨休闲时光似乎已不是什么新鲜事。[39]

---

① 这不仅是一道简单的传统农家菜，还是一种大斋首日"圣灰星期三（Aschermittwoch）"前"狂欢节期（Fastnachtszeit）"的常见食物，由面粉（也可以是小麦粉或黑麦粉等）和水或牛奶以及其他配料（如洋葱、香料、香草、蔬菜、培根、骨髓和肉汤等）熬煮而成，常出现在旧时贫困家庭的早餐中，为瑞士、奥地利以及德国东部和南部的民众所熟知。

② 这种汤自 16 世纪以来就是欧洲，特别是德意志饮食文化中历史最古老的汤之一，各地的做法不尽相同，通常含有面粉、鸡蛋、黄油、香料等食材，可以制成甜味或咸味，并搭配面包享用。

对费迪南·贝内克（Ferdinand Beneke）与卡洛丽娜·贝内克（Karoline Beneke）夫妇这样的汉堡人而言，每天清晨与家人一同喝咖啡就跟每天午后与他人一同喝咖啡一样成了一种生活习惯。[40] 城中比较富裕的家庭会专门备有制作和饮用咖啡的器具。施特拉尔松的学生约翰·克里斯蒂安·缪勒在汉堡的女房东"先是向我介绍了那些玻璃柜中的银器与瓷器，接着又向我展示了银制咖啡器皿。其中有一把带三颗龙头的大号咖啡壶，还有一把中号和一个小号的"。[41] 由此可见，咖啡与咖啡器具在1740年代再次成为人们乐于向客人展示身份的象征。

　　到了18世纪下半叶，咖啡在神圣罗马帝国的公共场合与私人生活中几乎已无处不在。当年轻的歌德还是莱比锡大学（Universität Leipzig）的一名学生时，曾写下赞美咖啡的诗句献于本地的糕点师亨德尔（Händel）。

> 咖啡之海
> 泻于你面前，
> 甜若蜜汁
> 流出海美托斯山。[①][42]

歌德这里所指的无疑是加了糖的甜咖啡。然而几十年后，这位诗人却成了一名最热心的针对咖啡过度消费的批判者，其本人的咖啡饮用量也比年轻时大为减少。终于，在《威廉·迈斯特的戏剧

---

① 此诗德语原文为："Des Kaffees Ozean, der sich vor dir ergießt, Ist süßer als der Saft, der vom Hymettus fließt." 海美托斯山位于阿提卡大区（Attika），自古典时代起就以出产蜂蜜而闻名于世。

使命》（*Wilhelm Meisters theatralische Sendung*）中，咖啡由曾经的甜若蜜汁变为魔鬼般的不祥之物。

> 他的头脑被微微晃动的黑色画面充斥，他的想象世界是但丁地狱般庄严的舞台，在那里早已习惯上演一幕幕躁动的戏剧。阴险的液体给予心灵虚伪的刺激，随赠短暂的舒缓与冷静。一旦体味，念念惦记。一旦褪去，惨淡乏味。它太诱人，只想再次享用，将那感觉唤起。[43]

歌德无疑通过自己的亲身体验感受到了咖啡因强烈的成瘾性。但以这些话语劝诫早已惯于饮用咖啡的大众，无论如何也是为时已晚。

心甘情愿地接受"土耳其饮品"在近代早期的欧洲，尤其是在神圣罗马帝国绝非一件轻而易举的事。毕竟奥斯曼穆斯林逾百年来都是帝国的头号假想敌。1529 和 1683 年奥军曾两度兵临维也纳，孟德斯鸠（Montesquieu）和伏尔泰（Voltaire）等 18 世纪的著名思想家都曾针对所谓的"东方专制主义（orientalische Despotie）"进行过哲学层面的思考。在如此负面的偏见下钟爱来自东方的咖啡，无论如何都与政治正确相悖。

那么，欧洲人究竟为何从 17 世纪起愈发青睐咖啡呢？历史学家对此持有两种截然相反的观点。经济历史学家的论断主要依据纯粹的供需模型：这一时期欧洲的咖啡豆进口量稳步增长，使得咖啡价格愈发低廉，进而吸引了社会中下层进行消费。咖啡因的兴奋效果使咖啡在 18 世纪下半叶的工业革命中成为工人阶级的首选嗜饮品。工人们借助这种饮料可以更好地建立起规律的生活节奏，从而更易于屈从过长的劳动时间。持另一种观点的主要是文

145

146 化历史学家，他们认为咖啡在早期是一种昂贵的奢侈品，其爱好者的崇高声望与社会地位在传播过程中起到了至关重要的作用。

这两种解释似乎都有道理，但也都具有局限性。因为咖啡消费在很大程度上是一种文化现象，简单地套用抽象的价格机制或单纯地归结于显赫阶层的宣传都忽略了一个问题：咖啡味道苦涩，初尝者无法从中获得享受。所以在他们接触咖啡这一事物之前，必定预先在文化上接受了它，并以此为基础一边享用咖啡一边为之附加某种正面的含义。

咖啡如果不是带着东方风情或异国情调的光环进入欧洲，它恐怕无法在 17 世纪书写出如此成功的篇章。在这方面 1660 年代出入欧洲宫廷的奥斯曼使团发挥了无可估量的作用，使他们闻名于欧洲的除了其奢费的异国式生活，恐怕就属那一小碗他们费力烹制且小心品尝的黑色液体了。

1664 年 8 月上旬《沃什堡和约》（Frieden von Eisenburg）签订之际，以卡拉·马哈茂德帕夏（Kara Mahmud Pascha）为首的奥斯曼使团驻留于维也纳。这位奥斯曼帝国的外交官率领大量随从以堂皇盛势进入了奥地利国都。形形色色的异国家用器具和队伍中的骆驼无不散发着耀眼的东方气质，当时的随行人员中就有两位咖啡侍者穆罕默德（Mehmed）和易卜拉欣（Ibrahim）。在逗留哈布斯堡城市的数月间，奥斯曼的营地内火光不熄，随时供应着新鲜的咖啡。或许当维也纳贵宾在营地做客时曾品尝过它，并学会了如何享受其中的乐趣。因为显然在使团离开皇城后，饮用

147 咖啡的习惯被保存下来。当时，亚美尼亚商人声称拥有往来奥斯曼帝国的独家贸易权，在接下来的几十年里，他们确保了欧洲数量不大却较为稳定的咖啡豆供应。[44]

1669 年，苏莱曼（Süleyman）率领的一支奥斯曼使团在巴

黎驻留了整整一年。虽然这位东方的大使最终没能完成他的政治使命，但其异国宫廷式的生活方式对法兰西国都居民散发着无与伦比的吸引力。据外界传说，使团租住的官邸处处都是喷泉；大使的私人房间弥漫着高雅的香气；华美的布料、高贵的软垫、柔和的灯光营造出东方的氛围；还有服侍在侧的捧着盛满滚烫黑色饮品的精巧薄瓷杯的努比亚奴隶。英格兰人艾萨克·迪斯雷利（Isaac Disraeli）曾与大使共饮，他写道：

> 大使的黑人奴隶在席间膝行随侍，他们穿着极为华美的长袍，端着小小的薄瓷杯，里面装的是最上等的摩卡咖啡。他们将这浓烈芬芳的咖啡注入金银制的小碗端给我们的女士，然后放到她们面前镶金边的丝绸桌巾上。女士们欣喜若狂地挥舞着扇子，弯下腰凑上前去观察热气腾腾的新鲜饮品，她们浓妆腻粉的脸庞泛起了兴奋的潮红。[45]

苏莱曼就咖啡谈了很多，比如是苏非主义者发现了它，又比如咖啡的种植情况，还有他家乡制备咖啡的方法等。

苏莱曼大使在巴黎的宫院以及仆人们繁复烹制后略带残渣的浓烈液体恰如其分地激起了猎奇好事的巴黎公众的好奇心。除了公众，凡尔赛宫的贵妇人也被咖啡征服，据说正是这种饮品撬动了她们的话匣子。当时，苏莱曼在路易十四宫廷的政治企图已然落空，但他仍通过爱好咖啡的女士们获悉了太阳王外交政策的诸多重要细节。他得知路易十四本就无意与奥斯曼帝国结盟，只是想通过与"异教徒"的谈判向奥地利哈布斯堡皇朝施加外交压力。[46]

148

不同于在维也纳，在巴黎的这段时日围绕咖啡的种种骚动充其量不过是一段插曲，东方情调的影响力尚不能动摇凡尔赛宫廷的文化骄傲。而东方式的咖啡享乐也常常在当时的文学作品中充当批判讥嘲的对象，比如莫里哀（Molière）的《贵人迷》（Le Bourgeois Gentilhomme）。巴黎和凡尔赛宫对咖啡的冷淡之态到路易十五时期（1715~1774）才有所改变，国都的居民逐渐开始接受这种饮品。当时，饮用咖啡已成为法兰西王国南部的一种常态。路易十五钟情的杜巴丽夫人（Madame du Barry）非常喜爱它。为了迎合爱侣，这位统治者也对乌黑的东方饮品表现了浓厚的兴趣。他命人在凡尔赛宫的花园温室里种植了十株咖啡灌木，数年后这些灌木每年可以收获约 6 磅的咖啡豆。[47]

奥斯曼使团访问欧洲不失为一起颇能引发大众注目的突发事件，但真正使咖啡作为奢侈品在市场中确立地位的还是欧洲的贵族宫廷，比如在勃兰登堡选帝侯（Kurfürst von Brandenburg）的宫廷中咖啡就曾风靡一时。诚然，相对于咖啡确凿的享乐作用，循规蹈矩的勃兰登堡似乎从一开始就将更多的关注投入到所谓的健康效果上。大选帝侯腓特烈·威廉（Friedrich Wilhelm，1640~1688 年在位）将自称"邦特科（Bontekoe）"的尼德兰医生科尼利厄斯·戴克尔（Cornelius Decker，1647~1685）聘为宫廷医生。邦特科早年在家乡阿尔克马尔（Alkmaar）学习外科，之后赴莱顿大学学习医学。他后来开发出了一种以大量服用咖啡或茶为核心的医学疗法，并坚信这种疗法可以激活人体的循环机能，进而治愈多种病痛。大选帝侯认为该疗法的前景大有可为，不仅满怀热情地将邦特科召入宫廷，还让他在奥得河畔法兰克福（Frankfurt an der Oder）的勃兰登堡地方大学（Brandenburgische Landesuniversität）担任教授，以便传播他的学说。[48]

咖啡进入天主教世界则没有遇到太多的阻碍，这种饮品很早就获得了教会的祝福。差不多是在 1600 年，天主教圣职要求教宗克莱孟八世（Papst Clemens VIII，1536~1605）下达禁饮咖啡令。大多数天主教圣职认为咖啡和除圣血（Meßwein，指红葡萄酒）之外的酒类一样，都是非基督宗教的。这一论调在不经意间与第 5 章所述的东方地区围绕咖啡的争论遥相呼应。教宗为了验证这种饮品的邪恶便亲自尝了尝，结果竟大为喜爱，自此之后天主教世界再也没有出现过关于咖啡禁令的言论。[49]

到了 18 世纪，咖啡已然融入欧洲及德意志家庭，并在其中根深蒂固。当时习用的物品比任何文献记载都能更鲜活有力地佐证这一点。作家戈特利布·西格蒙德·科维努斯［Gottlieb Siegmund Corvinus，笔名"阿玛兰特斯（Amaranthes）"，1677~1747］为我们形象地描绘了 18 世纪纷繁多样的咖啡器具。

150

> 咖啡壶体积不大，是一种由白银、黄铜、铁皮、陶土、瓷、蛇纹石或锡制造的配有把手和出水口的用于倾倒咖啡的圆形器具。咖啡碗是一种薄而通透的瓷制圆碗，上宽下细，底部置于与之相配的托盘上。女人们经常在闺房中饮用这种饮品。[50]

较为重要的文献资料还有自 17 世纪末以来神圣罗马帝国境内留下的遗产清单，其中记有一些私人所有的用于冲饮咖啡、茶和可可的器具。不同设计、不同材质的咖啡锅和咖啡壶很快就成了贵族和富裕家庭的标配。另外还有咖啡杯、牛奶壶以及带盖或不带盖的糖罐。咖啡豆也在遗产清单中一再出现，比如 1745 年去世的沃尔芬比特尔（Wolfenbüttel）枢密参事①卡尔·海因里希·冯·博蒂彻（Carl Heinrich von Bötticher）就曾拥有"一纸袋咖啡豆"。[51]而"迈森咖啡器具"②很快就像之前来自中国的"东印度瓷器"一样成为享用咖啡必不可少的组成部分。除此之外，还有咖啡桶罐（Kaffeekessel）、咖啡磨、滚筒式咖啡烘焙炉以及覆着防水布的用于放置"土耳其饮品"的咖啡桌。[52]就连美因河畔法兰克福（Frankfurt am Main）的马掌匠盖斯默（Geißemer）这样贫穷的工匠都拥有属于自己的咖啡桌，而且还买得起一个咖啡桶罐和两三把咖啡壶，虽然这些器具都是锡制而非银制的。[53]

至迟在 18 世纪，欧洲某些国家持续稳定增长的咖啡消费引发了激烈的辩论。争论的焦点是咖啡进口可能和业已造成的经济损失，年复一年大量宝贵的白银由欧洲流往东方。本着重商主义的精神，一些经济学家、政治家以及统治者要求限制甚至完全禁止咖啡消费。

尤其是在刚刚进入 18 世纪下半叶时，许多欧洲国家都以保护本地酿造业为由禁止了咖啡贸易或咖啡消费。瑞典是此类禁令的先行者。1756 年，该国禁止进口咖啡及其他一切具异国风情的奢侈消费品，截至 1816 年该禁令被重申了四次。[54]很快，别的国家和地区就开始步瑞典的后尘，比如萨克森从 1769 年开始禁止乡村零售商买卖这种令人垂涎的豆子，普鲁士和奥地利则完全禁止了

① "枢密参事（Geheimer Legationsrat）"是神圣罗马帝国治下诸侯国君主的政治顾问，在该诸侯国内拥有一定的权力。著名的约翰·沃尔夫冈·冯·歌德就曾在萨克森-魏玛公国（Herzogtum Sachsen-Weimar）担任过此职。

② 即所谓的"迈森瓷器（Meißner Porzellan）"，是德国的经典品牌，于 18 世纪起源于萨克森选帝侯国的迈森县（Meißen）。

咖啡的私人买卖，德意志的其他城市和地区随后也纷纷效仿。下达这些禁令的统治机构本想抑制白银流失或通过政府垄断咖啡贸易来改善财政收入，然而这些规定往往只能导致走私现象的增长。此外，重商主义政策也促进了咖啡替代品的发展，即不使用昂贵的进口豆子，而代之以黑麦、小麦、果仁和菊苣等本地产品或水果来制作饮料。[55]

因此，总的来说，咖啡在整个 18 世纪不仅售价昂贵，而且屡遭禁止，甚至人们只能依靠非法手段才可获得。尽管如此，依然有越来越多的欧洲人随着时间的流逝加入咖啡的消费行列中。而为咖啡的民主化进程作出最卓越贡献的当属我们今日非常熟知的一个场所，那就是"咖啡馆"。

第7章 善舞之肆：欧洲的咖啡馆

欧洲历史上的咖啡馆以多样性著称，以致我们如今几已无法明确勾勒其"理想类型（Idealtype）"[①]或总结其"消费模式（Konsumentenmuster）"。不同的咖啡馆吸引着不同的受众：从贵族到市民精英，从文化工作者到工人阶级。以年代学的观点来看，其发展过程充满了嬗变与断裂。旧有咖啡馆衰落，新兴咖啡馆出现，这一切就在公众跟前消长。1640年代中期，欧洲一侧的地中海沿岸开始出现咖啡店铺。这些早期店铺通常不是传统的酒馆或食肆，而是穿行于街头、市场和集市的流动摊位。同时也有帐篷和亭子式的店铺被搭建在公共绿地或城堡公园里，其布置有简有奢，旨在营造一种人们想象中的东方氛围。[1]

早期咖啡馆的陈设和服务一般比较简单，很多地方甚至堪称艰苦。例如在17世纪下半叶，位于今不来梅施廷（Schütting）[②]的咖啡馆只有一个带三颗龙头的咖啡桶罐，客人们需要自己动手接倒咖啡。[2]当然这些场所不仅提供咖啡，还提供茶、可可以及传统

旅舍通常会准备的酒精饮品。它们还经常为旅行家提供住宿服务，虽然往往只有以隔板隔开的狭窄简易房和最简单的铺位或吊床。住宿的客人可以在这里用餐并再逗留一个白天。这样的店舍在英

---

① 系马克斯·韦伯提出的概念，指筛选出某现象的基本或核心特征而忽视其他特征，与来自经验的"实际类型（Realtype）"相对应。

② 一座位于不来梅中心广场的商邸，从1444年起就是不来梅商会（Die Handelskammer Bremen-IHK für Bremen und Bremerhaven）的所在地，兼供往来人员住宿。

格兰被称为 "coffee room"。[3]

嘈杂喧闹是早期咖啡馆的一个共同特征。在稍后些的 18 世纪, 英格兰率先用高背长椅将桌与桌彼此隔开, 从而营造出一种舒缓的氛围。但在此之前, 人们通常共同聚集在一个大房间里享用咖啡。咖啡桶罐的嗡嗡声、餐具碰撞的叮当声以及人们彼此对谈的话语声混杂在一起, 构成了一堵似乎坚不可摧的声之墙笼罩在客人的耳畔。[4] 但那里的气味应该非常醉人, 因为在这种咖啡馆里咖啡豆都是现场烘焙的。

欧式咖啡馆不仅是一个享用新奇异国饮品的场所, 它和东方咖啡馆一样也是一个社会化且可供人们交谈的场所。纸牌和骰子游戏早已准备就绪, 最新的文化潮流、政治问题或最前沿的科学发现则终日喧议沸腾。1720 年代曾有人这样评价维也纳的咖啡馆: "在这里你经常可以遇到小说家, 还有一些关心时政或阅读报纸的人, 他们彼此讨论, 似乎决定着战争与和平。"[5] 此外, 单纯的琐碎闲谈也不在少数, 在 17 世纪的英格兰人看来, 同女性一样, 当时的男人们也乐于此道。然而这一点难以被验证, 毕竟那时的女性很少作为客人出现在咖啡馆中。

虽然咖啡馆及其他可享用咖啡的公共场所在近代早期的欧洲城市文化生活中意义重大, 但这些地方都具有营利属性, 首要任务是赚取金钱。经过一段时间的发展, 咖啡馆逐渐成为欧洲主要大城市中重要的经济元素, 刺激了咖啡、砂糖甚至可可的贸易发展。这些咖啡馆从事的商业活动并不完全合法, 它们经常使用走私入境的未完税咖啡豆。比如 1692 年 3 月, 尼德兰税务承租人[①] 彼

154

①　税务租赁是一种可追溯至古希腊时期的古老税收方式, 而 "税务承租人 (Steuerpächter)" 通过向权力机构租赁税收权力, 可以向一般课税主体收税以渔利。

得·德·费特（Pieter de Veth）突击检查了位于阿姆斯特丹证券交易所（Amsterdamer Börse）的一家咖啡馆。调查人员发现那里的大批顾客正在惬意地抽烟喝咖啡，咖啡的售价则低至每杯2斯泰弗（Stuiver）[①]。在这个免税的咖啡天堂破灭之后，政府开始严格控制阿姆斯特丹的相关产业。[6] 违法的不仅是咖啡馆老板，有时候连客人也会触犯法律。尤利乌斯·伯恩哈德·冯·罗尔（Julius Bernhard von Rohr）在1728年警告道：当你们准备在咖啡馆进行赌博游戏时 "……这些地方经常聚集着骗子和无赖……"[7] 所以德意志约从1700年开始屡以法规的形式对咖啡馆进行限制，还经常将其列为重点巡逻区域或突击检查目标。[8]

除了服务人员和娼妓，早期的咖啡馆很少有其他女性出入。在17世纪到18世纪初，一位淑女绝不会愿意光顾这样的娱乐场所，可她们的男性家人却往往孜孜不倦地流连于此，享受漆黑的饮品。但毋庸置疑的是，有许多女性在咖啡馆中工作，她们在里面以侍者、厨娘[②]或娼妓的身份谋生。许多咖啡馆的店主也是女性。潜在的女性顾客对这里望而却步可能是因为时人对早期咖啡馆普遍存有一种负面印象，认为它等同于风花雪月之地。[9]

在欧洲的基督教世界，一些城市中的首家咖啡馆并非因抽象的流行传播而自然产生，而是由一些特定的经营者有计划地塑造而成。这些人大都先在别的地方了解过咖啡，然后再移民到一个新的城市建立事业。比如汉堡的第一家咖啡馆就是由一位英格兰人创立的。如果经营者曾到过东方或与东方毗邻的地区，例如希

---

① 即尼德兰分，系一种在拿破仑战争前于尼德兰地区普遍使用的银币。当时，6斯泰弗等价于1先令，20斯泰弗等价于1盾。

② 此处原文为 "Kaffeeköchin"，意为 "咖啡厨娘"，其在咖啡馆中主要负责冲煮和斟倒咖啡。

腊、巴尔干或波斯等地，他们就会偶尔在布置咖啡馆时有意识地展现一种东方世界的异国情调。除了为店铺起一个颇具东方风格的名字，他们还会在陈设上下番功夫，像是准备水烟袋或让客人席地而坐。但总的来说，这种情况比较少见，有案可考的早期咖啡馆风格通常还是借鉴自传统的欧式小酒馆。

许多地方都可以找到与首家欧式咖啡馆创设时间有关的文献记录。但鉴于它们大部分都仅标有政府特许经营权的签发日期，我们还是应该谨慎看待。不仅不能排除，而且很有可能在官方签发特许状之前就已有未经许可的咖啡馆在营业了。此外，更早的记录也不无散佚的可能。[10]

欧洲非伊斯兰地区的咖啡馆率先出现于意大利和法兰西并非一个巧合。除了地理位置靠近奥斯曼帝国，意大利的社会文化基础也为咖啡馆的生根发芽提供了最为肥沃的土壤。早在巴洛克时期（Zeitalter des Barock），咖啡就作为一种奢侈品出现于意大利了，当时"奢侈"就意味着"巨大（larghezza）""华丽（magnificenza）""气势磅礴（grandezza）"以及"可供夸耀卖弄（ostentatione）"。首先受到影响的无疑是建筑领域，因为贵族和平民富豪都想通过建造宏伟的宫殿令对手黯然失色。在宫殿的门口，豪华的马车随时待命，当然在威尼斯还等候着精美的贡多拉（Gondeln）。锦衣华服也被看作财富兴旺的象征，不论是庄严的基督教还是普普通通的狂欢节全都成了无穷无尽的盛装舞会。虽然禁奢令严格禁止非贵族出身者炫耀排场，但展示财富对促使社会兴旺其实也具有一些正面效用。要炫示财富与威望，一杯不起眼的咖啡似乎无法与堂皇的宫殿相提并论，但至少有助于强调自己的社会地位、高雅品味和优渥生活。[11]

第一家欧式咖啡馆极有可能是在 1647 年于威尼斯开设的。我

156

们对此并不惊讶，因为这座城市长久以来一直与奥斯曼帝国保持着极佳的贸易接触。[12] 这家咖啡馆居于圣马可广场（Markusplatz）的显要位置，开业后不久就大受追捧。几代人过后，圣马可广场已发展成餐饮业的聚集地，随后"弗洛里安（Florian）"和"夸德里（Quadri）"等咖啡馆纷纷在此开业。值得注意的是，这些早期咖啡馆的创设者多来自瑞士格劳宾登的恩加丁地区（Engadin，Graubünden），他们定居威尼斯之初往往经营糖果店或糕点铺，在发现新的商机后则迅速将经营范围扩展到咖啡行业。[13]

157　　　咖啡是从南部登陆法兰西的。因与黎凡特之间的咖啡豆贸易，法国南部地区很早就接受了这种饮品，也比巴黎更早拥有了咖啡馆。17 世纪中叶，马赛城市市场附近开设了一家咖啡馆，此后仿效者纷纷出现。1672 年，一位名叫"帕斯卡（Pascal）"的亚美尼亚商人在巴黎首次正式销售咖啡，在此之前法国大众购买的都是未经官方渠道的走私货，其最主要的来源就是马赛。帕斯卡在巴黎市郊的"圣日耳曼年度集市（Jahrmarkt von St. Germain）"上首次开设了咖啡馆，或者更确切地说是支了一个咖啡摊位，由此他突然发觉这里存在一个货真价实的市场缺口。他的"咖啡屋（maison de caova）"以所谓的东方装潢和现烤、现磨、现煮咖啡散发出的宜人香气迅速吸引了大批顾客。当然，黑奴男童充当的咖啡侍者恐怕也在其中发挥了不小的作用。[14] 圣日耳曼年度集市上的临时摊位获得了巨大的成功，这使得帕斯卡立刻决定在巴黎开设一家坐商咖啡馆，店址就选在了新桥附近的"学校码头（Quais de l'École）"。显然这家店铺的生意并不理想，很快帕氏就开始派遣仆人携带经油灯加热的咖啡壶走街串巷，将咖啡送到男男女女手中以补贴收入。尽管作了一番努力，巴黎的首家咖啡馆还是倒闭了，这位亚美尼亚商人也不明就里地被迫迁往了伦敦。[15]

　　然而帕斯卡失败的原因没过多久就昭然若揭了，亚美尼亚人的"咖啡屋"不过是选错了目标受众。光顾年度集市的主要是社会中下阶层，而对坐商咖啡馆而言更具长远价值的则是富裕人士。率先认识到这一事实的是意大利裔商人弗朗索瓦·普罗可布（François Procope），他于 1689 年在法兰西喜剧院（Comédie-Française）对面的黄金地段开设了一家咖啡馆。该店铺经营了两个多世纪，这就是引领潮流的传奇店铺普罗可布咖啡馆（Café Procope）。普罗可布从兜售柠檬饮料的流动小贩起家，当发现在饮品摊中加入咖啡后生意越做越好，他最终萌发了新的商业灵感。在普罗可布咖啡馆漫长的经营史中，其尤为吸引着包括音乐家和演员在内的上层群体。这主要缘于经过一段时间的经营，普氏咖啡馆凭借奢华的布置从当时常见的朴素风格中逐渐脱颖而出。

　　这家咖啡馆在 18 世纪的声誉堪称传奇，无数的国际名流出入其中，像皮埃尔－奥古斯坦·卡隆·德·博马舍（Pierre-Augustin Caron de Beaumarchais）、德尼·狄德罗（Denis Diderot）、让·勒朗·达朗贝尔（Jean le Rond d'Alembert）以及后来的奥诺雷·德·巴尔扎克（Honoré de Balzac）和维克多·雨果（Victor Hugo）。在很长的一段时间里，光顾这里的人们总会相互指点告知，比如某张大理石桌和某把椅子是举世闻名的伏尔泰最为喜爱的位置。而在法国革命时期，普罗可布咖啡馆更是跃升为革命思想的交流中心。马克西米连·罗伯斯比尔（Maximilien Robespierre）、让－保尔·马拉（Jean-Paul Marat）和乔治·雅克·丹东（Georges Jacques Danton）都曾光顾这里，或许他们还曾在咖啡馆中探讨过推动革命进程的重大议题。另一位著名的客人是拿破仑·波拿巴（Napoléon Bonaparte），他当时还

158

是一名年轻的现役军人，据称非常缺钱，以致有时不得不将帽子留下来抵押账单。[16]

1690 年前后，巴黎咖啡商人勒费弗尔（Lefévre）开了一家咖啡馆，成了普氏咖啡馆的竞争对手。该咖啡馆在原址经营到 1718 年，迁址重建后更名为 "摄政咖啡馆（Café de la Régence）"，以向当时为年幼的路易十五摄政的奥尔良公爵菲利普（Herzog Philipp von Orléans）致敬。出入宫廷的王公贵族经常在这里聚集，没过多久摄政咖啡馆就与普罗可布咖啡馆一样吸引了大批政治家与作家。狄德罗、伏尔泰以及迟些的罗伯斯比尔、拿破仑和让－雅克·卢梭（Jean-Jacques Rousseau）都曾在这里享用 "土耳其饮品"。狄德罗在自己的回忆录中提到妻子每天都会给他 9 苏（Sou）[①]，其中的大部分都变成了摄政咖啡馆的饮品，他在此处一边啜饮一边编撰了《百科全书》（Encyclopédie）中的许多篇章。[17]

自此之后，巴黎陆续涌现了大批咖啡馆，有帕纳塞斯咖啡馆（Café Parnasse）、丝绵咖啡馆（Café Bourette）、英格兰咖啡馆（Café Anglais）、亚历山大咖啡馆（Café Alexandre）以及艺术咖啡馆（Café des Art）等。从演员到音乐家再到品鉴客，它们吸引着来自不同社会群体的顾客。在 18~19 世纪的各个阶段，巴黎咖啡馆的总数变化很大。18 世纪中叶约为 600 家，1800 年前后约为 800 家，1850 年前后约为 3000 家，截至此时与 1720 年的 320 家相比已增长了超过 8 倍。总体而言，巴黎的咖啡馆颇有民主氛围，其中可以看到贵族、市民阶层资产阶级以及尽管数目增长缓慢但已越来越多的女性。当然，这种平等主义也具有局限性。巴黎的

---

① 一种于法国大革命前流通于法兰西的铜币，20 苏等价于 1 利弗尔（Livre），24 利弗尔等价于 1 金路易（Louis d'or）。

咖啡馆和欧洲其他城市的一样，都是供贵族和资产阶级等社会精英消费的高档场所，对社会下层而言，这里的大门仍是封闭的。同样，精英阶层除非是在旅途中，否则绝不会光顾面向普通人的简陋咖啡馆。[18]

1721 年，孟德斯鸠在《波斯人信札》（Perserbriefen）中以细腻的笔调讽刺了流连巴黎咖啡馆的群体。

> 巴黎人极爱咖啡，在那里有数不胜数的咖啡馆向公众开放，供他们享用。人们在一些咖啡馆中谈论时事，在另一些咖啡馆中下国际象棋。而其中一家可以烹制出使饮用者愈发机智的咖啡，每个离开这里的人都相信自己比来时聪慧了至少 4 倍。遗憾的是，这些有趣的灵魂并没有将精力投注于为自己的祖国做一番有用的事业，而是将自己的时间浪费在儿戏上。[19]

孟德斯鸠的清醒之处在于，他不仅认识到咖啡馆的社会性和交通性，还极富想象力地发觉这些顾客在饮用咖啡之后产生了一种遗世独立和智识方面的优越感。

在英格兰，咖啡馆作为信息交换场所及商业交流中心的一面尤为显著。其首家咖啡馆约于 1650 年建立。到了 1654 年，英格兰大城市伦敦的旧交易所附近开设了一家咖啡馆，自此之后，这种来自东方的新饮品开始受到社会各界的关注与赏识。伦敦的咖啡馆在极短的时间内大幅增加。当时，伦敦的咖啡馆还没有后来那种独具代表性的中正氛围，其陈设与传统的"酒馆（alehouse）"相差无几。

人们在这里除了相互交换信息，还会进行交易。后来，伦敦的咖啡馆在发展过程中逐渐走向了非常正规的专业分化：人们在乔纳森咖啡馆（Jonathan's Coffee House）进行股票与国债交易；在劳埃德咖啡馆（Lloyd's Coffee House）进行保险交易，这里日后成了保险市场的代名词；律师则聚集在地狱咖啡馆（Hell Coffee House）；政客们则依附于党派，托利党（Tory）出入"可可树（Cocoa Tree）"，辉格党（Whig）盘桓"亚瑟家（Arthur's）"。[20]

在甫一建立和体系化的同时，英格兰的咖啡馆也引发了广泛的社会争论，这尤其出现在斯图亚特王朝（Haus Stewart）复辟时期，一批以其为对象的批评性文本涌现出来。比如书商约翰·斯塔基（John Starkey）出版的《咖啡与咖啡馆的特征》（*A Character of Coffee and Coffee-Houses*）就大肆嘲弄了咖啡对人们身心的影响以及咖啡馆中的相对平等性："那里对顾客的身份毫无尊重可言"，每个人进店都挑选最好的座位，没人根据自己的社会地位挑选恰当的位置。[21] 斯塔基暗讽咖啡馆的民主氛围，在这里不会为任何人保留特座，也没有人能够拒绝他人入内。所以从时人的角度看来，在咖啡馆中遇到的谈话对象完全是随机的，人们可以跨越社会阶层与群体藩篱的界限主动互相攀谈，碰撞出充满启发性与创造性的辩论。

类似的观点也出现在保罗·格林伍德（Paul Greenwood）1674年的诗作《咖啡馆的规则与秩序》（*The Rules and Orders of the Coffee-House*）中，该作品仍具讽刺意味，但不失贴切。

> 噢！绅士们，商人们！
> 来吧，都是佳客
> 团团杂处，无人拘礼
> 贵人宁必得上座？

先到先得，先来先卧

......① 22

诗中描绘的平等情景究竟真实存在，还是仅为一种修辞？可惜现　162
在已经无法验证了。

塞缪尔·佩皮斯（Samuel Pepys，1633~1703）是伦敦早期咖啡馆最热心的顾客之一。这位下院议员暨英格兰海军部首席秘书兼王家学会会长最为后人所熟知的身份却是一位日记作家。他在1660~1669 年写下的日记细致入微地描述了自己的政治经历与私人生活。日记显示他在十年的时间里总共光顾咖啡馆 99 次，平均每个月 1 次。这个数字并不惊人，但表现了一定的连续性，23 而且随着时间的推移，他光顾咖啡馆的频率也越来越高。在 1660~1662年间，佩皮斯经常出入传统的小酒馆。随后他的消费习惯发生了明显的改变，1663 和 1664 年他每周光顾咖啡馆 2~3 次，之后的一段时间又再次减少。他最钟爱的是位于伦敦交易巷（Exchange Alley）的一家咖啡馆。1663 年 12 月 26 日，他在这里"与一位绅士就神圣罗马帝国进行了一次愉快的交谈"；24 下一周，他与王家学会的同伴讨论了最近的造船业革新；第二天，他在咖啡馆享用了 1~2 小时，了解了贵格会（Quäkertum）②的教派特征。从上述日记我们可以看出，这位广博的政客兼学者去咖啡馆不一定是为

①　英语原文为："First, Gentry, Tradesmen, all are welcome hither, And may without Affront sit Together: Pre-eminence of Place, none here should Mind, But take the next fit Seat that he can find ..."

②　"公谊会（Religiösen Gesellschaft der Freunde）"是其正式名称，系 1650 年代在英格兰兴起的基督教教派。其一方面主张通过神秘的精神体验寻求宗教真理，另一方面则主张恪守《圣经》以保持对上帝的绝对敬畏。

了喝咖啡，而是为了不断与公众接触，创造机会就政治、经济、文化或学问进行颇具启发性的交流。[25]

163　　伦敦引领的咖啡馆风潮不仅迅速遍及英格兰本土，还蔓延到了英格兰的新大陆殖民地。在英格兰殖民帝国兴起之初，波士顿是新大陆与宗主国关系最为密切的主要殖民城市之一。1670年前后，这座城市的居民已有整整7000人。波士顿商人早先在伦敦已然了解了咖啡馆，这时试图在故乡建立起同样的店铺。1679年，两位女士获得了总督事实上的特批，允许她们寻找合适的房产售卖咖啡和可可，一年后她们所申报的第三处房产得到了开业许可。而直到近三十年后，曼哈顿中心区域才建起了首家咖啡馆，其由英格兰移民约翰·哈钦（John Hutchin）在今日的"原爆点（Ground Zero）"① 附近开设。[26]

尼德兰的第一家咖啡馆则在1660年代开设于首次阿姆斯特丹咖啡拍卖会期间，创立者据说是希腊人德米特里厄斯·克里斯托费尔（Demetrius Christoffel）。1670年前后，海牙（Den Haag）和莱顿也已经有了自己的咖啡馆。但总的来说，尼德兰当时的咖啡馆数量似乎远远低于英格兰或法兰西，而且正如前文所述，尼德兰人是从英格兰人那里学会了饮用咖啡。

而在神圣罗马帝国的版图内，自17世纪下半叶开始，南北两个地区的咖啡馆就朝着两个不同的方向发展：在北德港城及中部的贸易城市同时存在着几家西欧式咖啡馆，它们互相竞争，并且各自拥有特定的顾客群体。而南部的维也纳是独一无二的特例，它既是帝国皇帝的居所，又与东方有着千丝万缕的联系，直到今天仍在展

---

①　本指原子弹爆炸时投影至地面的中心点。而在2001年"9·11事件"发生后，人们一般用它来指代撞击后被摧毁的世界贸易中心双子大楼的遗址。

示着与众不同的风姿。这里的咖啡馆极尽奢华，具有包括供应咖啡在内的多种功能，比如常常进行音乐表演。[27] 总体而言，咖啡馆在神圣罗马帝国的稳固发展要比西欧晚上四分之一个世纪。而且在 18 世纪，这里咖啡馆数量的增长要比英格兰等地慢得多。

传统观点认为，德意志的首批咖啡馆在某种程度上既偏狭又落后。沃尔夫冈·荣格尔（Wolfgang Jünger）便是此种观点的支持者，认为它们"充斥着纯粹的地方色彩，或多或少还带有一些小市民阶层的氛围"。[28] 现在，这种观点已不再是定论，相反人们开始提炼这些简易咖啡馆与所谓的大型咖啡馆之间的差异性特征。与传统的小酒馆类似，私人与公共空间在较小的咖啡馆中是可以转换的，店主经常将自己的起居室用作待客的厅堂。而大型咖啡馆则常以一个奢华的大房间居中，周围配有几个具专门用途的小房间。

与自然相融是德意志咖啡馆的显著特征，许多店铺都将花园露台拓展为客饮区。18 世纪时，咖啡铺已然出现于绿意盎然的城郊，例如戈特弗里德·齐默尔曼（Gottfried Zimmermann）的遗孀就在莱比锡（Leipzig）郊外的格里姆迈施施泰因韦格大道（Grimmaisch Steinweg）拥有这样一家店铺。人们在露天享用咖啡时间或还能远眺或浪漫或壮丽的自然景观，比如 18 世纪下半叶于德累斯顿（Dresden）濒临易北河畔的"巧克力豪斯根（Schocoladen-Häußgen）"就能够提供这样的体验。[29]

记载神圣罗马帝国境内咖啡馆内装风格与家具陈设的原始资料很少，好在克里斯蒂安·霍赫穆特（Christian Hochmuth）记录的"德累斯顿遗产清单（Dresdner Nachlaßinventare）"依然存世，我们凭此可以勾勒出个别咖啡馆内各房间的情景。比如 1756 年去世的弗里德里希·本雅明·威廉姆斯（Friedrich Benjamin Williams），他经营的咖啡馆为了吸引过往行人与潜在顾客，就在

164

165

外侧装了两面招牌，内有 30 张皮椅以及咖啡桌与游戏桌若干，其中一张是覆有 "法老（Pharao）"①游戏桌布的赌桌。店内只有十座简单的烛台提供照明，还有一个可供寄放烟斗的白色小立柜。餐具则备有全瓷制的咖啡杯、无柄可可杯、碟盘、茶壶与咖啡壶。通过餐具我们能够得知，顾客在这家咖啡馆里可以消费各式各样富有异国情调的饮品，而咖啡馆很有可能还给客人提供烟草。威廉姆斯个人还拥有锡勺和锡制茶壶。尽管如此，该房产的拍卖成交价依然很低，这表明屋内的陈设可能较为简单。[30]

1773 年于德累斯顿去世的弗朗茨·马利亚·塞孔达（Franz Maria Seconda）的房产则在当时普遍布置简单的咖啡馆中显得与众不同。其实除了咖啡馆，他还拥有一家贸易店，到他去世时店里仍存有大量的烟草、茶叶、可可以及葡萄酒。他的咖啡馆准备了多个房间供客人使用，其中一间台球室内则收有 18 枚象牙台球以及其他名贵的配件。这里的烛光笼罩着波西米亚玻璃，墙上贴满墙纸，还有高雅的窗帘、巨大的镜面、织物座椅、软垫坐凳以及一组展示柜共同营造出庄重的氛围。除了这些豪华的内饰，塞孔达的财产还包括一台咖啡磨与两台滚筒式咖啡烘焙炉。[31]

166　　　鉴于伦敦与北德贸易城市的紧密联系，后者复制了前者的咖啡馆模式也就不足为奇了。不来梅的首家咖啡馆于 1673 年开业。汉堡当时是北部地区最为重要的经济中心，也是引领咖啡馆风潮的先驱。汉堡的首家咖啡馆由一位英格兰人于 1677 年建立，历史文献这样记录道：

---

① 系欧洲 18~19 世纪最为流行的纸牌游戏之一，会使用两副扑克牌游玩，玩家可以设庄赌博。

　　　　大约在这一时期，一位英格兰人来到汉堡开始零售
茶和咖啡，接着又来了一位荷兰人做着类似的事情。此后
喝咖啡和饮茶就变得愈发普遍，任何人只要付钱就可以喝
到，于是人们开始只为了喝咖啡或茶而聚到一起……有些
平民和学者……会兴高采烈地一起喝到天亮。[32]

这段短短的文字揭示了咖啡颇具特征的空间性传播与社会性传播
方式：一位来自英格兰这样惯于享用咖啡的国度的生意人来到一
个新地定居，然后以行商坐贾等方式使人们认识咖啡。这里的咖
啡或许也可以置换成其他富有异国情调的饮品。这些奢侈品通过
这些店铺渐渐流行起来，用不了多久就会有鉴赏家主动替它们在
社会上扬名。最终，来自社会不同阶层的顾客在咖啡馆里交流沟
通，咖啡馆则成了民主化进程的一个组成部分。

　　沃尔夫冈·纳尔施泰特（Wolfgang Nahrstedt）将咖啡馆出现
于汉堡视为一个时代的开端，自此以后人们的工作时间与业余时
间开始有了明显的界限。商人们一天中的大部分时间仍在事务所
度过，但他们休息时就会造访咖啡馆，在这里或是交流想法或是
交换信息，抑或是单纯度过一段享乐与玩耍的休闲时光。此外，
因咖啡而无法入睡的消费者则投入了汉堡街头的夜生活，由此可
以说是咖啡馆为绳索街（Reeperbahn）① 的繁荣铺平了道路。[33]

　　汉堡在 1700 年前后已拥有 6 家咖啡馆，其中之一居于汉堡证
券交易所附近的安慰桥（Trostbrücke）桥头。据说在这家咖啡馆
不仅可以读到德语，还能够读到荷兰语的报纸和杂志。[34] 但 18 世

167

----

①　　这条街至今依然是汉堡的夜生活中心和德国最大的红灯区，拥
　　　有脱衣舞俱乐部、性商店、妓院和性博物馆等场所。

纪汉堡咖啡馆的扩张速度确实要比伦敦缓慢得多，其在 1780 年只有 15 家咖啡馆，到了 1810 年时也只拥有 32 家。

　　早期在公共场合贩卖咖啡的贸易枢纽城市除了汉堡还有莱比锡。莱比锡是重要的贸易中转站及繁华的商业中心，自很早以前国际化程度就相当高。1694 年宫廷巧克力制造商约翰·莱曼（Johann Lehmann）开设了莱比锡的首家咖啡馆，这家名为"采撷阿拉比卡咖啡树（Zum arabischen Coffeebaum）"的店铺至今仍在营业。钟情于在这里品味异国饮品的不单单是商人，连统治者强力王奥古斯特（August der Starke）①都会偶尔兴致盎然地亲临，最后还馈赠了一面与咖啡馆相得益彰的浮雕，上面雕刻的是正在喝咖啡的奥斯曼帝国苏丹穆罕默德四世（Mohammed IV，1648~1687 年在位）。[35] 到了 1700 年，莱比锡已拥有 5 家咖啡馆，二十年后则增加到 7 家。[36]

　　尽管咖啡馆在莱比锡得到如此荣宠，但与其他地方一样，它从一开始就成为政府重重干预的对象。这些店铺就像它们的东方前辈，以自由放任、缺乏道德及强烈的平等主义倾向而闻名。莱比锡人最担忧的是那些"荡妇（Frauenzimmer）"出入咖啡馆不仅仅是为了喝咖啡，还为了其他营生。乌拉·海泽（Ulle Heise）对此曾公正地指出：问题是人们往往无法分清真正的咖啡馆卖淫行为、空穴来风的蓄意中伤和固有道德下的陈词滥调间的界限。[37] 但鉴于莱比锡官方规律性地一再发布相关法令，咖啡馆中极有可能确实存在此类行为。事实上，这里的餐桌服务与卖淫行为确有重叠，18 世纪初出现了所谓"咖啡女（Coffee-Menscher）"的称

168

①　即神圣罗马帝国萨克森选帝侯腓特烈·奥古斯特一世暨波兰国王奥古斯特二世，他是当时德意志各邦人口最多、实力最强的诸侯。

谓，意指"形迹可疑的放荡女性，她们在咖啡馆内根据男性顾客的意愿提供一切服务"。[38]

莱比锡市政府早在 1697 年发布的咖啡馆法令中就曾写道：在这里发生的不贞行为将被判罪。大学生显然也被这类恶习侵染，因为在上述法令颁布仅仅几天后，莱比锡大学校长就再次明确警告学生"不要与不贞的女性认真交往"。[39] 九个月后，莱比锡的全部咖啡馆遭到突击检查，许多年轻女性被捕并遭到监禁和鞭笞，其中一些甚至在淋满粪便与尿液后被驱逐出城市。自此以后，所有的女孩与妇女都被禁止出入咖啡馆，不论顾客、娼妓、厨娘还是服务侍者——这是一项在实践中几乎无法执行的禁令。[40]

1697 年的法令后来被颁布了多次，比如 1701、1704 和 1711年。1718 年时，女性又一次被禁止进入咖啡馆，咖啡馆也被完全禁止除台球以外的一切娱乐活动，而且店主将对此承担法律责任。此后，店主们不得不时刻警惕因违反法令而支付高额罚金甚至被迫关张。这些严厉的法令使莱比锡的咖啡馆从最初的恶名很快就转变为嘉誉。[41]

18 世纪下半叶，莱比锡酒商里希特（Richter）在卡塔丽娜大街（Katharinenstraße）的一座富丽堂皇的别墅中创立了"里希特咖啡馆"，它一跃成为城市中的顶级娱乐场所。尽管当时禁赌令尚在，但仍无法阻止这里成为臭名昭著的赌博场，许多赌徒在这里倾家荡产。同时这里也是戈特舍德或弗里德里希·冯·席勒（Friedrich von Schiller）等知名人士"探讨国家大事"的场所。席勒尤其欣赏这座房子给他带来的帮助："我在这里与半个莱比锡会聚一处，通过熟人与陌生人不断扩大社交圈。"[42]

至于与莱比锡毗邻的萨克森选帝侯国都城德累斯顿的早期咖啡馆，我们如今只能在官方法令中找到踪迹。其首家咖啡馆的创建年份已不可考，我们只知道德累斯顿在 1711 年发布过一道法令：禁止在本地咖啡馆中赌博。六年后，围绕城堡巷（Schloßgasse）与新市场（Neumarkt），德城已然拥有 10 家咖啡馆。在奥地利王位继承战争（Österreichischer Erbfolgekrieg）[①] 期间，官方记载的咖啡馆数量减少到 7 家，直至 1784 年才回升到 11 家。[43]

在皇城维也纳，神圣罗马帝国与奥斯曼帝国的接触碰撞出了咖啡馆。维也纳是皇廷与许多帝国机关的所在地，1683 年大土耳其战争（Der Große Türkenkrieg）[②] 爆发之际，这座城市已拥有 50000 人口，在短短十几年后的 1700 年，人口就翻了一番。一项巧妙的税收政策促使人们从波西米亚、匈牙利、巴尔干以及哈布斯堡皇朝的世袭故土迁往正在崛起的多瑙河（Donau）河畔大城市维也纳。被吸引到这里的还有来自阿尔萨斯（Elsaß）、洛林（Lothringen）和今德国南部地区的众多移民。大土耳其战争结束后，作为奥地利哈布斯堡皇朝都城的维也纳以破竹之势崛起，迅速发展成为一座极具巴洛克风格的城市。著名建筑师约翰·卢卡斯·冯·希尔德布兰特（Johann Lukas von Hildebrandt，1668~1745）、约翰·伯恩哈德·菲舍尔·冯·埃拉赫（Johann Bernhard Fischer von Erlach，1656~1723）及其子约瑟夫·埃曼努尔（Josef Emanuel，1693~1742）均在这里留下了他们的杰作。[44] 这时的维也纳方兴未艾，弥漫着多元文化的大气氛以及挥别旧态

170

---

① 1740~1748 年，因奥地利哈布斯堡皇朝男嗣断绝，欧洲诸国遂分为两大阵营围绕奥地利大公继承权展开战争。

② 1683~1699 年，奥斯曼帝国与欧洲基督教国家组成的"神圣联盟（Heilige Liga）"爆发战争。1699 年 1 月，双方签订了《卡尔洛维茨和约》（Friede von Karlowitz）停战，奥斯曼帝国失去了其在中欧的大部分领土。

的不安与雀跃，咖啡恰与这种气候相得益彰。

依当地流传的说法，奥地利人与这种提神饮品结识于 1683 年，然而这则人尽皆知的传说却未必准确。1681 年，奥斯曼帝国高门与俄国缔结了和约，获得了法兰西的政治支持和匈牙利豪强特克伊·伊姆雷（Tököly Imre，1657~1705）[①] 承诺的军事援助。奥斯曼帝国终于将全部的军事力量转向哈布斯堡皇朝。天主教奥地利一直在酝酿一场针对奥斯曼帝国的真正十字军东征，这当然引起了苏丹宫廷的高度警惕。为了先发制人，奥斯曼帝国于 1683 年 3 月末向哈布斯堡皇朝宣战。同年 7 月，维也纳收到了令人惊骇的消息："异教徒"军队正气势汹汹地不断接近这座城市。同月，维也纳围城战开始了。帝国皇帝早已事先撤离国都，留下的人们只得在施塔尔亨贝格伯爵（Graf Starhemberg）的指挥下作好一切应对围攻、饥饿和流行病的准备。其中最大的威胁来自地底，奥斯曼人很快就凭借精熟的技艺在维也纳轴心环形堡（Wiener Festungsring）的城墙下掘通了地道。他们通过这种方式炸开了进入城市的缺口，穆斯林战士每次涌入，维也纳都要付出巨大的代价方能将他们驱逐出城。终于，波兰国王扬三世·索别斯基（Jan Ⅲ Sobieski）率领的基督教援军在最后一刻赶到。9 月 12 日，经过六个小时的野战，奥斯曼军决定撤退，同时带走了 85000 名俘虏，其中包括 14000 名适龄女性，她们想必可以使土耳其的一些内宅变得更为充实。[45]

在被围困的维也纳城中，有一个名叫弗朗茨·格奥尔格·科尔希茨基（Franz Georg Kolschitzky）的波兰人。[46] 他曾是一位周游奥斯

171

---

① 匈牙利新教徒斗争领导者、库鲁茨起义（Kuruzenaufstand）领袖，因反对奥地利哈布斯堡皇朝对匈牙利的统治，遂在大土耳其战争期间选择与奥斯曼帝国联合。

曼帝国的冒险家，在许多东方城市中受雇充当过口译，最终来到了维也纳。因语言方面的技能，他似乎非常适合作为一名探子前往奥斯曼营地。于是，科尔希茨基与一位同伴穿着东方服饰于 1683 年 8 月中旬成功混入了奥斯曼军队。他们穿过敌军阵线，终于到达了驻扎在城市外围的友军洛林公爵（Herzog von Lothringen）的营地。随后，他们带着有价值的情报避过敌人耳目成功返回了维也纳。

　　奥斯曼军撤离后，科尔希茨基因功获得了丰厚的奖赏。除了金钱和位于利奥波德城（Leopoldstadt）的一块土地，他还获得了维也纳的公民权以及商业特许状，允许他从事任何想从事的商业活动。当被问及还有什么愿望时，科尔希茨基表现得很谦逊，表示只想要几口袋所谓的骆驼饲料。显然只有他知道奥斯曼人遗留下的口袋里装的并不是饲料，而是就当时而言数量相当可观的约 500 磅烘焙好的咖啡豆。除了本就是一笔财富，它们还成为科尔希茨基在圣斯德望主教座堂（Dom- und Metropolitankirche zu St. Stephan und allen Heiligen）旁的教堂巷 6 号（Domgasse 6）开设维也纳首家咖啡馆"致蓝瓶（Zur blauen Flasche）"的资本。他的咖啡起初似乎并不太受欢迎，但当他用牛奶调和咖啡的苦味并加入砂糖的甜味后，越来越多的维也纳人开始接受这种饮品。[47]

　　弗朗茨·格奥尔格·科尔希茨基至今仍被算作盛名远播的维也纳咖啡传统的始创者而享有传奇般的美誉。然而这个故事，至少是故事中的某些部分似乎应归入民间传说而非客观事实。因为早在 1660 年代，咖啡豆输入与咖啡饮品销售在维也纳就已经是相辅相成的事业了。大部分从事咖啡豆进口的生意人都会在自家的咖啡馆里制备咖啡并零售饮品。而早年间这类业务似乎一直掌握在亚美尼亚商人手中，其中比较知名的两人是约翰内斯·迪奥达托（Johannes Diodato）和艾萨克·德·卢卡（Isaak de Luca）。

172

德·卢卡入赘了一户出身高贵的维也纳资产阶级家庭，一度掌握着维也纳进口咖啡、可可和茶叶的独占权。迪奥达托则皈依了罗马天主教会，然后获得从奥斯曼帝国向维也纳输入货物的特权。1685 年 6 月 17 日，迪氏获得了经营咖啡馆的正式授权，但他的咖啡馆很可能在围城战开始之前即已营业。后来，鉴于他与奥斯曼帝国的密切联系，迪奥达托被怀疑从事间谍活动。最终，他不得不乘着一个月黑雾深的夜晚逃往威尼斯，而那家咖啡馆则由他留在维也纳的妻子继续经营。[48]

　　还有一位希腊人继迪奥达托之后也开设了一家烹制咖啡的店铺，开业时间应也早于 1683 年。1697 年，维也纳市政府开始进一步开放咖啡馆的特许经营权。从现存资料来看，自那之后的特许状几乎只授予德意志人，我们从施泰登贝格（Steidenberger）、布莱特（Bletter）、克劳斯（Kraus）和科恩贝格（Kornberg）等经营者的德意志名字就可以看出这一点。[49] 早期的维也纳咖啡馆会在入口显眼处燃起一小簇火光，以此引起潜在顾客的注目。[50] 除了零售咖啡，这些店铺从一开始就获准同时销售可可等饮品，以便他们供应商品的受众更广泛且经营更具有竞争力。[51]

　　维也纳咖啡馆的发展速度与前述神罗诸城相差不多，远没有英格兰那么迅速。1700 年前后，这座城市只有四家特许经营咖啡馆，但它们很快就开始与供应利口酒（Likören）① 等酒精饮品的传统"酒馆（Wassersiedern）"展开竞争。直到这两个对手联合到一

173

---

①　又称"香甜酒"或"力娇酒"，酒精度一般在 15%-30% 之间，是一种以蒸馏酒为原料的酒精饮料，通常不会陈酿很长时间，但拥有一定的黏稠度和甜度，并以水果、坚果、草药、香料、花朵和奶油来增强风味，一般被用作调酒和鸡尾酒的基酒或烹饪的调料。

起组成了同业公会，这段毁灭性的竞争关系才告结束。该同业公会下辖店铺的徽记上通常会绘有一个土耳其人。1730年前后，维也纳终于拥有了30家咖啡馆。

德意志滨海城市和贸易中转城市通过与西欧的密切接触很早就熟悉了咖啡馆，维也纳则是由其危险的近邻奥斯曼帝国处获知的。但就神圣罗马帝国内的大部分城市而言，这一场所的传播才刚刚开始。各地统治者一直在试图效仿皇廷的穷奢极侈与挥霍无度以展现自身雄浑富丽的排场，咖啡及有关习俗则恰好与这种需求一拍即合。在开设于各地首邑的此类店铺中，最为著名者当数1714年弗朗茨·海因里希·魏格纳（Franz Heinrich Wegener）获地方统治者特许在不伦瑞克（Braunschweig）开设的大型咖啡馆。这位生意人在经营过程中再三获得了更多的特许权，不断丰富着咖啡馆的经营内容。最终，店内不仅为顾客提供报刊读物和台球与保龄球服务，还拥有一个定期举办戏剧和音乐演出的会场。后来，他们华灯灿烂的咖啡花园还成为当地的一处著名景观。由于地方市场并没有大城市那么自由，决定此间咖啡馆业发展的与其说是市场，不如说是各地统治者签发的特许状。所以不伦瑞克的大型咖啡馆在半个多世纪的时间内从未遭遇过任何竞争对手的威胁。[52] 与此同时，咖啡馆也渐渐浮现于其他城镇。1690年，小城哥廷根（Göttingen）在建立大学之前就先有了一家由本地药店药剂师经营的咖啡馆。1741年，约翰·塞缪尔·海因修斯（Johann Samuel Heinsius）总结道：神圣罗马帝国的咖啡馆"已然遍及所有具一定规模的城镇"。[53]

在18世纪中叶以前，咖啡馆就已不再是神圣罗马帝国境内唯一能享用这种漆黑饮品的公共场所，城市与乡间的普通旅舍都可以品尝到它。1740年，施特拉尔松的学生约翰·克里斯蒂安·缪

174

勒与一位女性同伴造访了萨克森的一家乡间旅舍，显然咖啡在那里已经成为实际待客礼俗的组成部分。

> 我们刚在旅舍门前停下车子，两名身穿白衣，围着小白围裙，手上拿着白帽子的仆人就迎了上来。他们俩迅速蹿到车前，匆忙打开车门，拥住我们问道："先生喝点什么？不管您喜欢咖啡、茶还是可可，我们都有专门的房间接待。"我们被确切无误地引至台球室与舞厅中间的屋子。没过多久，一个女人走了进来，把咖啡放在桌上。我们便开始边喝边聊天，喝完后还玩了几局台球。[54]

上述文字表明，到了 18 世纪中叶，即便是神圣罗马帝国最偏远的 **175** 角落，咖啡也成了一种常规供应。

时代变迁不仅存在于简陋的乡村旅舍，也存在于高端的市场。巴黎普罗可布咖啡馆华贵的内饰从很早以前就为高端咖啡馆定下了基调，大理石桌与高价镜面组成的画面深深烙印在人们的心中。这种奢华风格在拿破仑战争（Napoleonische Kriege）后被四处仿效，最终成为城市高档咖啡文化的标配。在"大陆封锁令（Kontinentalsperre）"[①]时期，维也纳一时间几乎断绝了市场中的咖

---

① 1805 年特拉法加海战（Schlacht von Trafalgar）失败，法兰西第一帝国皇帝拿破仑直接登陆英国的计划破产。他于是转向以"大陆征服海洋"，决定用经济和战略封锁拖垮英国，便在1806~1814 年间颁布并实施了一系列贸易法令，包括《柏林敕令》《华沙敕令》《米兰敕令》《圣克卢敕令》《特里亚农敕令》和《枫丹白露敕令》，史称"大陆封锁政策"。这些法令的目的在于禁止一切来自英伦的货物登上欧陆以打击英国的经济实力，进而建立法国的欧洲霸权。

啡供应，但随即这种紧缺反而转化为优势。咖啡馆经营者为了维持生计，纷纷开始提供热餐与糕点以替代咖啡。人们从这一尝试中得到了启示，很快咖啡、糖果与糕点就结成了极富热量的组合。我们今天所熟知的经典维也纳咖啡馆也在这一刻诞生了。

除了真正的餐厅，越来越多的旅馆也开始供应包含咖啡在内的多样化饮食。许多高档场所，尤其是大型豪华酒店也开设了自己的咖啡厅，这样的酒店在许多欧洲城市以及铁路汽船时代后随处拔地而起的旅游胜地内都可以见到。咖啡馆被引入欧洲后约过了200年，早期那些喧闹拥挤、眠花宿柳的下等场所已难觅踪迹。这时的"咖啡馆（Kaffeehaus）"，或者说"法式咖啡馆（Café）"已经成为"美好年代（Belle Époque）"① 市民阶层资产阶级中上层生活方式的一个固定组成部分。

---

① 系欧洲社会史上的一个时期，始于19世纪末，终于第一次世界大战。在这段时期内，欧洲因科技进步和经济腾飞而突然扭转了此前的长期萧条，从而开启了一段繁荣快乐的时光。

第 8 章 应许之地：殖民时代的种植扩张

　　自很久以前开始，生咖啡豆就通过奥斯曼帝国和黎凡特被运往欧洲。到了 17 世纪中叶，咖啡以前所未有的规模经好望角航线被直接运抵英格兰、尼德兰、法兰西或丹麦等地。这一新兴贸易流的主导者是西北欧的各贸易公司。16 世纪时，葡萄牙人掌控着欧亚贸易，他们通过葡属印度在印度洋支配着极为复杂的贸易网。但到了 17 世纪，尼德兰人开始占据主导地位，而18 世纪则属英国人与东方的往来最为密切。葡属印度衰落的原因是葡萄牙与亚洲的贸易全系王室行为，当王室的资金开始短缺后便依赖于上德意志商行的贷款。相较之下，1600 年组建于伦敦、阿姆斯特丹和哥本哈根等地的贸易公司是第一批现代意义上的股份公司。尤其是尼德兰，其当时有一批资金雄厚的正在寻找利润有保障的投资机会的生意人，他们的目光很快就投向了亚洲的贸易。1602 年，尼德兰联合东印度公司（Verenigde Oost-Indische Compagie）在极短的时间内聚集了大量资本，使其足以装备无数船只赴印度洋进行有利可图的贸易航行。起初，他们的主要目标是香料，以胡椒为主兼且收购印度尼西亚群岛的肉豆蔻（Muskat）和子丁香（Nelken）。17 世纪，当尼德兰控制锡兰（Ceylon，今斯里兰卡）后又开始收购肉桂。到了 17 世末，由于新的时尚潮流兴起，欧洲的棉织品和丝织品的需求开始大幅增长。其供应主要依靠印度次大陆，英国人在南亚地区的统治便由此开始。18 世纪后，中国的茶与瓷器也成了欧洲商人利润丰厚的贸易品。[1]

从阿拉伯半岛到中国，在如此广阔的地理范围内到处都是为满足欧洲对东方商品的需求而建立的种植区与加工区。与之相配的是贸易公司建立的殖民城市，比如英属的马德拉斯［Madras，今金奈（Chennai）］、孟买和加尔各答，还有荷属的巴达维亚（Batavia，今雅加达），尼德兰人以此为据点在亚洲展开贸易航行，远及印度洋最偏僻的角落。殖民城市中设有贸易公司的"小型分部（Handelsniederlassung）"，即所谓的"商馆（Faktorei）"。商馆一般建立在贸易公司向地方贵族租赁的土地上，由打包区、办公区和居住区组成。

到了 17 世纪上半叶，咖啡日渐成为欧洲贸易公司的关注焦点。欧洲与阿拉伯地区之间咖啡贸易的真正繁盛期在 1720 年前后，但此前欧洲贸易公司在印度洋的代理人早就对这种产品有了相当程度的了解。值得一提的是，他们意识到这种在欧洲愈发受到欢迎的商品在也门南部的港城摩卡可以找到。1627 年，英国东印度公司在波斯萨非王朝伊斯法罕的代理人威廉·伯特（William Burt）报告说："……种子和果皮都可以制作咖啡，虽然在土耳其等阿拉伯国家以及波斯和印度都可以喝到这种饮品，但只有在摩卡才能购买到。"[2] 该报告不是很确切，在也门港城荷台达和卢海耶也同样可以买到咖啡，只是摩卡的地理位置得天独厚，特别适合与印度洋其他地区或欧洲进行货物贸易。

远在欧洲人到达之前，摩卡即已成为印度洋与波斯湾地区贸易船只的终点站，其中尤为重要的是它与印度次大陆西岸间的贸易往来。每年都有来自苏拉特、坎贝湾、第乌以及马拉巴尔海岸（Malabarküste）众多港口城市的无数船只来到这里。[3] 而且港前锚地中还停泊着来自红海对岸阿比西尼亚、埃及、非洲西北部、索科特拉岛、阿曼的马斯喀特与波斯湾的船只。当然，再晚一些还要加上欧洲的船只，它们或直接从欧洲或中转印度与爪哇来到摩卡。前已述及的约翰·奥文顿于17世纪末在该港仅作短期逗留就结识了频繁往来的英格兰人、尼德兰人、法兰西人与丹麦人。[4]

在咖啡登上贸易公司的船只经好望角航线前往欧洲前的几十年里，欧洲人已在亚洲交易过这种商品。比如尼德兰人于1602年从摩卡收购了40袋咖啡，但显而易见的是，他们并未将这些咖啡带回家乡，而是在亚洲进行了销售。[5] 17世纪中叶，尼德兰联合东印度公司开始向卡利卡特［Calicut，今科泽科德（Kozhikode）］、印度西北岸及波斯输送咖啡。同一时期，位于爪哇岛的尼德兰殖民城市巴达维亚的资料中出现了大量有关咖啡消费的记录，但此时的爪哇岛还没有生长种植于本土的咖啡植株。[6]

同样是在17世纪中叶，英国东印度公司率先将咖啡豆辗转运回伦敦，并在季度拍卖会上拍卖。当时，英格兰人的咖啡豆主要是从印度苏拉特收购的，而苏拉特的咖啡豆则是由亚洲或欧洲的商人通过亚洲的内部贸易输送的。英国东印度公司之所以选择从苏拉特间接收购咖啡豆，主要是因为这样可以省下在摩卡建立新的贸易分部和长期维护所需的额外费用，此外也可以规避对原产地商人的依赖以及不稳定的季风气候导致的收购价格的剧烈波动。

早期的咖啡贸易对欧洲贸易公司而言可谓一举两得：一方面，这一时期欧洲对咖啡的需求很大，供给却很薄弱，远道而来的咖啡豆在欧洲的拍卖会上可以获得巨大的收益。尤其是如果在恰当的时机将恰当数量的咖啡豆投放市场，其利润空间相当惊人。另一方面，咖啡同中国的瓷器一样非常适合作为帆船的压舱物，毕竟运载它们要比运载石头有利可图得多。

随着商业往来日渐频繁，对欧洲人而言在摩卡建立常设贸易分部已愈发迫切，即唯有随时亲临产地市场才有可能预知随季风

179

180 而来的交易季，并提前与地方政府及本地商人磋商，以便在炙手可热的咖啡贸易中及时确保充足的货源。然而鉴于地方当权者的专横与腐败，在摩卡建立并长期维护一个常设商馆极为困难。英格兰和尼德兰各自在这里建立的第一个贸易分部都只存在了很短的一段时间。1680 年前后，摩卡甚至还曾出现过一个丹麦贸易站，但同样命不长久。欧洲人在摩卡租用的商馆大都是典型的地方建筑，即带有内院的平顶房屋，一楼用作仓库。

　　1682 年，英国东印度公司的第一艘直达船只由英格兰出发前往摩卡，但两地之间更大规模的直航贸易直到 18 世纪才真正建立。由于这时昙花一现的英格兰商馆已不复存在，被称为"货物经管人（Supercargo）"①的带队商人几乎完全掌控了交易，并在其中抽取大额的佣金。总之，对于贸易公司而言，这笔佣金只比维护自己的商馆兼且贿赂地方政府要便宜一点点。尽管咖啡对英格兰贸易公司的吸引力已愈发增大，但这种交易方式显然既低效又过于昂贵。因此，18 世纪初爆发了一场围绕咖啡洲际贸易的争论，并提出取消摩卡与伦敦间的直接贸易，转而通过新兴的"盎格鲁化（Anglicization）"②印度大城市孟买加强间接贸易。作为争论的结果，英国东印度公司最终选择两种方案并行，既维持摩卡与伦

181 敦间的直航贸易，也着手强化在孟买的转口贸易。

　　1715 年，英国人再次尝试在摩卡建立商馆，但仅维持了 11 年就因也门国内局势的动荡而被迫终止。这次挫败虽然没有完全阻断伦敦与摩卡间的直航贸易，但无疑推动了英国人通过孟买从

———————

① 即船载货物的所有者雇用的代理人，其职责包括代理货主进行交易、在沿途港口售卖商品以及收购携带返航的货物。

② 也称"英化"或"英国化"，广义上指任何事物对英国文化的看齐或同化，但事实上随之而来的往往是实质上的殖民同化。

摩卡收购咖啡豆的转口贸易。1760年代，他们的大部分咖啡贸易是通过后者完成的。在这一时期，英国东印度公司仅在交易季出现在也门，也即在孟买的交易季到来时，该公司会派遣商人驻留摩卡收购抢手的咖啡豆，再运往孟买开展转口贸易。而在一年中的其他时间，印度商人会代替英国人留守摩卡。[7]

在印度和亚洲的其他地方，职员经常会出于个人贪欲而与贸易公司争利。他们屡屡利用价格波动私下从也门贸易集散城市购买低价咖啡，再高价出售给公司。英国东印度公司 1726 年的档案中有一份记载了严峻势态的重要报告：公司麾下的罗伯特·考恩——曾建议对摩卡发动军事袭击的那位商人——于交易季开始之初在拜特费吉赫低价收购了大量咖啡豆，但出于某种罪恶的动机，他向公司索取了远远超过收购价的金额。而英国东印度公司的其他商人几乎全都没有完成自己的年度收购定额，这表明考恩很可能与本地商人达成了某种不正当协议。[8]

上述的种种不确定因素使来自摩卡的咖啡豆供应始终处于一种不稳定的状态，但欧洲对这种饮品的需求却在不断高涨，最终使价格震荡变得异常激烈。1970年代，印度历史学家 K. N. 乔杜里（K. N. Chaudhuri）依据英国东印度公司的档案分析了伦敦拍卖市场上咖啡豆的价格变化趋势，结果发现变化幅度极大：可想而知，在市场需求旺盛时，其价格也极高。尤其是在奥利弗·克伦威尔（Oliver Cromwell）①的统治刚刚结束时，英格兰市场对咖啡的需求增长显著。英国东印度公司在 1664 年进口了 20390 公斤

182

---

①　克伦威尔于 1649 年处斩英王查理一世（Karl I），后于 1653~1658 年间自封英格兰共和国（Commonwealth of England, 1649~1660）护国主，建立军事独裁统治，成了事实上的"无冕之王"。

咖啡，但短短八年后这一数字就上升到了55984公斤。[9]这种增长无疑得益于萨那伊玛目灵活的外贸政策，正如前述，他在摩卡对欧洲商人征收的出口关税要比对亚洲商人低得多。这使得好望角航线的咖啡贸易较黎凡特路线更具竞争优势。而且在当时的也门，甚至纺织品和铅类等非常紧俏的商品也可以免税进口。[10]

尽管存在种种变数，但英国东印度公司不可能放弃早期咖啡进口带来的可观利润。1660年代，咖啡贸易的利润要比其他东方贸易品高得多，成本与售价的比例竟然达到了1∶6。但在接下来的十年里，因进口量超常规地增长，到了1674年该比例回落到较为正常的1∶1.44。总而言之，英国东印度公司对咖啡售价呈现的下跌趋势反应迅速，在某些年份总公司向摩卡商馆发出的订单大幅减少甚至完全取消。[11]

这一举措在17世纪末会间或导致伦敦咖啡市场出现极端的价格波动。此外，有时突发在印度的一些异常状况也会导致咖啡进口量的暂时性暴跌。比如在1690年前后，欧洲舰队的"私掠行径（Kaperei）"①使得印度北部的莫卧儿帝国与英国东印度公司爆发了军事冲突，一时间通往欧洲的航线全部中断。私掠海战对亚洲内部贸易的打击也是毁灭性的，正如奥文顿所述：

> 摩卡居民对英格兰人格外友善温和，在1687年英格兰人与莫卧儿人的战争爆发之前尤为如此。对那些在也门进行贸易的可怜穆斯林商人而言，这次战争的影响是毁灭性的，对印度贸易商也是如此，他们全都无辜承受

---

① 指由国家颁发"私掠特许状"授权个人攻击或劫掠他国船只的行为。在16~19世纪，欧洲列强经常通过这种方式以较低的成本增强本国的海上力量。

着损失与伤害。总之，往来摩卡的货物运输被完全截断
并被转移到了红海的其他港口。这次战争最终导致印度、
土耳其和阿拉伯的许多商人破产。[12]

尽管如此，从长远来看，战争并没有削弱也门的对外贸易规模不
断扩张的态势。[13]

在这场严重的风波结束后，英格兰人的咖啡贸易继续蓬勃发
展，这种趋势在西班牙王位继承战争（Spanischer Erbfolgekrieg）①
期间尤为明显。1700 年之后，伦敦的咖啡豆年进口量维持在
250~450 吨之间，唯独 1724 年达到了 1000 吨。最初的几十年间，
咖啡贸易约占英国东印度公司销售总额的 2%，到了 1730 年代则
稳定在 5%~7%。[14] 此外，一部分由英格兰进口的咖啡豆被转销到
欧洲大陆，从而引起了尼德兰联合东印度公司的不满。[15]

18 世纪上半叶，咖啡在也门的收购价与在伦敦的销售价都极
不稳定，为此英国东印度公司的董事会曾就咖啡贸易的利润率再
三展开讨论。比如 1719 年**安妮号**（Anne）带回伦敦的咖啡豆是以
32690 英镑收购上船的，却只卖出了 38462 英镑。如此微薄的利润
仅够支付**安妮号**的保险金，更遑论股东的收益了。于是，英国东
印度公司于当年宣布：鉴于也门咖啡价格高企，下一个交易季将
停止所有的收购活动。[16]

为了使咖啡豆在伦敦的销售能够稳定获利，英国东印度公司

184

---

①　因西班牙国王卡洛斯二世（Karl II）无嗣，欧洲诸国在
　　1701~1714 年间围绕西班牙王位继承权爆发了争夺欧洲霸权的
　　战争。尼德兰联省共和国在战争中破产，战后虽尚能维持自身
　　在远东的地位，但其贸易强国和海军大国的位置最终均被英国
　　所取代。

从 1720 年代开始规定了具体的拍卖时间，通常是每年两次。这一规定旨在使英国咖啡中间商的需求于特定时期堆积一处，从而推高售价。然而该规定也有一定的缺陷：有时拍卖日期刚过就有装载豆子的船只在伦敦靠港，这些货物往往需要存放半年才能等到下次上拍。这样不仅产生了存储成本，也不利于保持品质。例如 1722 年春，来自摩卡的桑德兰号（Sunderland）与艾斯拉比号（Aislabie）分别驶抵泰晤士河（Themse）港口。前者正好赶上了 3 月的拍卖会，但后者装载的咖啡豆只能从 4 月一直存放到 9 月。[17]

　　尽管费尽种种心思，到了 1730 年代，英国主导咖啡贸易的时代依然落下了帷幕。尼德兰人此时已将咖啡生产扩展到了爪哇；巴巴多斯和牙买加等地也开始种植咖啡。相较之下，也门摩卡咖啡的售价就显得格外高昂了。与此同时，伦敦总部对驻摩卡英国商人下达的指示也变得愈发具体严格，或限定最高收购价以致现场只能买入个别批次的咖啡，或在某些年份干脆完全禁止了采买咖啡。伦敦总部于 1737 年发给也门代理人的指令中就曾抱怨地写道：

> 　　请您务必采取最机敏且最恰当的手段，以尽可能低的价格获得咖啡。这些货物过去在欧洲只是销售迟缓，这主要缘于尼德兰人从爪哇进口的咖啡已越来越多。但现在还有法国人从波旁岛进口的货物，而且我们西印度种植园的产量也提高了许多。[18]

18 世纪中叶，也门咖啡在大不列颠市场中占据的相对份额开始逐渐减少。为了使这个异常脆弱但仍有利可图的生意能够延续，英国东印度公司唯有想方设法不断取得阿拉伯半岛的最新市场动态，再据此制定策略完善相关的贸易控制机制。这些策略包括但不限于仅在特定日期进行咖啡拍卖。

除了英格兰人和贸易量较小的法兰西人，尼德兰人也是也门咖啡贸易的重要组成部分。17 世纪初，尼德兰商人彼得·范·登布鲁克获知阿拉伯人有一种制作"黑液（swart water）"的豆子。也是从那时起，装载咖啡豆的尼德兰船只开始从摩卡驶向印度次大陆西岸以及锡兰或波斯。就这样，早在 1640 年代末，尼德兰联合东印度公司每年的亚洲咖啡豆贸易量就维持在 60~100 吨的水平。二十年后，咖啡豆进入了阿姆斯特丹，但相比之下其进口量就显得微不足道了。[19]

186

1660 年代，尼德兰联合东印度公司首次在阿姆斯特丹拍卖咖啡豆。尼德兰早期的咖啡豆供应与英格兰一样极不稳定。1661 年的首批"摩卡咖瓦（cauwa de Mocha）"数量较大，约有 10 吨。1662 年则完全没有咖啡豆运抵。从 1663 年开始，每年的拍卖量均明显低于第一年，更无法与尼德兰在亚洲的贸易量相比。所以很长一段时间内，阿姆斯特丹的拍卖一直笼罩在伦敦的阴影下，直到 1680 年代其进口量才渐趋稳定。[20] 1686 年，咖啡豆开始常见于尼德兰联合东印度公司返乡船队的订货清单中。1689 年，公司董事明确表示咖啡豆作为进口商品的重要性已大为提升。也是从这年开始，尼德兰联合东印度公司的咖啡贸易以不逊于英国东印度公司的速度迅猛发展起来，除了订单有增多的趋势，阿姆斯特丹的实际进口量也今非昔比。尽管如此，咖啡进口的年际起伏仍很剧烈。一方面其受限于摩卡的供应波动，另一方面尼德兰联合东印度公司也会基于价格策略而有意为之。[21]

起初，尼德兰与大部分欧洲贸易国家一样，从亚洲等地采购了黄金、白银以及其他各种各样的商品运到摩卡尝试出售。他们输送的除了胡椒、子丁香和砂糖，还有来自日本的铜，以及来自暹罗的锡和铅。但这些商品在也门的市场上并非全部畅销。比如1690年代末，尼德兰人就曾被迫把近78000件中国瓷器与贵重的丝织品运出摩卡带回欧洲。锡兰的肉桂在摩卡也同样不怎么受欢迎。[22]

尼德兰联合东印度公司在摩卡还遭遇了与英格兰人同样的问题：难以建立稳定的贸易据点。这种困难在咖啡贸易的初期尤为显著。尼德兰人曾在数年内经营过一家商馆，但后来不得不在1684年将其关闭。作为替代方案，阿姆斯特丹的董事们委托亚洲商人在摩卡之外的其他地点收购也门咖啡，这些商人最常光顾的是苏拉特，其次是波斯。然而事实证明这种间接贸易不仅无法保证质量，还要屡屡承受由误解带来的损失。比如尼德兰人设于印度洋地区的一家商馆坚信另一家已经与本地商人接触并订购了足量的咖啡，于是便完全没有采购。然而最后两家商馆发现双方都没有采购公司延颈以盼的咖啡豆，于是整整一年阿姆斯特丹的咖啡爱好者都一无所获。而1693~1695年则尤为困难，由于缺乏进口货源，咖啡豆在尼德兰联合东印度公司的阿姆斯特丹秋季拍卖会上价格飞涨。幸亏阿姆斯特丹还同时从黎凡特进口咖啡，才没有令天文数字般的拍卖价格持续太久。毕竟能从如此高价中获益的只有尼德兰人的英格兰竞争者。在接下来的几年中，形势又滑向了另一个极端。由于收到阿姆斯特丹的告急文书，科伦坡（Colombo）等地的商馆彻夜打包咖啡豆运往欧洲，致使阿姆斯特丹拍卖会1700年前后的咖啡价格戏剧性地跌至谷底。[23]

尼德兰联合东印度公司的董事们最迟到1700年便清楚地意识到：如果他们不在摩卡安置常驻人员，持续稳定且利润合理的咖啡贸易就不可能实现。1696年，商人尼古拉斯·维尔特斯

（Nicolaas Welters）成为尼德兰代理人被派往也门；1707 年，飘扬尼德兰旗帜的商馆再次出现在摩卡。由此，尼德兰的咖啡贸易步入了稳定期，进口量则在 1720 年代持续增长。而在西班牙王位继承战争结束以后，尼德兰的咖啡贸易也和英格兰一样发生了重大变化。自 1712 年起，尼德兰国内的咖啡订单如雪片般飞来。是年，尼德兰联合东印度公司订购了 500 吨生咖啡豆，这在以前简直是完全无法想象的情况。为了将这些订单兑现，该公司专门向摩卡和苏拉特等贸易集散地派遣了一批"咖啡船（Kaffee-Schiff）"。当然，这些咖啡豆被运抵阿姆斯特丹后又一次使得价格暴跌。而这一时期尼德兰人带到摩卡进行交易的就几乎只有贵金属了。在尼德兰联合东印度公司的董事们看来，当时利润最为可观的贸易品就是咖啡，于是他们建议大幅削减孟加拉丝织品等商品的贸易量，然后将资本进一步投入到获利更有保障的咖啡贸易领域。[24] 1721 年，尼德兰联合东印度公司进口的也门咖啡达到了峰值的 850 吨，也是从这年开始，尼德兰市场上的也门咖啡逐渐被殖民地爪哇生产的咖啡所取代。[25]

　　1715 年后，阿姆斯特丹咖啡贸易的巨大成功促使尼德兰联合东印度公司开始考虑增设往来于也门和尼德兰间的直航洲际船只。然而几次试验性的直航并不成功，事实证明沿非洲东海岸航行过于危险。于是董事们通过了一项折中方案：仍然增设洲际咖啡商船，但返航时并不直接驶回欧洲，而是绕行锡兰进而乘季风驶过好望角。但鉴于热带的潮湿气候会损害咖啡豆的品质，在科伦坡与好望角都应仅进行船队补给，以便将逗留时间控制到最短。事后证明这条航线相当高效，但保持货物质量的问题仍旧没有得到彻底解决，尼德兰联合东印度公司的董事们时不时就会向他们在摩卡的商馆抱怨这一点。[26]

189

18世纪上半叶，阿姆斯特丹取代伦敦成为世界领先的咖啡贸易中心，并逐渐动摇了摩卡的绝对地位。1730年前后，阿姆斯特丹的市场上可以找到来自也门、爪哇、波旁岛、荷属圭亚那、法属圣多明各（Saint-Domingue，今海地）和马提尼克岛等地的咖啡豆。到了1750年，在阿姆斯特丹进行交易的咖啡豆约有一半产自新大陆。[27]

丹麦人也曾为获取咖啡与摩卡进行过贸易。丹麦国王克里斯蒂安四世（Christian IV，1588~1648年在位）早在1616年就授权建立了丹麦东印度公司（Ostindisk Kompagni），但不久后该公司在三十年战争（1618~1648）的乱流中被迫解散。1670年，丹麦人再次成立东印度公司，终于成功实现了与亚洲保持较为稳定的贸易联系。他们于1675~1684年在摩卡出入。鉴于当时来自英格兰、尼德兰及法兰西的激烈竞争，丹麦人在如此短的时间内恐怕无法发展出令人满意的贸易成果。但正如前述，他们至少在摩卡成功建立了一家丹麦商馆，人们也能偶尔在摩卡附近的锚地看到悬挂丹麦国旗的船只航行。其间，丹麦人汉斯·安纳森（Hans Andersen）负责维持在摩卡的驻地贸易，单是在地方政府的侵扰下保护贸易分部就已令他焦头烂额。毋庸置疑，就丹麦捉襟见肘的财政状况而言，因商馆遭到破坏而获得的索赔款项也算小补。但安纳森作为处于弱势的临场者只能无奈地感叹："在权力高于法律之地，推进贸易举步维艰。"[28]

本地商人很快就对丹麦人失去了兴趣。1700年前后，丹麦的欧洲竞争者曾表示："在丹麦船只不再停靠摩卡港后不久，本地商人就完全遗忘了他们。"[29]无论如何，阿拉伯咖啡在18世纪还是通过亚洲商船运抵了位于乌木海岸特兰奎巴（Tranquebar，Koromandelküste）的丹麦贸易据点以及设在卡利卡特的商馆。[30]

此外，1755 年丹麦人占据了位于印度次大陆与马来半岛之间的尼科巴群岛（Nikobaren），他们曾雄心勃勃地计划在此建立属于自己的咖啡种植地，然而很快就以失败告终。[31]

自 18 世纪初开始，欧洲人在摩卡采买咖啡大部分就以银币结算，因为也门人对欧洲的贸易品和工业品可谓毫无需求。即便欧洲人想用印度或印度洋其他地区的商品换取他们日思夜想的咖啡豆，也要先将这些商品换成贵金属。所以，白银就以这种方式持续不断地流出欧洲，而这时恰逢重商主义经济模式在许多国家大行其道。于是，随着来自也门的咖啡进口量与日俱增，这样的呼声在欧洲也愈发响亮：应该在气候与土壤条件适宜的海外殖民地开辟本国的咖啡种植区。

为了能在本国的殖民地种植咖啡，欧洲人在很早以前就开始尝试了解咖啡植株的生长环境，并试图掌握相应的种植方法。例如早在 1614 年一群尼德兰商人就造访过也门的亚丁港以打探咖啡的种植方法。[32] 而在英格兰，约翰·比尔（John Beale）基于典型的早期重商主义思想提出："我希望我们的咖啡来自自己的种植园而非土耳其。"[33] 持类似观点的还有他的朋友本杰明·沃斯利（Benjamin Worsley），《航海法案》（Navigation Acts，也译《航海条例》）① 的设想就出自他们的圈子。比尔还曾具体建议应在新英格兰（Neuengland）②、弗吉尼亚和牙买加尝试种植咖啡，该主张得到了王家学会的支持。[34]

191

---

① 指奥利弗·克伦威尔领导的英格兰共和国议会于 1651 年通过的第一个保护英格兰本土航海贸易的垄断法案。

② 该区域位于美国东北部，濒临大西洋，毗邻加拿大，包括现今的六个州，由北至南分别是缅因州、新罕布什尔州、佛蒙特州、马萨诸塞州、罗得岛州和康涅狄格州。

　　要实现这一计划就必须将咖啡幼苗或能发芽的咖啡豆带出也门。然而在摩卡的欧洲商人很快便发现，也门人为了维护本地咖啡的垄断地位会不遗余力地顽固阻止任何活体种子或幼苗流出国外。这一点正如 17 世纪末的一位法国人所言：

> 　　阿拉伯人小心翼翼地看管着他们独占的咖啡，这些植物为他们带来了莫大的优势。所有将要离开该国的咖啡豆都要确保经过烘焙或沸水烫煮以丧失发芽能力。他们正是通过这种方式挫败了一切在其他地方播种咖啡豆的企图。[35]

然而事实证明，无一遗漏的完美防范不可能实现。

　　在欧洲口耳相传的故事中，咖啡植株的迁植总是与基督教圣职尤其是与耶稣会传教士有关。[36] 然而想将咖啡苗种偷渡出也门的绝不只有欧洲人，穆斯林朝圣者对此也觊觎已久。相传 1600 年前后，印度穆斯林巴巴·布丹（Baba Budan）在赴麦加朝圣的途中从也门走私了七颗咖啡种子带回马拉巴尔海岸，这些种子在迈索尔（Mysore）附近的一个村庄契克马加卢（Chickmaglur）生根发芽，印度的本土咖啡种植即发源于此。[37] 我们如今已无法验证这则故事的真实性，但可以肯定的是，这一地区目前仍是印度次大陆最重要的咖啡产区之一。[38] 当欧洲贸易商对摩卡的咖啡价格忍无可忍时，"马拉巴尔咖啡（Malabar-Kaffee）"恰到好处地充当了它们的替代品。1702~1706 年，尼德兰人已无力在也门获得他们迫切渴望的咖啡豆。可以推测，这一时期途经巴达维亚运抵尼德兰的马拉巴尔咖啡豆数量庞大，然而其低劣的品质在欧洲却屡屡遭到诟病。[39]

早在 1620 年代，尼德兰人就曾将咖啡植株偷渡出也门，并在本国栽培成功。[40] 迟些时候，英格兰人也得意，或许还带有一些恶意地宣布，他们轻而易举地将几大袋完整的活体咖啡植株带到了孟买，而摩卡地方政府对此一无所知。[41] 于是，也门就此开始逐渐丧失其咖啡专卖地位，而西北欧诸贸易公司的时代也随之到来，咖啡植株即将在热带的殖民地世界焕发光彩。[42] 而在 17 世纪末的亚洲，咖啡植株除了生长于马拉巴尔海岸，也在爪哇岛和乌木海岸等地扎下了根。[43] 欧洲人很快便从早期的试种中意识到来自也门的咖啡植株无法承受热带平原的极端高温，相反它们在热带或亚热带的山地中则生长得更好。[44]

在尼德兰人的治下，东南亚的爪哇逐渐发展成为第一个卓有盛名的殖民地咖啡产区。尽管穆斯林商人很可能早就通过印度将咖啡植株带到爪哇，但直到 17 世纪末该岛才经由尼德兰人之手建立起了庄园式的大规模咖啡种植。1699 年，尼德兰人亨里克斯·茨瓦德克劳恩（Henricus Zwaardecroon）将咖啡植株从印度的乌木海岸迁往爪哇，并在岛上栽培成功。接下来的几十年里，咖啡种植又被有计划地从爪哇扩展到苏门答腊岛（Sumatra）、巴厘岛（Bali）、帝汶岛（Timor）和西里伯斯岛［Celebes，今苏拉威西岛（Sulawesi）］。[45] 事实证明这一策略相当成功，因而尼德兰联合东印度公司从 1731 年开始便完全停止了从摩卡进口咖啡。[46]

在最初的几十年里，爪哇岛生产出的咖啡似乎主要销往伊斯兰地区，而没有运往欧洲。作为阿拉伯原产咖啡豆的廉价替代品，这种咖啡还在 18 世纪的暹罗大获流行。[47] 到了 1790 年代，就连美利坚合众国的船只也被吸引到巴达维亚，并在此地采购备受美国人追捧的爪哇咖啡。[48] 1822 年，荷属东印度的咖啡年产量达到了 10 万吨，几近于当时全球咖啡年消费量的一半。[49]

在南亚殖民地种植咖啡的先驱仍是尼德兰人。1658年，他们将葡萄牙人从葡国在锡兰的重要据点科伦坡驱逐出去，并在此地首次种植咖啡。这次种植的咖啡植株并非直接迁自也门或印度，而是在阿姆斯特丹植物园繁衍了半个世纪的植株后裔。[50]后来，尼德兰联合东印度公司直到1722年才决定在锡兰进行大规模咖啡种植，并且这一计划又拖延了十年才付诸实施。但事与愿违的是，几乎没有任何尼德兰殖民者愿意定居在适宜种植咖啡的地区。[51]于是，尼德兰联合东印度公司在锡兰的代理人承袭了1730年代在爪哇岛屡获成功的模式：鼓励本地农民种植咖啡，再从他们那里尽可能多地收购咖啡豆运回阿姆斯特丹。这种方式非常奏效，而且尼德兰联合东印度公司还获准垄断了该岛的咖啡贸易。然而好景不长，由于锡兰咖啡产量的强劲增长，它与同属尼德兰殖民地的爪哇展开了一场灾难性的竞争。这显然会损害阿姆斯特丹公司管理层的利益，最终他们决定支持爪哇。于是，1738年锡兰的公司雇员收到指示，被迫大幅降低了咖啡出口。[52]

在1730年代前五年的短暂繁荣过后，锡兰岛的咖啡种植业又随着尼德兰联合东印度公司贸易政策的起伏经历了一段曲折多变的历史。例如1760年代，由于马拉巴尔胡椒（Malabarpfeffer）与印度小豆蔻（Kardamom）的贸易陷入暂时性危机，尼德兰联合东印度公司曾试图通过重启锡兰贸易以抵偿相关损失。于是其在1765年下令，要求锡兰竭尽所能扩大岛上的咖啡种植规模；然而仅仅一年之后，驻锡兰的代理人就接到与前者截然相反的指示，即要求尽可能减少销往欧洲的咖啡豆数量。1780年代，尼德兰在印度马拉巴尔海岸的影响力消失殆尽，尼德兰联合东印度公司的贸易天平重新倾向锡兰。这次管理层命令驻锡兰雇员大量输出咖啡豆、胡椒和小豆蔻，其中咖啡豆的年输出规模为 500~750 吨。为了响应这一指令，尼德兰人便在锡兰开始推行强制耕作制度，这直接引发了 1789 和 1790 年的种植农暴动。尼德兰联合东印度公司最终被迫放弃了扩大贸易出口量的要求。[53]

　　法兰西人则在当时被他们称为波旁岛的留尼汪岛上建立了自己的种植园经济体系。1711 年，人们在该岛海拔 600 米处发现了一个原生咖啡品种，即所谓的 "马龙咖啡（Marron-Kaffee）"[①]。尽管该品种众所周知较阿拉比卡种更为苦涩，却仍在当地的种植园中被种植了一段时间，直到四年后法国人引进了阿拉比卡咖啡才逐渐被取代。1715 年，来自圣马洛（Saint-Malo）的船长迪费雷讷·达萨勒（Dufresne d'Arsal）设法从摩卡偷运出约 60 株阿拉比卡种植株，其中的 40 株死于运输途中，18 株死于抵达波旁岛后不久。他将仅存的 2 株交给了在该岛居住的两位法国人。1719 年，阿拉比卡种在波旁岛迎来了第一次小小的收获并随之繁衍不息。几年后，法兰西总督的苗圃中已种有 7800 株咖啡灌木；1727 年时的产量则高达 50 吨。[54]

　　这种成就必是在殖民政府的积极干预下才得以实现。它强制要求每位殖民者所有的每位奴隶栽种 200 株咖啡灌木，砍伐植株更是要判重罪。然而到了 1743 年，由于该岛的咖啡种植规模过大，咖啡豆的价格开始受到影响，以致总督贝特朗－

196

① 自留尼汪岛停止种植该品种后，其在几十年间曾被认为已经灭绝。1980 年，一位小学生在岛上发现了一株个体，六年后它被送往邱园进行保护与扦插培植，并于 2004 年以种子种植的方式成功培育出了马龙咖啡幼苗。目前，全世界共有 50 多株马龙咖啡植株存活于英国邱园和毛里求斯的罗德里格斯岛（Rodrigues）。

弗朗索瓦·马埃·德·拉布多内（Bertand-François Mahéde La Bourdonnais）在当年下令禁止继续扩大种植园。1805 年一场龙卷风席卷了岛上的大片咖啡林，摧毁了无数植株，自此之后波旁种逐渐被更为坚韧的阿拉比卡种所取代。[55] 前者则在他处继续为人所用，更在随后的岁月里于南美大陆生根发芽，20 世纪初又经传教士之手被带往肯尼亚。（见第 2 章）总之，仅凭两株灌木就繁育出全球殖民地种植园的波旁种咖啡植株，其遗传基础之狭窄可谓不言自明。所以该品种在面对病害时一贯显得极为脆弱。

说到美洲的咖啡种植，则应追溯到 1720 年代，开先河者同样是尼德兰人。根据记载，他们的首次尝试是 1718 年在殖民地荷属圭亚那。[56] 新大陆截然不同的栽培条件与种植环境使这里的产出与亚洲培育的咖啡具有完全不同的品质。尽管如此，18 世纪的美洲咖啡却经常以一个东方式的名字行销于世，比如"摩卡"、"波旁"或"爪哇"。[57]

对欧洲人而言，与此前相比，18 世纪的咖啡贸易形势已变得大为不同。尼德兰联合东印度公司已愈发青睐爪哇咖啡，逐渐撤出了在也门的业务；而英国人虽然也发展了自己的殖民地种植园经济，却仍在整个 18 世纪作为忠实的客户光顾也门。法兰西人在黎凡特的贸易量也开始明显下降。1700 年前后，每年通过马赛输入法国的也门咖啡高达 600 吨，到了法国大革命前夕则只维持在 200 吨的水平。18 世纪后半叶，美国商船开始停靠摩卡，为逐渐丧失欧洲市场的也门补偿了一部分损失的贸易额。比如 1806 年摩卡总计出口 1800 吨咖啡，其中的 1250 吨便流向了年轻的美利坚合众国。

总而言之，也门咖啡在 18 世纪由一种垄断商品转化为一种质量固然优异但售价也颇为昂贵的"小众商品（Nischenprodukt）"。[58]

而殖民地种植园的咖啡价格则较为低廉，虽被普遍认为品质低劣，但仍凭价格优势在几十年间充斥着曾由也门咖啡统治的前东方市场。1738 年，奥斯曼帝国为了应对迫在眉睫的咖啡短缺状况，宣布将减半对加勒比咖啡豆征收的进口关税。自此以后，每年都有多达 2000 吨咖啡豆从马赛输往地中海东部地区，尤其是运往塞萨洛尼基、士麦那和伊斯坦布尔。这种状况在 1764 年突告终结，鉴于力量强大的开罗咖啡贸易商对此种货品的抵制日益强烈，针对欧属殖民地咖啡输入的全面禁令应运而生且一直持续到 19 世纪上半叶。[59]

特别值得注意的是，因殖民地咖啡生产规模的大幅扩张，咖啡价格在 18 世纪下半叶明显趋于平稳，并且比茶的价格要稳定得多。因为在 19 世纪上半叶之前，茶的唯一来源便是地球另一端的中国，其相关贸易极易受到各种危机的影响。而咖啡种植业在 18 世纪已发展到全球多个地区，欧洲对该商品的需求已无需再单独依赖某一特定地区的供应。

198

第9章 世界性贸易品

虽然咖啡在经历殖民扩张时代后已然成为重要的世界性贸易品之一，但它的真正辉煌还要等到1800年以后。全球咖啡消费量在19世纪膨胀到此前的15倍，成了名副其实的世界性日常饮品。[1]从那时起几乎每个人都有能力消费咖啡，但隐藏其中的沉重代价却鲜有人问津：从19世纪巴西的奴隶生产开始，以及直到今天日薪依然极低的咖啡农与咖啡工，还有始终伴随其间无处不在的不幸童工，这一切才使我们得以喝上一口价格低廉的提神饮品。本章将讨论咖啡崛起成为最重要的世界性贸易品的始末。首先，我们将谈及这一发展趋势的背景与前提，然后再研究个别生产国的详细情况。但鉴于当时的咖啡种植国有上百个，本章只能涉及其中有代表性的几例而无法穷举。

19世纪初的经济局势残破不堪。拿破仑战争期间的大陆封锁政策不仅摧毁了许多欧洲国家的本土经济，也给贸易公司的海外事业造成了严重且长期的损失。英国人从这场危机中恢复得相对较快，但从整体上看，尼德兰、西班牙、葡萄牙、法兰西以及丹麦等国在殖民地世界均一败涂地。

然而上述局势无法掩盖这样的事实：即便在最困难的时期，欧洲的富裕家庭也必然常备咖啡；尽管大陆封锁政策如火如荼，走私咖啡依旧顺畅地流通于欧陆。一条重要的咖啡走私路线会通过奥斯曼帝国穿过达达尼尔海峡（Dardanellen）抵达沙俄境内，再进入奥地利帝国控制的东部地区。另一条路线则会利用北海的门户黑尔戈兰岛（Helgoland）进入欧洲。和平到来后，大量来自海外的生咖啡豆立即合法地涌入欧洲的各个港口，这些货物大部分产自欧洲各国的殖民地。咖啡的贸易形势直到 1860 年代才开始有所转变，巴西占据了主导地位并将势头延续至今。[2] 而导致咖啡需求上涨的原因是多方面的。其一，工业化带来了大量单调且繁琐的流水线作业，给咖啡因这种兴奋剂以用武之地。其二，咖啡作为一种文化载体已被大众广泛接受。除了上述两点，还有一个新出现的要素：当时巴西无边无际一直蔓延到地平线的种植园，配以蒸汽船运业的发展使咖啡的价格变得极为低廉。

与此同时，经营咖啡种植园仍旧存在许多无法忽视的风险。为了收获一颗咖啡豆，经营者需要获取土地、开垦作业、建造种植园、购买奴隶以及向无数劳动力支付报酬，这些事项将消耗大量的资金。而且种植园建立后需要好几年才能产出第一批足以销往伦敦、阿姆斯特丹或汉堡的咖啡豆。其间，任何一场时机不巧的大雨或强暴的夜霜都将毁掉一整年的辛苦劳作。因此许多银行在 19 世纪对种植园融资项目的态度都非常审慎，通常只愿贷款给较熟悉此项业务的私人贸易公司。[3]

此外，几乎没有种植园主能将咖啡直接销售给派驻于港口的欧洲代理商。每个产区通常都会有一个由加工厂、中间商与批发商组成的复杂供应网。与也门的情况类似，运往港口的咖啡豆常由好几个不同批次的豆子混合而成，生产者与港口不存在直接的联系。这样一来，生产者固然没有被市场故意排斥在外，却也很难融入其中。所以直到 20 世纪，与价格波动或市场动态相关的信息都会滞后到达处于腹地的咖啡种植园。[4]

而且，逐渐自由化的贸易令资本主义种植园经济体系受益匪浅。例如，1851 年英国的贸易保护条例放松了与咖啡有关的条款，其本土开始与殖民地种植园生产的咖啡展开自由竞争。但出乎意料的是，非殖民地经济的蓬勃发展对殖民地经济的影响微不足道，[5]贸易公司垄断贸易的时代终于走入了历史的舞台。

英国贸易政策的转变也在德国产生了影响。例如1881年汉堡从德意志帝国处取得许可开始建立自由港，此后暂存于此的货物都将免征关税，这为贸易带来了难以置信的便利和优惠。基于此，汉堡港成为世界上最大的贸易中转中心之一并将该地位延续至今，[①]大量来自东方的地毯、茶叶、烟草、调味料，当然还有咖啡络绎不绝地进出该港。1885~1912年，20000人迁入了位于易北河口的两座岛屿，[②]并建成了可容纳305000立方米货物的砖石结构仓储建筑。当时，许多国家都开始实行更为开明的海关政策，再加上自由港的地位，汉堡的咖啡加工业自此蓬勃一时。[6]

蒸汽船运的普及大幅降低了运输成本，进一步推动了咖啡市场的发展，这一点在19世纪下半叶尤为明显。特别是对那些铁路建设迟缓的地区，如哥伦比亚、委内瑞拉、危地马拉、尼加拉瓜、萨尔瓦多与墨西哥南部而言，蒸汽船运业为生产者提供了决定性的竞争优势。[7]随着苏伊士运河于1869年开通，东非、亚洲和欧洲的交通得到了显著的改善。生产者从中获利良多，并且可以在咖啡的销售额中分取更大的比例；与此同时，价格降低也使消费者从中受益。另外，利润的增长也使种植园经营者愿意进口更多

---

① 依据德国联邦议院2010年的决议，汉堡自由港从2013年1月1日起被取消，围栏全部拆除，整个汉堡港完全融入汉堡市。在124年的自由港历史终结后，汉堡港已成为欧盟的一个海关港。

② 在汉堡港以北120公里易北河口处有三座飞地岛屿，即有人居住的诺伊韦克（Neuwerk）、无人居住的沙尔霍恩（Scharhörn）以及人工岛尼格霍恩（Nigehörn）。而此处的"两座岛屿"指的是"诺伊韦克"和"沙尔霍恩"。

的消费品与奢侈品，并以此夸示日益繁荣的景气。

到了 1880 年代，咖啡的生产与消费均呈现了虽不均衡但颇为显著的增长趋势。1883 年，咖啡的全球年产量约 60 万吨，到了第一次世界大战前夕则几乎翻了一番。但这一时期国际市场上的咖啡价格极不平稳，某一种植区歉收所引发的供应短缺往往使另一种植区从中获益。例如 1890 年南亚暴发了咖啡锈病导致歉收，但巴西圣保罗周边、哥伦比亚以及中美洲地区的种植面积却均有所增加。然而，多产区同时扩大种植面积又使得咖啡价格在 1899 年跌至 19 世纪下半叶的最低水平。

20 世纪初，咖啡一跃成为全球第三大贸易品，贸易量仅次于谷物与砂糖。[8]一战的爆发也没有改变这一点，咖啡价格固然在一段时间内显著下跌，但 1918 年战争结束后便很快得到了回升。咖啡业在"黄金的二十年代（Goldenen Zwanziger）"①重新繁荣起来，但随后在 1929 年的世界经济危机中又经历了一次大幅衰退，直至第二次世界大战结束，国际咖啡市场也没能完全恢复活力。[9]

二战结束后的"短缺经济（Mangelwirtschaft）"②引发了西方世界在 1940 年代的飞跃性发展，"咖啡吧（Kaffeebar）"的出现堪

---

① 　自 1919 年第一次世界大战结束至 1929 年美国发生华尔街股灾，魏玛共和国（Weimarer Republik）在 1920 年代经历了一段繁荣时期，不仅经济得到了蓬勃发展，自由主义价值观也开始蔓延，甚至在艺术领域也产生了对实验性和创造性的追求。

② 　指因物资不足或分配受阻而导致的供不应求，由匈牙利经济学家科尔奈·雅诺什（Kornai János）于 1980 年在《短缺经济学》（*Economics of Shortage*）一书中首先提出，用以描述东方集团国家实施的计划经济体制所造成的问题。在实际经济生活中，其既可以激发经济活力或达到经济均衡，也可能造成人造稀缺，引发经济问题。

为人们对这种发展直观感受的绝佳案例。来自美国的资金补贴、投机买卖以及最为重要的1950年代的巴西歉收使得咖啡的价格明显上涨。世界各地的咖啡价格都涨到了天文数字，美国国会甚至成立了调查委员会以调查是否有"咖啡卡特尔"①在幕后操控。当时，美国许多餐厅一杯咖啡的售价已高达15美分，而伦敦的价格则达到了一杯茶的2倍。[10] 价格如此高企反过来刺激了巴西巴拉那州（Bundesstaat Paraná）咖啡种植业的发展，同时非洲的生产商也不甘落后。[11] 在非洲种植的大部分都是较为廉价的罗布斯塔种，随着速溶咖啡的问世，市场对该品种的需求也在与日俱增。

在咖啡业经历高速增长的半个世纪中，西方咖啡烘焙商和贸易商始终对各环节不断进行着强有力的整合，他们对咖啡生产的品种和质量仍在持续施加决定性的影响。[12] 从1960年代开始，由生产国和消费国共同组成的国际咖啡组织一直在试图调节世界市场上的咖啡价格波动，并也确实或多或少取得了一些成果。[13] 然而在部分曾沦为欧洲殖民地的亚非国家中，由国家政权所主导的营销结构日趋抬头。那些最初旨在向小咖啡农持续收购或旨在调节价格的手段逐渐沦为被腐败利用的工具。此外，个别国家的咖啡种植国国有化也致使产量出现暂时性下降，比如越南民主共和国和印度尼西亚。[14]

植物学与农业经济学的深入研究也是咖啡在世界范围内取得巨大成功不可或缺的前提条件。19世纪欧洲的植物学研究仍以巩固殖民地统治为核心。英国首都以西的植物园邱园正是因此而闻

---

① "卡特尔（Kartell）"是一种垄断组织，由一系列生产类似产品的独立企业为了避免过度竞争使得整体利益下滑而联合形成，很容易出现在少数资源被数个企业完全掌握的情况下。根据《反垄断法》，其在美国属于非法。

名遐迩。邱园从很早就发展成为对经济作物在世界范围内进行迁植的研究中心。通过邱园,南美洲的橡胶树种与树苗被迁植至印度,地中海的栓皮栎(Korkeiche)① 被迁植至印度北部的旁遮普地区(Punjab),东南欧的瓦隆尼亚橡木(Valonea-Eiche)被迁植至印度、锡兰、南非和特立尼达岛。他们还将一些新树种迁到新西兰、澳大利亚和美国,并成功将桉树的单一种植普及全球。而英国殖民地的种植园主总是迫不及待地企盼从邱园获得最好的烟草种子……上述种种记录均可在植物学家约瑟夫·道尔顿·胡克爵士(Sir Joseph Dalton Hooker,1817~1911)1876 年后的笔记中见到。

就咖啡的扩大生产而言,这座位于英国百万人口大城市侧近的植物园在 19 世纪下半叶亦发挥了不容忽视的作用。锡兰岛的事例就颇具代表性:1870 年代暴发的咖啡锈病摧毁了大片种植园。鉴于这场灾难,邱园于 1873 年将更为坚韧的利比利卡种迁植该岛以替代传统种植的阿拉比卡种,希望借此证明利比利卡咖啡针对这种毁灭性的病害具有抵抗能力。这种较晚近发现的品种没过多久就开始供不应求,邱园只得将种子转让给英国的私人植物贸易商——新品种的优势一旦被证明就交给市场进行自由分销在当时是非常常见的模式。[15] 邱园除了致力于传播新品种,还与锡兰的佩拉德尼亚王家植物园(Königlicher Botanischer Garten Peradeniya)合作针对咖啡锈病进行了科学研究。[16]

农业经济学发挥作用的典范当数荷兰人在荷属东印度进行的研究。该研究起初令小农生产者颇受恩惠,但荷兰人的初衷显然并非利他,最终由此产生的收益还是被欧洲殖民者攫取殆尽。此外,还有一部分种植园主联合起来进行了有关甘蔗与咖啡种植的

---

① 又称"西班牙栓皮栎"或"软木橡树",常被用来制作酒瓶的软木塞。

私人研究。[17]

　　拉丁美洲的主要咖啡生产国于 20 世纪四五十年代开始建立了本国的首批国家研究机构，其目标在于开发新的种植技术以进一步提高产量。他们较为深入地研究了咖啡植株，并致力于优化土质、花期和给养，而其中最为卓著的成果大概当属有关遮阴木的试验。[18]

　　伴随咖啡新巨头的崛起和科技的进步，曾经的咖啡大国也门逐步衰落了。虽然该国的咖啡产量在整个 18 世纪都呈现较为平稳的态势，但明显的下滑约从 1800 年开始显现。这主要缘于来自欧属殖民地和拉丁美洲独立国家的挑战已愈演愈烈，最终曾在全球一枝独秀的阿拉伯菲利克斯咖啡完全丧失了竞争力。此外，也门内部的政治动荡与权力斗争也导致该国在一段时期内陷于实质上的南北分裂，这使得也门诸港同吉达与埃及间的贸易急遽减少。[19] 1810 年，埃及重新开始在阿拉伯半岛扩张自己的军事力量，进而控制了也门的南部山区。1839 年，英国为了遏制埃及占据亚丁，遂与周边的地方首领签订了保护条约以阻止埃及继续南下。而此时的埃及人与地方的部落首领一样，仍然没有放弃从利润已愈发微薄的咖啡贸易中分一杯羹，以期筹措到购买武器的资金。[20]

　　英国人在占领亚丁后，依据卡斯滕·尼布尔于 18 世纪绘制的旧地图在红海开辟出一条连通欧洲的航道。1859 年，开罗与苏伊士之间的铁路开通，很快其就彻底取代了传统上往来这条线路的骆驼商队，贸易效率由此得到进一步提升。[21] 此外，根据早在 1854 年就已制订完毕的计划，苏伊士运河将在 1869 年全面投入使用。[22] 然而当也门的政治形势趋于稳定，一切为时已晚。也门咖啡的年产量早在 1840 年前后就已跌至仅占世界总产量的 2%~3%，[23] 其咖啡贸易从新时代基础设施建设中获得的收益更是寥寥。1850 年，英国宣布亚丁成为自由港，传统的摩卡咖啡贸易遭到了致命

一击，所剩无几的也门咖啡豆大部分都被吸引到了亚丁。而自此
之后不到二十年，摩卡就沦为一座空城。

这时的也门咖啡是一种活跃在高端细分领域的小众商品。尽
管售价高于荷属东印度、锡兰或巴西的同类产品，但仍有许多人
认为它品质优异、物有所值。[24] 1868 年，法国副领事杜布罗伊
（Dubreuil）曾在吉达小心翼翼地处理过一批也门咖啡豆，以待进
一步转运。

> 每包咖啡豆都要仔细检查。它们被平摊在地上供奴
> 隶们膝行挑选。进行二次拣选是为了剔除所有不够嫩绿
> 或光泽略显黯淡的豆子。这些也门咖啡豆与阿比西尼亚、
> 印度或美洲货相比，品质肯定截然不同。[25]

208

这些通过额外的拣选工作换来的声誉只能稍微维持也门咖啡正在
流失的市场，并不能倒转时代变化的大潮。

尽管 20 世纪也门咖啡在世界范围内的输出量和占有率都大幅
下滑，但其在本国经济中仍发挥着举足轻重的作用。1950 年代，
咖啡出口占南也门（Südjemen）①出口贸易总额的一半以上，直到
1970 年代这一地位才逐渐被棉花所取代。[26] 20 世纪下半叶，也门
的小型或微型农场仍在种植咖啡，而且往往采取与其他农作物轮
作或并作的方式。这就形成了一种较为纯粹的自给经济，并且这

---

① 虽然北方的阿拉伯也门共和国（Jemenitische Arabische Republik）
和南方的也门民主人民共和国（Demokratische Volksrepublik
Jemen）于 1990 年 5 月 22 日正式宣布统一，也门共和国
（Republik Jemen）成立，但三十多年来南北矛盾时有激化，纷
争持续未断，也门的未来仍笼罩着阴影。

种倾向一直延续至今。但需要说明的是，目前大型咖啡种植园在也门已完全消失。此外，这里的大部分农民都没有自己的土地，每年近一半的收获都要用于缴纳土地租赁使用费。[27]

尽管咖啡业在也门的经济地位非常重要，但其生产水平仍旧比较低下。这一方面缘于 1962~1969 年的内战对种植业造成了严重打击，另一方面由于这一时期也门的国民经济开始细分，棉花和恰特草种植抢占了咖啡种植的部分故有份额。阿拉伯菲利克斯咖啡一度被视作全世界品质最高的咖啡，但二战结束后其品质变得明显大不如前：香气和味道不足，形状不均一，各出口批次中还常混有破碎的豆子。由于市场策略罔效，尽管从生产者处收购这些咖啡豆的成本很低，但国际上的销售价格却依然居高不下。这一时期的也门只有极少数种植园能够产出和以前一样高品质的咖啡豆。1940 年代，也门咖啡的年均出口量为 5000 吨，到了1974 年则仅为 1523 吨。[28]

最先从也门咖啡种植业衰落中受益的是 18 世纪初的加勒比地区。英国人自 1728 年就开始在牙买加种植咖啡，而传奇的世界最顶级的"蓝山咖啡（Blue Mountain Coffee）"[①]就产自这

① 指产于牙买加东部山脉蓝山的咖啡，其年产量不高，只有约2400 吨且 80% 以上销往日本。该山脉最高的蓝山峰海拔 2256米，面向信风的山坡年降水量 5000 毫米，冬季最低气温可达7 摄氏度。在这种多雾、低温且降水丰沛的特殊气候环境下，咖啡樱桃的成熟期较长，因而咖啡豆会酝酿出极具辨识度的特殊香气。根据牙买加农业产品管理局（Jamaica Agricultural Commodities Regulatory Authority）的界定，只有产自圣托马斯（Saint Thomas）、波特兰（Portland）、圣玛丽（Saint Mary）和圣安德鲁（Saint Andrew）四区且生长于海拔 910~1700 米处的咖啡才能贴上"蓝山咖啡"的标签。

里。法属圣多明各土地肥沃、气候理想，从 1780 年代便开始颇具规模地种植咖啡。稍晚些时候，特立尼达（Trinidad）、安提瓜（Antigua）、巴巴多斯（Barbados）、多巴哥（Tobago）等加勒比海小岛以及古巴和波多黎各都曾小规模地种植过咖啡，但遗憾的是，它们均未能将其发展成可观的产业。[29] 19 世纪以前，加勒比地区的咖啡种植主要依靠奴隶劳动，因而针对剥削性生产体系的反抗由来已久。1791~1794 年，杜桑·卢维杜尔（Toussaint Louverture，约 1743~1803）在法属圣多明各领导奴隶起义，最终借法国革命的东风宣告独立，建立起加勒比地区的第一个主权国家海地。[30]

　　荷属东印度群岛在 1830 年代供应着全球一半以上的咖啡。（见第 8 章）17 世纪初，尼德兰人开始将统治侵入今印度尼西亚。早期，他们的目标是占据葡萄牙人散布于该地区的贸易据点；进入 18 世纪后则转向领土扩张，首先被征服的是爪哇岛。[31]

　　于是，爪哇最终成了荷兰人在东印度群岛的咖啡种植中心。　　210
与加勒比地区的奴隶种植不同，该岛的咖啡种植形式在 1870 年代以前主要是由地方精英阶层管理本地农民进行种植。在拿破仑战争结束后，荷兰人为了攫取该地区农业产出的剩余价值而制定了名为"种植系统（Cultuurstelsel）"的强制耕作制度。该制度规定必须将五分之一的农业劳动力投入种植靛青、砂糖或咖啡等经济作物，并将相关产出无偿缴纳给殖民政府，这些货物将登上荷兰贸易公司的船只运回本国进行销售。在荷兰人"种植系统"的全部收获中，咖啡占比长期维持在 80% 以上，而同一系统内的砂糖种植却往往引发亏损。[32] 1860 年前后，取自该系统的收入占荷兰国家财政收入的比例已超过了 25%。因此，来自东南亚的咖啡实际上为荷兰 19 世纪下半叶的基础设施建设与现代化发展作出了重大贡献。直到 1870 年代后，欧洲殖民者才开始以雇佣劳动的方式在该地区发展种植园经济。[33]

　　虽然荷兰人在爪哇推行的强制耕作制度的利润极其丰厚，但很快就招致了来自本土的声讨。其中尤以神学家沃尔特·罗伯特·范·霍威尔男爵（Wolter Robert Baron van Hoëvell，1812~1879）与殖民地官员爱德华·道维斯·戴克尔（Eduard Douwes Dekker，1820~1887）的声音最为有力，后者化名"穆尔塔图里（Multatuli）"①创作了小说《马格斯·哈弗拉尔或荷兰贸易公司的咖啡拍卖》（*Max Havelaar, of de koffij-veilingen der Nederlandsche Handel-Maatschappij*）。

211　　　小说中的主人公马格斯·哈弗拉尔与作者一样，是一名荷属东印度群岛的殖民地官员，他被迫参与了强制耕作制度，批判该制度，并最终以失败告终。穆尔塔图里借笔下的英雄之口直斥荷兰殖民地总督与本地代理人，并揭露了代理人勾结殖民政府为个人前途助纣为虐的无耻行径。

　　　　如果我们真想改善弊病，不是早该上报这一切曲直吗？比如一位本性温柔和顺的居民年复一年地控诉着他所遭受的压迫，他看到一个个代理人休假、退休或调职，又一个个代理人上任，看到每个代理人都没有采取任何措施抚平他的冤屈，他还能指望什么？被压弯的腰永无伸直之日吗？被压抑的苦闷只能忍受吗？不！他会告诉自己，不！苦闷逐渐化为愤怒！化为绝望！化为咆哮！

---

　　①　该笔名源于拉丁语，意为"我已背负太多苦痛"。

等待在尽头的唯一出路只有扎克雷①！³⁴

穆尔塔图里将欧洲人在荷属东印度建立的体系视为革命的温床，但上级官员却无视并试图压抑这种观点。他不仅痛斥了荷兰殖民政府，还相当严厉地指责来自荷属东印度群岛本地精英阶层的代理人，指出他们为了从"种植系统"中获利而无视同胞农民的困境。《马格斯·哈弗拉尔》于 1860 年首次出版，随后便在荷兰引发了爪哇岛强制耕作制度的支持者与反对者间的激烈争论。同时，穆尔塔图里也因这部作品失去了在殖民政府中的职位，并于 1887 年在流亡德国时故去。³⁵

　　除了加勒比地区与荷属东印度，锡兰岛也是也门早期咖啡业的一个竞争对手。锡兰，也就是今天的斯里兰卡，在法国革命战争（Französische Revolutionskriege）期间系英国东印度公司的势力范围。英国人从 1795 年 7 月便开始侵占岛上原属尼德兰联省共和国（Republik der Sieben Vereinigten Provinzen）的地区，并在 1796 年 2 月对这部分领土完成了彻底占领。② 但英国的新势力边界并不安定，岛屿内陆不依附于英国的地方首领与殖民者间不断产生冲突。此外，英国人控制的沿海地带也不断发生反抗活动。于是，殖民者很快就开始向岛内的独立势力发起袭击。战事从 1814 年一直打到了 1818 年，英国最终占领全岛并建立了统一的殖

212

---

①　"扎克雷起义（Grande Jacquerie）"是 1358 年英法百年战争（Hundertjähriger Krieg, 1337~1453）期间发生于巴黎北部的农民暴动。尔后，英法等国都将"Jacquerie"[当时，法兰西贵族蔑称农民为"傻扎克（Jacques Bonhomme）"，意为"乡巴佬"] 用作"农民起义"的代名词。

②　尼德兰联省共和国于 1795 年 1 月成为法兰西第一共和国的傀儡国巴达维亚共和国（Batavische Republik）。

民政府。[36] 这场大规模的征服行动为后来建立于该岛的欧洲种植园经济奠定了基础。

如第 8 章所述，尼德兰人从 17 世纪中叶就开始在锡兰尝试种植咖啡，后来他们缩减了锡兰的种植规模转而投向发展荷属东印度群岛的种植园经济。英国人的到来给锡兰的咖啡种植业带来了繁荣，同时也埋下了深深的隐忧。现代化的种植模式在 1830 年代被引入锡兰，从而为大规模的单一种植式种植园经济铺平了道路。在接下来的十年中，咖啡以加勒市（Stadt Galle）周边地区与康提区（Bezirk Kandy）为中心终于发展成为岛上最为重要的农产品。一段时间后，殖民者发现加勒市周边地区的种植情况不如预期，但康提的山区种植园则收获了丰硕的成果。[37]

213　　基础设施与交通方式的发展也是种植园经济得以扩大的重要前提条件。早在 1823 年，科伦坡与康提之间就开通了一条可供货运马车通行的简易道路，该道路及沿途桥梁后于 1832 年完全竣工。尽管建造这条道路的主要目的是满足军事和管理需要，但它之于咖啡经济的重要性没过多久就显露出来。接连不断的道路工程一方面缩短了从港口前往腹地种植园的行程，另一方面也开辟了森林，提供了更多可以种植咖啡的土地。[38]

得益于全球咖啡需求暴涨以及英国对殖民地生产的刚性保护措施，锡兰咖啡种植业在 1845~1847 年迎来了发展的高峰，种植面积在短短三年内扩大了 1 倍，达到了 20000 公顷。这座岛上当时已建有约 600 座咖啡种植园，而建立并维持其运作的庞大资金一部分来自英国的贸易公司，另一部分则来自其他私人企业。1840 年代中期，锡兰咖啡种植业的初次繁荣为殖民政府带来了可观的额外收入，其中不仅包括源源不断的税收和关税，还包括出售土地的收入。

但繁荣只是昙花一现。早在 1845 年岛上刚刚开始扩张种植园规模时，欧洲市场的咖啡价格就因业已成为现实的全球性生产过剩而呈现下滑趋势。1847 和 1848 年，锡兰的咖啡产业陷入了严重的经营危机，同时连带重创了英国本土的经济。咖啡在殖民地持续生产过剩，在宗主国的销量却在下降。这引发了咖啡价格的进一步下跌，最终致使许多经营种植园的公司破产，比如拥有 35 座种植园的阿克兰伯伊德贸易公司（Handelshaus Acland Boyd & Co）。[39]

　　咖啡危机很快就成为过去，随之而来的是新的转机。在这场动荡中无数种植园易主，与 1845 年的繁荣时期相比，种植园土地这时的价格要低廉得多，新的投资者获得了千载难逢的好机会。于是，到 1850 年代中期，咖啡业进入了一个温和的成长期。实际上这一时期本应发展得更加猛烈，但英国殖民政府的最高负责人乔治·安德森爵士（Sir George Anderson）为了恢复危机后的殖民地财政而采取了严苛的紧缩性政策。殖民地开拓者希望政府发放针对印度移民劳工的补贴，继续推进基础设施建设并进一步减低土地售价，可安德森爵士却对这些要求置若罔闻。后来，紧缩政策大获成功，危机后绝望的财政状况很快变得平稳并得到了改善。因此，继任的亨利·沃德爵士（Sir Henry Ward）才能相当自如地——满足来自各个方面的要求。

　　沃德开始了又一轮的基础设施强化建设，旧有的狭窄山路即将无法应对持续增长的咖啡产量。于是，他在任内修建了 3000 英里车道，并以数座桥梁将它们连接起来。然而人们很快就发现，再长的道路也难以满足不断攀升的咖啡运输需求，只有修建铁路才能解决这一问题。其实早在 1845 年就曾有人计划募集个人资本建设从康提山区通往海岸的铁路。人们后来在沃德爵士的带领下完成了全部的测量与规划工作，却突然发现咖啡种植者的个人资本不足以支持这

214

215 一项目，而英伦本土的潜在投资者对此类事业大都缺乏兴趣。无论如何，从科伦坡通往康提的铁路还是在五年后的 1867 年建设完工。1870 年代，这条线路从康提继续延伸，进一步驶入深山。[40]

　　锡兰于 19 世纪下半叶开始高度融入国际咖啡市场，但与此同时其也经历了最为艰难的困境。度过 1840 年代中期的危机以后，咖啡迅速成了本地种植园最为主要的单一种植作物以及最为重要的出口商品。这种压倒性的地位一直持续到了 1880 年代。锡兰在 1871~1872 年总共种植了 80000 公顷咖啡灌木，而 1878 年一年就种植了近 110000 公顷。尽管产量显著增长，但因这一时期的欧洲咖啡需求同步上涨，所以咖啡价格一直维持在较为稳定的水平。当看起来似乎已没有什么能够遏制锡兰咖啡产业势如破竹的崛起之势时，打击从天而降，其并非来自难以预测的国际市场，而是来自一种小到看不见的真菌"咖啡驼孢锈菌（hemileia vastatrix）"，即所谓的"咖啡锈病"。

　　1869 年，咖啡锈病初次暴发于马杜勒西默（Madulsīma）的一座种植园中。虽然当年的收成完全付诸东流，种植园主却并没有认真对待。他寄希望于向邱园求助，通过获得新的品种和改良种植方式来解决问题。尔后的十年风平浪静，但接下来的灾难却终结了锡兰的咖啡种植业。"缓刑"最多只持续到 1880 年代初，咖啡锈病的再次暴发摧毁了大片种植园，岛上的咖啡生产体系彻底崩溃。由此产生的危机又波及了殖民政府，使其财政收入急遽下降。不论种植园主、劳工还是农民，都已无力承受往常的高额税

216 负。种植园经济遂转向种植其他农产品，经过约二十年才从这场危机中恢复过来。到了 1910 年，原先的种植园已被改建成面积广大的茶园与橡胶园。[41]

　　与加勒比地区或毛里求斯一样，锡兰的种植园主也相当依赖移

民劳工。这里的人口密度原本较低，而且本地居民惯于独立从事农耕，不愿为微薄的日薪给欧洲的公司卖命。当然，上述事实在当时的种植园主眼中通常被归结为岛民懒惰、安于现状且缺乏好奇心。[42]

咖啡种植园对劳动力的需求会随季节的变化而起伏。种植园从 8 月中旬到 11 月之间需要大量的人力来收获咖啡，此时锡兰因地理位置毗邻印度而受益匪浅。自 1830 年代起，每逢收获季印度南部的泰米尔人（Tamilen）就会源源不断地穿越狭窄的保克海峡（Palkstraße）来到锡兰———一年中的其他时间他们则留在故乡耕作稻田。这些南渡的劳工年复一年地艰难穿越疟疾肆虐的锡兰沿海平原，许多人客死途中。不同于加勒比地区的永久移民政策与奴隶经济，英国殖民政府将印度与锡兰山区之间劳动力的季节性流动完全交给市场。1858 年，锡兰殖民政府开始大规模征募劳工，但即便如此，劳动力严重短缺仍是一种常态，因为岛上的铁路建设也需要数量庞大的人力。[43]

19 世纪下半叶亚洲咖啡产业在世界范围内丧失了大量市场份额，这不仅因为锡兰所遭遇的咖啡危机，还因为拉丁美洲的咖啡种植规模增长迅速。拉丁美洲的咖啡种植可以追溯到旧西班牙殖民政府时期。危地马拉早在 1759 年就在王室的命令下建造了咖啡园，墨西哥的咖啡种植则始于 1795 年前后。[44] 不断增加的产量与不断下降的价格使得市场对咖啡的需求愈发旺盛。在这一背景下巴西成了最大的受益者，自 1822 年从葡萄牙独立至 1899 年，其咖啡出口量增长了 75 倍。

巴西的咖啡植株并非直接来自前东方地区，而是来自位于其东北部的荷属圭亚那与法属圭亚那。咖啡种植在 1727 年率先进入了巴西的帕拉地区（Pará），随后在 1774 年蔓延于里约热内卢周边，1790 年又发展到圣保罗。关于咖啡的传入，巴西本地流传着

217

一个无法验证的浪漫传说：当时荷属圭亚那与法属圭亚那爆发了边境冲突，巴西－葡萄牙外交官弗朗西斯科·德·梅洛·帕列塔（Francisco de Mello Palheta）作为调停人介入其中。据说他除了完成官方使命，还引发了法兰西总督夫人的私人好感，情感的萌芽进一步滋生为实质的恋情。作为离别赠礼，外交官收到了一捧繁茂的花束。这位法兰西女性被爱情冲昏了头，将结有成熟咖啡樱桃的枝条绑成束送给了情郎。至少在传说中，这捧花束就是日后独领风骚的巴西咖啡鼻祖。[45]

　　巴西的咖啡生产从最开始依赖的就是奴隶劳动。虽然官方早在 1831 年就宣布禁止了奴隶生产，但这种规章纯属一纸空文。因为咖啡生产在巴西东北部的帕拉伊巴（Paraíba）正发展得如火如荼，所以随后的几年中被投入咖啡劳作的奴隶有增无减。尽管非洲的奴隶贸易已经持续了数百年，但到了 19 世纪上半叶其显然因时代不同而有了新发展：1848 年，第一艘满载奴隶的蒸汽船从安哥拉驶抵巴西。[46]非洲奴隶的生存条件往往极为困窘，不仅衣不蔽体、食不果腹，还要承受酷刑与性剥削；与之相对的则是种植园主穷奢极欲的生活。1880 年代初的一名巴西议员曾表示："巴西就是咖啡，而咖啡就是黑奴。"[47]这其中还包括无数与父母一起被奴役，年复一年摘取咖啡的孩子。[48]也正是因为有了大量可供任意驱使的廉价劳动力，巴西的蒸汽动力等新技术才起步较晚。这里的奴隶制直到 1888 年才算真正结束，作为替代的是来自南欧的劳动力——日结短工。[49]

　　奴隶制无疑是人类历史上的灾难与耻辱，而与之不遑多让的还有对大自然的掠夺式开发。继巴西南部开垦出大片咖啡种植地之后，人们在 19 世纪下半叶又凭借刀耕火种摧毁了里约热内卢以北恢宏无际的原始森林。土地资源在种植园主看来似乎取之不尽，用之不竭，如果薄薄的"腐殖质层（Humusschicht）"被不可持续的耕作手段耗尽，那就继续开垦。经历过这场史无前例的环境犯罪，整个巴西的植被就此改头换面。[50]

正是貌似广袤无垠的国土令巴西的咖啡产业在国际市场上所向披靡。巴西的咖啡种植业几乎完全依靠最为传统的生产方式，其中没有任何新的种植方式或技术创新。与南亚或东南亚种植咖啡和茶时完全不同，巴西既缺乏长时间的专门研究，也没有国家制度层面的配合。其直到 1887 年才建立了第一家植物研究所，而专业的农业经济学领域则仍是一片空白，更遑论统计学数据或高度成熟的信贷业务了。[51]种植者可以参考的只有几本手册，然后就是在反复的测试中试错。他们在箴言"上帝是巴西人（Deus é Brasiliero）"的护佑下毫无保留地笃信着上帝赐予的肥沃土地。

从 1860 年代至 20 世纪初，迟来的基础设施发展终于到来，铁路与蒸汽船运渐渐出现在巴西。种植园主借助新的交通方式继续扩大开垦原始森林，咖啡产区得到了进一步发展，但代价往往是原住民流离失所。铁路网络逐渐形成显著缩短了咖啡从产地运往港口的时间。但由于建造铁路时生产者负担了巨额投资中的大部分，在将其摊入后，前期的运输成本则几乎没有下降。另外，此前的骡驮运输束缚了咖啡经济体系中约 20% 的奴隶，这部分劳动力在解放后可被投入种植领域。而且铁路运输也能减少货物在途中产生的消耗与损伤，所以在某种程度上生咖啡豆的品质反而提高了。[52]

巴西的咖啡豆产量在 1850 年前后约占全世界总产量的 50%，到了 20 世纪初这一比例达到了 80%。在 1930 年代全球陷入咖啡危机时，因邻国哥伦比亚的种植业异军突起，这一比例又回落至50%。毋庸置疑，巴西咖啡产量的波动对国际咖啡价格有着举足轻重的影响。每逢该国高产，国际咖啡价格通常都会有所下降。

219

220

在巴西种植区谋生的人们，其生计与情绪也会随着咖啡价格的起落而起起伏伏，他们九成的经济成果都要依靠咖啡出口。总之，咖啡价格在这数十年中会随着丰收与歉收而呈现周期性波动，平均每七年为一个循环周期。

为了缓解周期性价格下跌带来的损失，圣保罗州政府决定实行所谓的"咖啡保值措施（Kaffeevalorisation）"。在 1906 年的大丰收中，政府初次尝试收购囤积大量的咖啡豆，主要资金则源于发行国债。大部分"保值咖啡"被暂存于美国或欧洲的港口，后在 1911~1912 年度被出售时带来了相当可观的利润。再次启动保值措施是在大战刚刚终结的 1917~1918 年度，这些"保值咖啡"在 1918~1919 年度的大歉收中获得了丰厚的回报。1924 年的第三次保值措施也同样大获成功。然而该系统到了 1929 年开始失灵，巴西人在连续两年创纪录的丰收中存下了整整两大批咖啡豆，却又恰逢世界经济危机冲击了咖啡市场。巴西联邦政府这次决定削减既有库存，并通过征收咖啡更植税与禁止新建种植园的方式持续抑制产量。其中最为严厉的措施莫过于销毁了大量的咖啡库存。截至 1945 年，共有 9000 万袋每袋 60 公斤的咖啡豆被焚毁或被倾入大海。此外，巴西政府还投放了大量的广告以刺激全球咖啡消费，这一举措最终催动了"雀巢咖啡（Nescafé）"的发展，相关问题我们将在第 10 章中展开论述。[53]

咖啡种植于 19 世纪末回到了发源地非洲。1894 年，欧洲殖民者将阿拉比卡种迁入肯尼亚。[54] 即便在 1960 年代肯尼亚独立后，该国仍有许多咖啡种植园掌握在欧洲人手中。肯国的海拔高度、年降水量以及火山土壤条件对咖啡植株无不恰到好处，所以其生产的优质咖啡豆至今仍在国际市场上备受青睐。肯尼亚政府自独立以来一直非常看重咖啡经济对原住民的巨大价值，其从 1960

年代开始就围绕梅鲁地区（Meru-Bezirk）和埃尔贡山（Mount Elgon）推广咖啡种植。[55] 在迄今为止的半个多世纪中，肯尼亚拥有超过 25 万~30 万小农在约 15 万公顷的土地上种植咖啡。总之，咖啡出口目前占肯尼亚年出口总额的约 25%，咖啡豆成了该国最为重要的出口产品之一。现在，肯尼亚同时种有阿拉比卡种与罗布斯塔种，价格较高的前者主要生长于尼耶利（Nyeri）、梅鲁、基里尼亚加（Kirinyaga）等高海拔地区，后者则生长于沿海平原、西部以及马查科斯（Machakos）周边地区。

肯尼亚南部的坦噶尼喀（Tanganjika）曾是德属东非（Deutsch-Ostafrika）的殖民地，这里自 19 世纪末以来就开始在南北两端的高海拔地区、乞力马扎罗山脉（Kilimandscharo）附近以及其他一些零星地区种植咖啡。这些例证可以充分证明殖民背景下的咖啡种植并不一定要采取庄园式，传统的分散式也可以很成功。德意志殖民政府认为维多利亚湖（Victoria-See）西岸的布哈亚地区（Buhaya）① 非常适合咖啡生长，但因其距海岸太远且建设种植园的先期投入过大，难有欧洲殖民者问津。于是，他们的目光转向了强化原住民种植。本地民众进行咖啡传统种植为时已久，方式则与卡法十分类似，但所植品种不是卡法的阿拉比卡种而是罗布斯塔种。殖民者在发现他们完全可以利用这种情势后，察觉到已大可不必开拓种植园。所以他们便开始在当地推进咖啡与香蕉混植的小农种植业，而这种方式下的开垦成本几近于零。德意志殖民政府还通过提高税收的方式迫使殖民地的经济生活货币化，并以此打开了从德国输入商品的大门。[56] 就这样，原住民们毫无选择地被迫融入了国际咖啡市场。

---

① 位于今坦桑尼亚港城布科巴附近。

222

因运输线路不畅，最开始的贸易几乎无利可图。直到沟通
维多利亚湖东西两岸的轮船运输与由东岸通往港口的铁路运输有
所发展，布哈亚地区的贸易规模才开始逐渐增大。[57] 1901 年，英
国人在蒙巴萨（Mombasa）和位于维多利亚湖北岸的佛罗伦萨港
[Port Florence，今基苏木（Kisumu）] 之间建成了乌干达铁路，行
驶于维多利亚湖上的蒸汽轮船开始定期停靠德属东非的湖港城镇
希拉蒂（Shirati）、姆万扎（Mwanza）与布科巴（Bukoba）。德
国殖民地境内的铁路则发展缓慢，直到 1912 年由达累斯萨拉姆
（Dar-es-Salaam）出发的内陆铁路才途经这里，并在坦噶尼喀湖畔
城市塔波拉（Tabora）设站停靠。

船运方面，四艘英国蒸汽轮船自 1907 年起开始在维多利亚湖
上往来，过了一段时间，几艘德国汽船加入其中，这条线路就此
成了布哈亚地区通往印度洋港口的最佳航线。[58] 除了欧洲人的蒸汽
轮船，还有非洲人或亚洲人经营的阿拉伯帆船（Dhau / Dau）① 参
与湖上贸易。这些单桅三角帆船早在欧洲人进入非洲之前就在这里
进行贸易，虽然效率与蒸汽船相比要差得多，但胜在成本低廉。[59]

第一次世界大战结束后，德属东非将坦噶尼喀作为"国际联
盟托管地（Mandatsgebiete）"② 交付协约国，此后这里在英国的管

① 一种活跃于红海及印度洋且擅长逆风行驶的单桅三角帆船，历
史学家现多认为其起源自阿拉伯国家。

② 指根据 1919 年 6 月 28 日签订的《国际联盟规约》第 22 条而
成立的一些区域，它们主要是一战战败国德意志帝国和奥斯曼
帝国的殖民地。经雅尔塔会议（Konferenz von Jalta）同意，当
该条目在 1945 年末被收纳到《联合国宪章》后，除"西南非
洲（Südwestafrika）"（今纳米比亚）外，所有国际联盟的托管
地都自动转为联合国的"托管领土（Treuhandgebiet）"。1994 年，
联合国托管理事会在帕劳（Palau）宣布独立后停止了运作。

理下继续种植咖啡。而大部分种植区在英国人的治下都有越来越多的小农参与其中，1960 年前后它们在"乞力马扎罗原住民合作联盟（Kilimanjaro Native Cooperative Union）"的组织下每年可以生产约 6000 吨咖啡。即便在 1961 年坦噶尼喀独立前夕，这里仍有 240 名欧洲人在种植咖啡。[60]

越南同样值得我们关注，它是世界范围内咖啡种植后起之秀的典范。大约一个半世纪以前，法国殖民统治者将咖啡植株引入越南，其目前已是最大的咖啡生产国之一，年产量仅次于巴西。起初，越南的表现毫不起眼，首家咖啡种植园的规模非常小，只能将其称为一座小花园。直到 20 世纪初，越南才初次由欧洲人建立了大型咖啡种植园。但半个世纪后越南战争（Vietnamkrieg）爆发，咖啡产量严重下滑，所幸种植园集聚的越南中部高地鲜受战火波及。越南民主共和国胜利之初，作为社会主义计划经济的一部分，政府强制位于南部的咖啡园与大种植园进行集体化改造。与很多国家一样，这一进程导致农业生产出现显著倒退。直至 1989 年推行"革新开放"政策，越南的国民经济逐步自由化之后，其咖啡产量才开始新一轮的增长。农民、种植园主和越南政府三者间的紧密合作使越南的咖啡种植业迅速专业化，从而诞生了一系列独立成熟的品牌，最终将优质的咖啡豆输往全世界。目前，越南种植的主要是罗布斯塔种咖啡。

1980 年，越南的咖啡种植面积将将超过 22000 公顷，如今则已达到约 50 万公顷的规模。过去的几十年间，一些新的主要由国家控制的咖啡贸易和咖啡出口公司不断显现，它们巩固了越南咖啡在国际市场上的地位。尽管一些周期性波动仍然存在，但大体而言，越南咖啡的年产量现已超过了 100 万吨。国际市场上的咖啡价格波动在该国反映得非常明显，尤其是 2009 年的大幅下挫对

225 越南造成了显著影响，其每吨生咖啡豆的价格从年初 2 月的 2620
美元跌至年末 11 月的 1480 美元。[61]

不论如何，咖啡在国际上飙高的增长率与各式各样的成功都不
能掩盖一个事实：即便到了今天，世界许多地方咖啡种植园的工作
环境仍然惨不忍睹。种植园工人的工资极低，许多临时工在收获季
外几乎毫无收入。他们还要经常被迫带着孩子一起收获咖啡，以此
贴补微薄的单日酬劳。但是，嗜饮咖啡的西方人经常对童工这一咖
啡业的阴暗面视而不见。危地马拉位于中美洲，是最为贫困的咖啡
种植国，[62]据说那里的种植园有超过 90 万童工，其中的一些甚至还
不到 10 岁。他们在园中不仅要参与采摘工作，还要经常背负超过
50 公斤的麻袋。而邻国尼加拉瓜尽管在 2002 年就颁布了童工禁令，
但至今仍有约 25 万儿童在种植园里工作。打破这项禁令的不仅仅
是种植园经营者，就贫困的父母而言，不这样做，一家人的生计
就无以为继。[63]至于坦桑尼亚，采摘咖啡豆的通常是 10~13 岁的女
童。[64]每天早晨，当我们把咖啡粉倒入滤纸中时，它们有很大概率
就是由童工参与生产的。希望随着"国际公平贸易认证标章（Fair-
Trade-Siegel）"①咖啡的销路与日拓宽，公众对这一问题的敏感度也
会有所上升。

---

① 该标章是一个独立的认证标章，只有经公平贸易认证组织认证
与监督的生产者才可将标章使用在自己的产品上。经标章认证
的产品表明相关发展中国家的生产者受到了较为公正的对待，
在该标章产品上拥有相对较好的交易条件，并且该标章产品在
种植与收获上均已符合国际公平贸易标签组织所规范的公平贸
易认证标准，同时，相应供应链也已受到公平贸易认证组织的
监督，以确保产品的完整性。目前，有超过 50 个国家在使用
该认证标章。

第10章 嬗变之时：20世纪的咖啡革命

20世纪被称作咖啡的革命时代名副其实。虽然此前的几 226
个时期曾断断续续出现过一些与咖啡有关的趋势或潮流——比
如17世纪的西欧像蘑菇一样不断露头的咖啡馆——但从未如20
世纪一般同时出现了这么多根本性的变化进程。这些变化不止
于开发新产品，而是作出了一些实质上的社会变革，正是这些
变革造就了我们如今所知的咖啡。人们不仅通过蒸汽压力、泡
沫、牛奶甚至化学处理等方式重新诠释这种饮品，还在饮用场
所和社会环境等方面赋予享用咖啡以新的意义。其中的四项发
明不但经受住了时间的考验，而且证明了自己的价值：20世纪
初在"生活改革运动（Lebensreformbewegung）"① 背景下产生
的"无因咖啡（koffeinfreier Kaffee）"、1930年代"速溶咖啡
（Instant Kaffee）"的高歌猛进、第二次世界大战结束后掀起的
"浓缩咖啡革命（Espresso-Revolution）"，以及过去三十年间随
全球化进程而出现的"连锁咖啡吧（Kaffeebar-Ketten）"。这些
革命应归功于以下四人或公司：路德维希·罗塞利乌斯（Ludwig
Roselius）、亨利·内斯特莱（Henri Nestlé）与雀巢公司（Firma
Nestlé）、比诺·里塞尔瓦托（Pino Riservato）以及霍华德·舒
尔茨（Howard Schultz）。

---

① 系19世纪末20世纪初发生于德意志帝国和瑞士的一场社会运
动。该运动提倡回归自然的生活，在生活方式上推广有机食
品、素食主义、裸体主义和自然疗法等，是对现代化和工业化
的反动。

第一次咖啡革命发生于威廉二世（Wilhelm II）时代的德意志帝国。1900年前后，汉堡与不来梅二港已发展成为中欧重要的咖啡转运中心，但尚未出现国际性的大型公司，而活跃于德国北部海港咖啡市场的大都是中小型企业。不来梅商人路德维希·罗塞利乌斯（1874~1943）正是这一时期的一名出色的企业家。1894年，罗塞利乌斯于汉诺威（Hannover）完成了学业与职业培训，随即加入了其父亲开在不来梅的贸易公司。他很快便跃升为公司的授权签字人，并在父亲去世、兄弟退出经营后成了做咖啡贸易生意的罗塞利乌斯公司（Roselius & Co.）的唯一领导人。第一次世界大战爆发前夕，罗塞利乌斯拼命地工作，经常每天不知疲倦地工作15个小时，终于使公司成为国内领先的咖啡进口商之一。罗塞利乌斯公司不仅涉猎经营咖啡种植园，还在汉堡、伦敦、阿姆斯特丹和维也纳等地设有分支机构。罗氏商业上的成功基于其对质量的严格管理，他通过有针对性的拣选以确保商品质量的稳定，并从不像当时常见的那样整批收购未曾亲见的咖啡豆。[1]

后来，路德维希·罗塞利乌斯将开发无因咖啡归因于父亲的早逝，他表示父亲生前每天都要摄入上百份咖啡样品，并认为咖啡因正是杀死父亲的罪魁祸首。尸检结果显示，他的父亲确实很有可能死于过量摄入咖啡因对血液造成的不可逆伤害。这一诊断结果为这则本就充满传奇色彩的咖啡故事又增添了几分神秘。

生活改革运动在19和20世纪之交愈演愈烈，当时非常流行以麦芽、谷物或菊苣制作咖啡的替代饮品，所以这应当是催生无因咖啡的真正推力。[2]随着德意志在19世纪步入工业化时代，咖啡与咖啡因在舆论中的形象已与往常大为不同。1820年时还被歌德视为新奇事物的咖啡因到了19世纪末已被普遍视作一种导致紧张烦躁的祸患。到了1900年前后的威廉二世时代，"紧张的年代

227

228

（Zeitalter der Nervosität）"①已成为一个司空见惯的概念，其特征是机械运行的紧凑节律、一成不变的工作流程以及日益加速的日常生活。因而咖啡也被视为造就不幸时代的祸首之一，著名病理学家鲁道夫·魏尔肖（Rudolf Virchow，1821~1902）就曾将其称为"毒药（Gift）"，并认为大规模消费咖啡与大规模消费酒精一样会对社会造成危害。此外，他还推荐用甜菜、小麦和胡萝卜等本地作物制造饮品，或者干脆用洗个冷水澡来代替喝咖啡。当时，这类替代性饮品在德国的年均消费约为 10000 吨，所以无因咖啡在生活改革运动期间被发明出来自是顺理成章。

1899 年，素食主义者本诺·布尔道夫（Benno Buerdorff）在莱比锡的一次演讲中明确表述了一个基本思想："健康是幸福的保障，必须将之彻底贯彻到各个方面：健康的身体、健康的行为、健康的灵魂、健康的经济以及健康的社会氛围。"[3]无因咖啡与这种整体性的革新理念完美契合。因为要拥有更为健康的生活就意味着要抛弃有损健康的饮食，在当时的观念中含咖啡因的咖啡正是其中的一分子。[4]而无因咖啡恰好适合成为替代品，因为有了它，有志于改革生活的消费者就终于可以既拥有放松的神经与健康的生活，又不必为之放弃任何东西了。

路德维希·罗塞利乌斯组建了一支由咖啡专家与化学专家组成的团队。他们的目标是先通过化学手段去除咖啡豆中的咖啡因，再清除化学残留物，与此同时又不损害这种饮品所特有的芳香。

229

①　由德国历史学家约阿希姆·拉德考（Joachim Radkau）在 1998 年出版的《紧张的年代：俾斯麦与希特勒之间的德国》（Das Zeitalter der Nervosität. Deutschland zwischen Bismarck und Hitler）一书中提出。这里的"Nervosität"即医学意义上所谓的"神经衰弱"，拉氏用其描述自威廉二世时代开始德国社会所普遍存在的紧张、烦躁、敏感、羸弱或存在意义丧失的群体心理状态。

自 1895 年埃米尔·费歇尔（Emil Fische，1852~1919）① 彻底破译
了咖啡因的化学密码后，许多化学家都曾尝试使用各种有机溶剂
从咖啡豆中提取这种生物碱，但结果均告失败。罗塞利乌斯的试
验转变了思路，在尝试各种潜在溶剂的基础上，还针对咖啡豆的
性质作了测试。他发现当咖啡豆的含水量在 20%~25% 时，咖啡因
最易于溶解。于是他使用热水或水蒸气，使在种植园中干燥过的
咖啡豆再度膨胀。正如罗塞利乌斯所预想的，这样做既可以使咖
啡豆的湿度更适宜咖啡因溶解，也可以增加其表面积进而扩大溶
剂的接触面。后来的研究人员发现，该方法能够成立是因为增加
湿度引发了化学变化，最终提高了咖啡因的溶解度。

　　罗氏起初选用了当时被认为对人体无害的"苯（Benzol）"作为
溶剂，后人则使用"氯代烃（chlorierte Kohlenwasserstoffe）"和"二氯
甲烷（Dichlormethan）"，偶尔也会使用"乙酸乙酯（Ethylacetat）"。
1980 年代，人们发现了一种以水和"活性炭（Aktivkohle）"去除咖
啡因的方法，还有另一种方法是用二氧化碳。但不论使用哪种溶剂
提取咖啡因，咖啡豆之后都会被再次干燥。5

　　1905 年，罗塞利乌斯开始为自己的工艺申请专利。尽管该工
艺在当时还处于研发阶段而并不能应用于工业，但它仍然立即引
起了专业人士与投资者的兴趣。1906 年，罗氏在不来梅倡议组建

------

① 　德国有机化学家，1902 年获诺贝尔奖化学奖。他在合成苯肼
（Phenylhydrazin）后引入肼类作为研究糖类结构的有力手段，并
合成了多种糖类，在理论上搞清了葡萄糖的结构，总结并阐
述了用"费歇尔投影式（Fischer-Projektion）"描述的糖类所
普遍具有的立体异构现象。他确定了咖啡因（Koffein）、茶碱
（Theophyllin）、尿酸（Harnsäure）等物质都是嘌呤（Purin）的衍
生物，并合成了嘌呤。他开拓了对蛋白质的研究，确定了氨基
酸通过肽键形成多肽（Polypeptide），并成功合成了多肽。

了咖啡贸易股份公司（Kaffee-Handels-Aktiengesellschaft），或许其缩写"HAG" ① 如今更为人们所熟知。该公司的创立资本高达 150 万金马克（Goldmark）②，这充分表明地方银行对这一商业构想也充满了信心。⁶

罗塞利乌斯凭借专断却对雇员不失社会责任感的领导风格在名义上担任了咖啡贸易股份公司的监事会主席。但他实际上是负责该公司一切日常业务的唯一领袖。他经常为了工作将自己和雇员的身体逼至极限。一次一位朋友询问他是否需要一名私人秘书，他立即给出了非常具体的岗位要求："我需要一个毫无保留服从我命令且除此之外绝无他想的人。我们会经常从清晨一直工作到深夜，而且我对工作的要求也高得异乎寻常。"⁷

咖啡贸易股份公司并没有立即将自身打造成一个接受度很高的品牌，而是在工厂建设与广告投放领域倾注了大量资金。1907 年，该公司的首家加工厂在极短的时间内于不来梅竣工，并在开工后日均可以生产 13000 磅成品。五年后，咖啡贸易股份公司发放了第一笔小额红利。第一次世界大战爆发前，"Kaffee HAG"已经有了较为稳固的市场地位，日均产出可达 25000 磅。⁸

咖啡贸易股份公司的成功在很大程度上应归功于罗塞利乌斯的现代营销策略。远在系统化市场调研与客户驱动型营销出现之前，罗塞利乌斯就在具体经营中高度专业地实现了它们。他采用了一个带有红色救生圈的醒目商标。为了提高识别效果，该商标不仅被印于产品包装，还反复出现在各式各样的广告印刷品与展会摊位上。如果旅店和咖啡馆不按规定使用印有该商标的咖啡杯

---

①　该公司缩写原为"Kaffee HAG"，后在 1990 年代改为"Café HAG"。
②　德意志帝国在一战前发行流通的金本位制货币。

和咖啡壶，罗塞利乌斯就会停止为它们供应咖啡。此外，他还拥有似乎承继自父亲的高度成熟的质量管理意识。刚刚运抵不来梅的生咖啡豆通常在一天内就可以完成脱因、烘焙等工序，然后以统一的包装交付中间商。为此他专门准备了一支货车队，车身上喷有醒目的公司标识，从而发挥着广告的作用。罗塞利乌斯曾数次访问美国，他是在那里学会了这种方法并返回应用于德国的。由此他大大提升了"Kaffee HAG"的知名度与生命力，最终使咖啡贸易股份公司成功熬过了第一次世界大战的风暴。[9] "Kaffee HAG"的无因咖啡完美迎合了随生活改革运动弥漫于社会的"健康精神"。1950 年代，其广告语"为了健康——珍重心脏、爱护神经（Für die Gesundheit – schont Herz und Nerven）"在德意志联邦共和国几近于家喻户晓。

"Kaffee HAG"的故事刻印着那个时代德国历史的缩影。咖啡在一战期间被视为不必要的奢侈品，为了保护外汇储备，相关进口受到了严格限制。有段时间人们必须持医生证明才能购买"Kaffee HAG"咖啡，而咖啡贸易股份公司刚刚完成扩建的加工厂也暂时派不上任何用场。战争刚结束的那几年状况也没有太多好转，"Kaffee HAG"甚至还曾一度被迫转向木材加工业等其他领域。1923 年，咖啡的消费量在所谓的"货币改革（Währungsreform）"[①]后才有了明显回升，罗塞利乌斯终于得以拾起战前的成果并继续推进，来自不来梅的无因咖啡很快就在欧洲

232

---

① 随着一战的爆发，德意志帝国在 1914 年用"纸马克（Papiermark）"取代了"金马克（Goldmark）"。但在战败后，因黄金储备不足，"纸马克"的价值暴跌，德国内部也进而发生了恶性通货膨胀。后魏玛共和国在 1923 年开始进行货币改革，并于当年发行了"地产抵押马克（Rentemark）"以取代"纸马克"，又于 1924 年用"帝国马克（Reichsmark）"取代了"地产抵押马克"。

其他国家与美国以"山咖（Sanka）"的名字问市，而"Sanka"的意思就是"无咖啡因（sans caféine）"。[10]

第二次世界大战将咖啡生产又一次推入深渊。不仅咖啡饮品再次遭到严格管控，就连"Kaffee HAG"从 1929 年开始推向市场的速溶可可饮品"可芭可可（Kaba-Kakao）"也需要配给证才能购买。这时的咖啡贸易股份公司已退出民用领域，转而接受了官方委托。他们受命用德国库存的生咖啡豆制造"咖啡浓缩膏（Kaffee-Konserve）"，供飞行员与潜艇兵食用以提高集中力；他们后来还曾用可乐果（Kolanuss）制造前者的替代品"HAG-Cola"。不来梅加工厂在 1944 年的轰炸中被毁，此时距罗塞利乌斯逝世刚过去一年。[11]

纵观路德维希·罗塞利乌斯的一生，他不仅是一位高度专业化的企业家，还具有极其敏锐的政治嗅觉。1912 年罗氏从不来梅移居柏林，他在这里曾为运营日报、建立专业通讯社以及扶植尚处萌芽阶段的广播电台注资。此外，他还将自己的营销知识提供给外交部，建议其针对公共关系工作作出专业化的调整。凭借野心勃勃的外交策略，他被外交部任命为驻保加利亚总领事。[12] 尽管罗塞利乌斯的国家民族主义思想日益强烈，但他始终保持独立，最终也没有被纳粹架上党派政治的马车。因此，他曾在 1933 年遇到过一些困境。① 后来，罗塞利乌斯将自己从咖啡生意中获得的很大一部分利润投入了艺术和建筑领域。他毕生的艺术追求凝聚于不来梅的贝特夏街（Böttcherstraße），这里突显着德意志北部传统

233

———

① 1933 年，以希特勒为首的纳粹党在德国策动了一系列排除异己、夺取政权的政治事件，如 2 月 27 日策划了国会纵火案，3 月 22 日在达豪建立了第一所集中营，4 月 26 日成立了秘密警察机构"盖世太保"，5 月 2 日禁止了一切工会活动，以及 5 月 10 日制造了"柏林焚书"事件，等等。

建筑风格与当时最新建筑形式的完美结合。尽管纳粹曾将其归为
"堕落艺术（entartete Kunst）"①加以排斥，但现在的贝特夏街已成
为不来梅最为出色的旅游景点之一。

　　在路德维希·罗塞利乌斯领导的咖啡贸易股份公司还是一家
业务单一的中型企业时，瑞士沃韦（Vevey）以南数百公里处的一
家食品公司即将跃升成世界级的大型企业。1939 年，第二次咖啡
革命正在雀巢实验室中酝酿。虽然很多厂商都经营着类似的业务，
但与速溶咖啡的伟大进军最为密不可分的仍属雀巢咖啡。目前，
雀巢在德国境内的年均生咖啡豆加工量为 42000 吨，速溶咖啡产
量则达到了 16000 吨。[13]

　　速溶咖啡并非磨碎咖啡豆后产生的固体成分，而是从咖啡冲
泡液中获得的高度浓缩的干燥提取物。[14]最早的速溶咖啡出现在
1860 年代，但直到第二次世界大战期间，雀巢公司的产品才使其
夺得了无与伦比的革命性胜利。[15]总之，速溶咖啡的发展与战争
密不可分，在美国南北战争、第一次世界大战和第二次世界大战
期间它都曾被当作配给品使用。最初，美国北方的联邦军每天都
会为士兵提供生咖啡豆，但在战场上进行烘焙、研磨并冲泡等一
系列作业显然过于危险且不切实际。1861 年，因制造可持久保存
的"炼乳（Kondensmilch）"而闻名的得克萨斯州企业家盖尔·博

234

----

①　也译"颓废艺术"，是 1930 年代至 1940 年代纳粹德国在官方
　　宣传中创造的美学概念，几乎囊括了一切不符合纳粹艺术观念
　　的艺术作品和文化思潮，如表现主义、达达主义、新即物主
　　义、超现实主义、立体主义和野兽派等。此外，所有具犹太背
　　景艺术家的作品也均被视为"堕落艺术"。纳粹政府在十数年
　　间共销毁或出售了至少 16000 件遭没收的艺术品，同时还迫害
　　了无数的艺术家。他们或自杀，或被杀，或死于贫困，即便幸
　　存下来也因创作生命中辍而无法融入战后的艺术运动。

登（Gail Borden）接受委托生产速溶咖啡。最终，他的成果是由咖啡浓缩液、牛奶和糖混合而成的罐装可溶咖啡酱，经过一段时间的适应，士兵们接受了这种口味。几年后，压成片状的咖啡提取物开始出现在美国市场上。[16]

　　为了便于消费者使用产品和调整剂量，纯粹的咖啡提取物必须与所谓的"载体物质（Trägerstoff）"混合才能制成速溶咖啡。最开始的载体物质是有味道的糖和奶粉。20 世纪初，仅以无味碳水化合物作为载体物质的速溶咖啡首次问世，并在 1901 年于纽约州布法罗（Buffalo）举办的泛美博览会（Pan-American Exposition）上伴随着大量的广告与公众见面。过了几年，"多糖（Polysaccharide）"① 开始被用作"带调味的载体物质"。[17] 第一次世界大战期间，早期的速溶咖啡再次作为美军的给养而活跃于战场间。[18]

　　此时的雀巢公司早已有了数十年的历史。1830 年，来自美因河畔法兰克福的药剂师海因里希·内斯特莱（Heinrich Nestlé，即亨利·内斯特莱）在日内瓦湖（Genfer See）边的湖畔小镇沃韦定居开业——现在这里仍是这家价值数十亿美元企业的总部。1847 年，内斯特莱扩大店铺成立了实验室，并在其中亲自针对形形色色的食物进行试验。1857 年，这家小公司在保留名称后与其他几家本地公司合并，从而共同生产液化煤气和化肥。九年后，雀巢公司的首款成功之作诞生了，它是一种面向新生儿的人造母乳，

① 一种重要的生物高分子，由多个单糖分子脱水聚合并以糖苷键连接而成，可形成直链或有分支的长链，经水解后能够得到相应的单糖（如葡萄糖、果糖与甘油醛）和寡糖（如果寡糖、半乳寡糖与菊粉），在生物中有储存能量（如淀粉与糖原）和组成结构（如纤维素与甲壳素）的作用。

很快公司就以"儿童麦乳粉（Kindermehl）"的名字将其投放市场。该产品的创新之处在于通过独特的干燥工艺将牛奶、谷物和糖融合，并在相当程度上保留了其中的天然营养成分。此时的海因里希·内斯特莱早已年过花甲却仍没有继承人，于是他最终对公司进行了股份改组，将公司定名为"亨利雀巢婴儿奶粉（Farine Lactée Henri Nestlé）"。[19]

在接下来的几十年间，这家崭露头角的企业将大量的资金用于研发更为广泛的产品线。1905 年，雀巢公司突然兼并了英瑞炼乳公司（Anglo-Swiss Condensed Milk Co.），后者此前在牛奶加工业颇具竞争优势。1929 年它又收购了彼得—凯雅—科勒瑞士巧克力股份公司（Peter, Cailler, Kohler, Chocolats Suisses S.A.）[①]，从而成功进军糖果业。[20] 二战前夕，曾经的日内瓦湖畔小药店已然成长为一家世界性企业，并在战后于各大洲经营总计 107 家生产基地。包括速溶咖啡在内，雀巢公司的许多产品都立基于其独特

---

① 这次收购十分传奇。彼得、凯雅、科勒本是巧克力竞品品牌。其中，丹尼尔·彼得（Daniel Peter）不仅是凯雅创始人弗朗索瓦-路易·卡耶（Francçois-Louis Cailler）的女婿，还是雀巢创始人亨利·内斯特莱的好友和邻居，更在继承卡耶前期探索的基础上，从内斯特莱的炼乳产品中找到答案，成功发明了世界上第一支牛奶巧克力棒和第一种可以与水混合饮用的牛奶巧克力粉。而夏尔-阿梅代·科勒（Charles-Amédée Kohler）则是果仁巧克力的发明者。后来，出于对巧克力的共同兴趣，四大品牌联手将各自不同的生产技术和销售网络汇集到一个公司，从而研讨出全新的牛奶巧克力制造战略。卡耶的孙子亚历山大-路易（Alexandre-Louis）更是在布罗克（Broc）建起了著名的凯雅巧克力工厂，并充分利用当地奶牛养殖资源丰富和水资源充足的特点，只采用炼乳来生产牛奶巧克力，从而使凯雅产品的奶香味更浓，口感也更丝滑。

的脱水技术。

1947 年，雀巢公司为了进军汤品与调味品业而兼并了瑞士的"食品（Alimentana）"公司，随后便推出了名噪一时的"美极（Maggi）"系列产品。1950 年代，雀巢公司进入成长高峰期，短短十年间销售额就翻了一番。然而雀巢的并购之路才刚刚开始。它在 1960 年代又一次通过大规模收购拓展了经营范围，并在罐装食品、冰激凌、冷冻食品、酒类甚至餐饮等行业都占有一席之地。比如：它在 1963 年开始购入生产罐装食品的利比公司（Libby's）股份，后于 1976 年将其完全兼并；1968 年又购入"尚布尔（Chambourcy）"与"维泰勒（Vittel）"公司的少量股份；1974 年则收购了"蓝泉（Blauen Quellen）"并持有"欧莱雅（L'Oreal）"公司的少量股份；1992 年则收购了生产巴黎矿泉水的"沛绿雅（Perrier）"。[21]

目前，雀巢集团最具代表性的产品仍是雀巢咖啡，而推出该产品的初衷仅是为了使巴西过量生产的咖啡豆保值。巴西的咖啡收成自 20 世纪初以来一再创下新高，早已远超全世界的需求。如前所述，在此期间巴西为防止价格下跌而多次囤积、焚毁或倾倒了大批生咖啡豆。因"咖啡保值措施"在 1929 年失效，巴西开始探讨延长咖啡豆保质期的新方法。1930 年，巴西政府将这一诉求委托给在食品保鲜行业已有数十年经验的瑞士雀巢公司。两年后，食品化学家马克斯·摩根塔勒（Max Morgenthaler）开始领导团队进行相关研究。1938 年，新产品"雀巢咖啡"问世。该产品不仅能够按照巴西人的要求使咖啡以提取物的形式长期保存，还终于实现了速溶咖啡的批量化生产，更为可贵的是，在生产过程中其独特的香气也几乎没有缺损。因此，雀巢咖啡很快便在瑞士及其他国家投入销售。

236

237　　雀巢咖啡的主要生产过程与前辈产品一样分为四个步骤：①利用水从咖啡豆中提取芳香物质；②浓缩作业；③干燥作业；④所谓的"积聚造粒（Agglomeration）"。其中的"干燥作业"要通过"喷雾干燥（Sprühtrocknung）"来实现，即将浓缩后的提取物喷入充满热空气的大型容器，再通过热量去除水分，干燥后的浓缩提取物颗粒最终会落至容器底部以待进一步加工。"积聚造粒"则指将这些颗粒物与载体物质结合，从而形成更大的颗粒。[22]

　　基于此，雀巢咖啡的销量甚至在二战期间依然保持着爆发式增长。美国、英国和法国很快就建起了专门用于生产雀巢咖啡的独立设施，生产的产品除了配给军队更被民间大量消费。但雀巢公司同时也在寻求与纳粹德国展开合作，雀巢产品德国股份公司（Deutsche Aktiengesellschaft für Nestlé Erzeugnisse）一直在孜孜不倦地推销雀巢咖啡。可鉴于战争环境，德国政府对该产品毫无兴趣，因为咖啡在原则上已被认定为一种浪费外汇储备的奢侈品。雀巢集团并没有气馁，而是将推销目标转向德国国防军，于是速溶咖啡再次成了战场上提升士兵状态与专注力的工具，屡屡为战事作出了贡献。国防军陆军总司令部与海军总司令部完全被其效果折服，先是考虑从瑞士直接进口，但遭到了瑞士政府的严词拒绝。当时，雀巢公司正在石勒苏益格－荷尔斯泰因州的卡珀尔恩（Kappeln）建设一家工厂，其在原定计划中被用于制造奶粉。于是，他们当即决定将这家工厂改为生产雀巢咖啡。1942年，帝国

238　经济部特批了此项决定，但产品仅限配给国防军。这样反而确保了卡珀尔恩工厂所需的咖啡豆等原材料的供应。实际上，二战期间雀巢咖啡在德国的产量一直很低，并且其生产是通过强制劳动来实现的。[23]这家工厂直到1999年一直隶属于雀巢集团。

战后，雀巢公司将单身人士、学生和运动员等特定民间消费群体锁定为实用且能快速制备的速溶咖啡的目标受众。[24] 最初的几年间，雀巢公司因丑闻而付出了巨大代价，人们无法接受咖啡的味道其实主要源于掺混其中的载体物质。1947 年，雀巢咖啡在瑞士投放的广告中以醒目的字体标明了"纯咖啡提取物"，而人们往往只能在产品包装的小字中才能找到"亦含天然香料"的说明，而所谓"天然香料"的廉价碳水化合物实际上约占产品总量的一半。于是，瑞士的竞争者们在对雀巢咖啡进行化验后提出了诉讼。雀巢公司最终败诉，不仅要撤除海报，还被罚没了 8600 瑞士法郎。[25] 当然这一数额在今天看来不值一提。

虽然早年间雀巢咖啡似乎垄断了速溶咖啡业，但到了 1950 年代，美国和欧洲市场上的竞争却愈演愈烈。为了动摇雀巢咖啡在德意志联邦共和国的支配地位，1955 年经营"雅各布斯咖啡（Jacobs Kaffee）"的瓦尔特·J. 雅各布斯（Walter J. Jacobs）、经营"奇堡（Tchibo）"的马克斯·海茨（Max Herz）、经营"爱杜秀（Eduscho）"的爱德华·绍普夫（Eduard Schopf）和经营"柯德（Kord）"的伯恩哈德·霍特福斯（Bernhard Rothfos）在汉堡倡议成立了德国咖啡制造商企业联合组织"德萃咖啡（Deutsche Extrakt Kaffee）"。[26] 德萃咖啡的产品和营销策略在德国大获成功。1955 年，雀巢咖啡事实上垄断了德国的速溶咖啡市场，但十年后市场份额则仅剩 40%。[27] 自那时起汉堡柯德集团就是德国咖啡市场上最有力的竞争者之一。目前，其生产着 3000 余种咖啡类产品，出口至全球的 85 个国家；此外，柯德集团也涉猎其他商业领域，比如德国最大的连锁超市"奥乐齐（Aldi）"从 1958 年起就是它的忠实客户。[28]

1955 年对雀巢展开反击的除了德萃咖啡还有美国的通用食品

公司（General Foods Corporation）。该公司由查尔斯·威廉·波斯特（Charles William Post）创建，发展历程则与雀巢公司有相似之处。通用食品公司也由一家中小型企业起步，然后经过了一系列品牌、工厂及集团并购逐渐成长为美国食品行业的巨头。据统计，一位 1950 年代的美国家庭主妇每年会消耗约 1700 种不同的"袋装、罐装及管装预制品以烹调午餐、甜点或制备其他餐饮，这使主妇的日常工作变得更加轻松"，而其中约 70% 的预制品都购买自通用食品公司。[29] 1949 年，该集团试图以激进的广告手段夺取雀巢公司许多产品在美国的领先地位。[30] 1955 年，通用食品公司进军德国速溶咖啡市场后便马上展开了一波广告攻势。当年的《明镜周刊》（*Spiegel*）曾作了如下报道。

> 从几个月前开始，汉堡街头总有一群年轻俊美、能说会道的男男女女敲开家家户户的大门，并对开门的主妇问道："说到速溶咖啡您会想起什么？"大部分主妇在片刻迟疑后都会答道："也许您指的是雀巢咖啡？"这正是这些市场调研人员想要的答案，他们随即打开样品罐，里面装的不是雀巢速溶咖啡，而是麦斯威尔速溶咖啡。然后主妇们总是会被说服，进而开始相信这种产品更为符合德国人的口味，并且品质绝不次于雀巢。[31]

与德国顾客的首轮亲密接触显然成效颇丰，因为没过多久通用食品公司就在美因河畔法兰克福开设了分部，并计划以此为基生产适应德国人口味的产品。但德国人对这些广告的反应也不都是正面的，《明镜周刊》还写道：

最近，汉堡许多食品零售商的家中都收到了一份陌生的挂号邮包，里面装着他们未曾订购的麦斯威尔速溶咖啡。此前，他们曾收到过一份神秘莫测的广告宣传册，其中宣称："您收到的包裹大有可图。"通用食品公司的挂号邮包中还附有一份说明："请务必在 60 天内支付账单，并结清包裹内速溶咖啡的费用，"此外它还补充道，"如果您不想享有这份超乎寻常的优惠，请立即将包裹退还邮递员。"事实上许多零售商即刻退还了邮包，而且非常反感这种骚扰性的广告行为。[32]

以上实例充分展现了方便快捷的速溶咖啡在 1950 年代所蕴含的强劲商业活力，这时距它成为面向广泛人群的大众产品才过了仅有二十年。

1960 年代中期，随着"冻干技术（Gefriertrocknung）"的引入，速溶咖啡市场发生了翻天覆地的变化。以这种方式制造速溶咖啡会损失更少的香气。首先，还是要将咖啡制成浓缩液，但并不进行高温蒸发，而是代之以零下 50 摄氏度的低温冷冻。冷冻分为两步，先将浓缩液冻成黏稠的糊状物，然后进一步深度冻结。最后，将冻结完成的咖啡浓缩液置入真空室升华水分，直到残留的湿度低于 5%。[33]

最早尝试冻干技术的是通用食品公司，它将其用于既有品牌"麦斯威尔（Maxwell）"，与此同时，德萃咖啡也在研究这项新技术。然而雀巢公司的市场策略更加敏捷高效，1965 年当麦斯威尔的新产品还处于测试阶段时，冻干的"雀巢金牌咖啡（Nescafé Gold）"就带着巨额广告投入进入了市场。其宣传语"美味仅滤自咖啡（So schmeckt nur gefilterter Bohnenkaffee）"引起了大众对这

241

个新产品的好奇，"我们以冷代热，滤出新鲜咖啡最美味的瞬间。从低于零下40摄氏度的深度冻结中抽干水分——更准确地说是冰。一切始自真空中的升华"。[34]

速溶咖啡源于快速享用咖啡的需求，第三次咖啡革命则来自人们对精致感与高雅氛围的向往。意大利在雀巢咖啡出现的几十年前就已开始酝酿这一变革，到了1950年代终于开花结果，带来了"浓缩咖啡机（Espressomaschine）"的发展以及咖啡吧在随后不久的崛起。英国和法国早在19世纪上半叶就发明了利用水蒸气和高压进行咖啡过滤的自动装置，[35]其优点是可以在连续冲泡下仍保持成品的新鲜度，而且香气更为浓郁，平均质量也更高。19和20世纪之交，意大利人真正发掘出了这类设备的潜力。1902年，路易吉·贝泽拉（Luigi Bezzerra）为自己发明的蒸汽压力咖啡机申请了专利，很快一种被称为"浓缩咖啡（caffè espresso）"[①]的新饮品就开始流行全国。该设备的运行原理是将水加热至远高于沸点的温度，再通过压力迫使水蒸气穿过咖啡粉和过滤器。早期的浓缩咖啡味道非常苦涩，这是因为水蒸气的温度极高，过多地萃取了咖啡粉中的苦味物质。但新型设备的光环与蒸汽喷射所形成的氛围都极具吸引力，蒸汽压力咖啡机最终还是大获成功。

---

① 也称"意式浓缩"，是一种迫使接近沸腾的高压水蒸气通过磨成细粉的咖啡而制作成的饮料。一般情况下，这种工艺比其他方法制作出来的咖啡更为浓厚，含有更高浓度的悬浮固体和溶解固体，如表层的"咖啡脂（Crema）"，即一种奶油质地的泡沫。由于加压的制作过程会使化学物质的浓度变得非常高，因此"浓缩咖啡"的口味强烈，经常被用作其他咖啡饮料的基底，如拿铁咖啡、卡布奇诺、玛琪雅朵、摩卡咖啡以及美式咖啡等。

1946 年，意大利商人阿基莱·加吉亚（Archille Gaggia）改进了这种咖啡机并申请了专利，他的机器能将水温控制在 90 摄氏度，这样制作出的浓缩咖啡的苦味会明显减轻，口感也更加柔和。至此，1950 年代浓缩咖啡革命的先决条件已全部就绪。很快，意大利的各个厂商就开始纷纷效仿加吉亚，联邦德国（西德）的"好运达（Rowenta）"与"福腾宝（WMF）"也开始生产自己的蒸汽压力咖啡机。[36]

浓缩咖啡迅速遍及欧洲大部分较为富庶的地区，饱受战争蹂躏的欧洲民众极为渴望品尝已断供多年的黑色饮品。自二战爆发以来，欧洲几乎处处都在严格控制供应，咖啡既非战争必需品，又完全依赖进口，这使其迅速沦为战时经济法规的牺牲品。德国和意大利在 1939 年，英国在 1940 年先后因"短缺经济"而禁止享用咖啡。由菊苣等本地植物制作的替代性饮品随之涌入市场，但因味道不佳而一直难以流行。出人意料的是，咖啡业在战争结束初期并没能立即复苏，大多数国家的咖啡消费在 1950 年代后才慢慢恢复到战前的水平。但英国是个例外，在漫长的战争年代中，这些喝惯红茶的民众已愈发喜欢严格配给的咖啡。英国 1950 年的咖啡消费量达到了战前的3 倍。[37]

在浓缩咖啡机的帮助下，咖啡终于在 1950 年代征服了曾经的茶都伦敦。一切始于 1951 年，加吉亚公司的代理人比诺·里塞尔瓦托于当年来到伦敦，他发现这里的咖啡制备极为过时且毫无新意。人们仍在使用始自 18 世纪的制备方式，即将咖啡豆和水封入一个大瓮温上数小时。这种方式只会消耗少量的咖啡豆，显然非常经济，然而其成品则毫无香气可言。最初英国人的态度极为顽固，里塞尔瓦托试图推广的加吉亚浓缩咖啡机遭到

243

了伦敦餐饮业的集体抵制。虽然英国战时的贸易统制法在当时依然有效，但里塞尔瓦托认为从长远来看该事业的前景极为乐观。于是，他从意大利走私了五台浓缩咖啡机，以"里塞尔瓦托伙伴有限公司（Riservato Partners Ltd.）"的名义进行销售，同时又在公司的一层开设了伦敦第一家正宗的意式咖啡吧"加吉亚咖啡吧实验店（Gaggia Experimental Coffee Bar）"。店名中昭示的"实验性"不仅指最新的意式咖啡技术，还表现为极为现代的店面装潢。区别于传统英式餐厅以厚绒毯和木制家具所营造出的高雅氛围，里塞尔瓦托展示给客人的是冷光闪烁的摩登不锈钢家具、迷人心魄的现代艺术品，以及令一切都鲜活跃动的针对性照明。于是，里氏的咖啡吧大获成功，效仿者没过多久便纷至沓来。[38]

244

1950年代中期，伦敦的咖啡馆迭出，一切仿佛回到了17世纪，借用《泰晤士报》（The Times）的说法：现在，新咖啡吧"像蘑菇一样"从每个街角冒了出来。经营者经常会发现自己已经很难想出新的店名，"卡布奇诺（Il Capuccino）"、"点唱机（Rocola）"、"贡多拉（Gondola）"或"阿拉比卡（Arabica）"，这些恰当而独特的店名早已被别家占用。伦敦在1956年已然拥有475家咖啡吧，之后增势放缓，到了1960年约有500家咖啡吧在互相竞争。新潮流带动了一系列新商机。行业期刊《咖啡吧与咖啡厅》（Coffee Bar and Coffee Lounge）上登载着浓缩咖啡机、自动点唱机或自动售烟机等各式各样的广告，苏活区（Stadtteil Soho）的年度会展上也选出了"完美咖啡小姐（perfect coffee girl）"。[39]

浓缩咖啡机仍是一家咖啡吧的心脏，沸腾的蒸汽令顾客心驰神往，正如1956年美国杂志《时尚先生》（Esquire）所述：

　　　人们点上一杯浓缩咖啡或卡布奇诺，然后全神贯注
地紧盯着沉着的机械怪兽。立于怪兽背后的男人就像一
位骄傲的工程师。他轻巧地拉动蒸汽操作杆，巨大的机
械怪兽砰然作响、咝咝喷汽。就在你觉得一场爆炸即将　　245
到来时，褐色的琼浆开始缓缓滴入小小的白色咖啡杯。
于是，你只能边啜饮美味的饮品，边不由地叹服："好一
场物有所值的表演。"[40]

对顾客而言，能够满怀赞赏与敬畏地旁观一台蒸汽机械的运作本
身就是种享受，但这台机器所展现的奇迹远远不止于此。意大利
人早在二战前即已发现，浓缩咖啡机可以利用多余的蒸汽将牛奶
打发成柔和细腻的泡沫，一杯平凡的奶咖啡就这样变成了卡布
奇诺。[41]

　　一俟咖啡吧在伦敦立住脚跟，世界各地的意大利裔移民便纷
纷开始了自己的征程。1957 年，悉尼和墨尔本相继开设了首家"浓
缩咖啡吧（Espresso-Bars）"，而新西兰惠灵顿的一家大型书店则诞
生了一间由奥地利设计师恩斯特·普利施克（Ernst Plischke）设计
的咖啡吧。书店与咖啡馆堪称天作之合，这种经营方式至今仍蔚
然成风。很快，美国和德国等地也纷纷建起了咖啡吧。随着浓缩
咖啡的出现，西方世界的大城市开始兴起一种新的生活方式，庄
重节制的传统咖啡馆和茶馆被人们遗忘得一干二净，而烟雾缭绕
又压抑粗俗的酒吧和餐馆也早已无人问津。

　　富裕阶层与社会名流很快便适应了这种崭新的社交方式。
设计高贵、装潢靡费的"莫坎巴（Mocamba）"于 1954 年在
伦敦开业，其神秘的竹制装潢、昂贵的木制家具与精美的皮革
吧台写就了一段传奇。然而位于伦敦布朗普顿路（Brompton

Road）的"古巴人（El Cubano）"或许有过之而无不及，店内布置着竹席、热带植物以及华丽繁复的织物装饰，很快便成了伦敦夜生活的宠儿。这些奔放无度的内部装饰自然也招致了一部分人的批评，他们认为这样的风格只是欧式与东方素材杂乱无章的罗列，其成果正是庸俗无聊与廉价模仿的化身。在讽刺漫画周刊《笨拙》（Punch）中，橡胶树、竹席与渔网共同组成了一幅充满现代主义审美情趣的讽刺画。另一部分批评者则从政治角度指出了咖啡吧的不正确，这些人既有保守的右派也有激进的左派。前者坚称咖啡吧背弃了传统的价值与规范，但在后者看来即便它真的背弃了传统也绝不符合工人阶级文化属性中的平等观念。[42]

与咖啡吧一同涌现的还有一群年轻热情的新晋企业家，他们在这场 1950 年代后期的"淘金热"中收获颇丰。尽管意大利进口浓缩咖啡机的价格非常昂贵，但它裸露在顾客面前的背身却持续炫耀着金属光泽，而这些投资通常很快就能收回。如果投资者运气再好一点，这些机器就能帮他们赚进大把的金钱。[43]

咖啡吧革命成为下一场划时代变革的温床，而后者在过去的数十年间塑造了人们的消费观，它就是国际咖啡连锁店的兴起。"星巴克（Starbucks）"这个名字足以代表这场变革，如今这家以凫水双尾美人鱼为商标的企业已然成为世界性的大集团。星巴克的故事要从 1960 年代中期的荷兰移民阿尔弗雷德·皮特（Alfred Peet）在美国伯克利（Berkeley）开设的一家咖啡吧讲起。与当时常见的咖啡吧不同，皮特亲手烘焙来自知名产区的新鲜咖啡豆，并以深度烘焙的豆子制作浓烈或以中度烘焙的豆子制作温和的咖啡。皮特身处 1960 年代"嬉皮士运动（Hippie-Bewegung）"的中心伯克利，恰与汹涌的时代精神擦肩而过。当时，美国的许多咖啡馆早已成为抗议"建制派（Establishment）"^①的策源地，比如堪称传奇的"美国士兵咖啡馆（G.I. Coffeehouses）"^②，无数的美国士兵在这些毗邻军营的休息场所初次直面了贯彻和平理念的反战思想。

但皮特似乎与动荡的政治局势无缘，他更加关心的是享用咖啡以及利用针对品鉴客的小众美食建立自己的事业。1970 年，三名大学毕业生仿效皮特的经营理念在伯克利的派克市场（Pike Place Market）开店，并颇为随机地将店名定为"Starbucks"，他们也会在店内亲手对咖啡豆进行深度烘焙。十年后，这家小小的咖啡馆不仅成长为一家中型企业，还在华盛顿州拥有 10 家分店，同时也是当地最大的咖啡烘焙商。

而星巴克能够发展成为世界性企业则要归功于霍华德·舒尔

---

① 指支持主流与传统、主张维护现有体制的政治势力。这一术语可追溯至美国思想家、文学家拉尔夫·沃尔多·爱默生（Ralph Waldo Emerson）于 1841 年 12 月 9 日在波士顿共济会会所发表的名为《保守派》（The Conservative）的演讲。他认为保守主义从来没有把脚伸向前方，在它这样做的时候，它不是建制，而是改革。而现代意义上的"建制派"则由英国记者亨利·菲尔利（Henry Fairly）普及。它被描述为控制政体或组织的统治集团或精英，他们可能存在于一个封闭的选择自有成员的社会团体或特定机构根深蒂固的精英阶层中。因此，可以行使控制权的任何相对较小的阶级或人群都可被称作"建制派"。相反，在社会学术语中，任何不属于"建制派"的人都有可能被标记为与"局内人"相对的"局外人"。反威权主义和反建制的意识形态质疑建制派的合法性，它们甚至将建制派对社会的影响视为反民主。

② 美国反战人士于越南战争期间策动了"美国士兵运动（G.I. Movement）"。该运动虽曾多次遭到军方弹压，却通过在军事基地附近开设咖啡馆搭建了平民与士兵见面交流的平台，从而针对反战运动进行了探讨与合作。

茨。他出生于一个平凡的家庭，父亲是一家纸尿裤生产公司的司机，后因伤失业，家中自此一贫如洗。当年，霍华德·舒尔茨因足球才能被北密歇根大学（Universität von North Michigan）录取，毕业后在一家美国大型企业获得了第一份工作。

248 　　他在回忆录中描述了自己于 1980 年代初光顾一家早期星巴克咖啡馆的经历，据说那成为点燃他创业之魂的一束火花。一句友善的意大利语"早安（Buon Giorno）"迎接他进店，还有那倒满蒸汽浓缩咖啡的小瓷杯，以及卡布奇诺上久久不散的完美雪白奶沫，这一切给他留下了深刻的印象："我领悟了意大利咖啡吧的仪轨与浪漫。"[44] 对优秀咖啡满溢的热情促使他放弃高薪工作加入了星巴克。1983 年，霍华德·舒尔茨赴意大利旅行，旅途中的意大利咖啡馆再次令他若有所悟：这些地方不仅仅是消费咖啡因饮品的场所，还以其独特的社会文化自成一个世界，拥有专属的客群与约定俗成的交流机制。[45]

　　回国以后，舒尔茨试图说服经营者依照自己在意大利的见闻为本地星巴克引入歌剧音乐与立式吧台，也就是将星巴克意大利化。然而这个建议没能被采纳。坚定不移的舒尔茨没有放弃，决定在西雅图市中心开设属于自己的咖啡馆。这家名叫"日报（Il Giornale）"的店铺不仅以意大利风格装潢，咖啡也极具意式特色。当时的美国咖啡很少混入牛奶，"日报"则参考意式做法为顾客提供形形色色的牛奶咖啡与卡布奇诺。舒尔茨很快便发现本地顾客更喜欢无拘无束地坐饮，而不愿像意大利人那样站在吧台前啜饮。此外，他用爵士乐替代了早期设想中的歌剧音乐，并用 T 恤制服替代了别家咖啡吧操作员常穿的正装。崭新的咖啡饮法和现代的听觉与视觉氛围就这样进入了美国的咖啡吧。

　　大获成功的舒尔茨于 1987 年接管了星巴克。[46] 在外部资本的

帮助下，星巴克随即开始了有条不紊的扩张，先是在温哥华、波 249
特兰、旧金山和洛杉矶开设了分店，然后东进芝加哥、纽约和丹
佛。星巴克的扩张采用了与麦当劳、百事公司、肯德基和塔可
钟 ① 的专家合作开发的将品牌名称与经营理念租给加盟店店主，
然后品牌拥有者再从中收取许可费的特许经营模式。这种模式涉
及两点：一是所有分店的商品质量与经营环境几近于完全相同；
二是扩张过程中的具体问题得到了妥善解决，从而使扩张得以延
续，比如不断寻找合适的店址以及培训新员工等。

　　以此为基，星巴克于 1994 年进军亚洲，在新加坡和日本开设
分店。十年后，星巴克咖啡馆在美国之外已遍布约 30 个国家，年销
售额超过 41 亿美元。[47]同时，星巴克也在这一时期成为美国、英国
和日本等国家销售增长最快的连锁咖啡店。尔后，一些连锁咖啡店
也以强劲的态势展开扩张，但无一能与星巴克媲美。比如 1971 年由
塞尔吉奥·科斯塔（Sergio Costa）与布鲁诺·科斯塔（Bruno Costa）
兄弟创建的"咖世家咖啡（Costa Coffee）"。该公司从 1978 年开始
经营咖啡馆，截至 2003 年共计开设了约 300 家店铺。同年，"黑色
咖啡（Caffè Nero）"已拥有 130 家分店。瓦妮莎·库尔曼（Vanessa
Kullmann）则在 1998 年于汉堡创立了"巴尔扎克咖啡（Balzac
Coffee）"，目前其以 30 家门店在德国市场中占据一席之地。[48]

　　始自 19 和 20 世纪之交无因咖啡革命的咖啡变革似乎至今仍
在继续：咖啡口味的全球化进程马不停蹄，全新的时尚与趋势层 250
出不穷。这些变化既为人们带来了史无前例且各具特色的咖啡品
类，也因方方面面的问题而遭到人们的诟病。

---

① "Taco Bell"的中文官方名称为"塔可贝尔"，是百胜餐饮集团
（Yum! Brands, Inc.）旗下的国际大型墨西哥风味快餐厅，主要
为顾客提供广受欢迎的墨西哥玉米卷饼等美食。

第 11 章　德意志：咖啡之国

251　　咖啡是德国现今最受欢迎的饮品，排在后面的分别是水和啤酒。每位居民的咖啡年消耗量在 180 升左右。不论我们在家、办公室还是度假中，咖啡都牢牢钳制着我们的日常生活。与咖啡相关的产品不胜枚举，多到我们难以想象：经典的烘焙咖啡饮品、速溶咖啡、无数种含咖啡的混合饮料以及"咖啡软包（Kaffeepad）"等。一些消费者总在追寻最便宜的产品，另一些则数十年如一日地忠诚于某个特定品牌，鉴赏家则不吝花费地寻找最优质的产品。比如传奇般的印度尼西亚"麝香猫咖啡（Kopi Luwak）"[①]，它取自灵猫亚科麝香猫（Indische Zibetkatze）的粪便。现在，这些偏爱食用咖啡樱桃的小动物的排泄物至少可以卖到每公斤 200 欧元。

　　尽管德国的咖啡消费者不是世界各国中最多的，但我们仍然可以肯定地说，几代人以来这个国家一直是个咖啡国度，尤其是二战后的那段时期，咖啡在德意志迎来了无上繁荣。起初的几十年里咖啡非常昂贵，一小杯黑色饮品对普通工人而言几乎是无法负担的小小日常奢侈品，而一台咖啡机则更足以令大多数人望而兴叹——"美乐家（Melitta）"咖啡机 1965 年 120 德国马克的售价可谓天文数字。[1]

252　　冷战时期，咖啡在高墙铁丝网的东侧与西侧都既是小憩时的提神剂，也是鉴别身份的指示牌。尤其是在民主德国（东德），它不时牵动着共和国内部形势的敏感神经。如果进口咖啡的数量和

---

① 俗称"猫屎咖啡"。

质量不足以换取稀缺的外汇，或者不足以保证工人休息时所需，就会被公众视为国家领导人施政失败的征兆。数百年来咖啡一直存在于一定的物质框架内，当时也不例外，不论东德还是西德都不乏朴素平实的咖啡馆内饰与最具现代设计感的私人咖啡制作设备。

1953~2010 年，德意志联邦共和国的咖啡人均年消费量由 1.5 公斤增长至 6.4 公斤。目前，这一数字仍有上升空间，比如 1987 和 1989 年人均年消费量就曾达到过 7.9 公斤的峰值。总之，德国的咖啡人均年消费量在全欧洲位列第七。卢森堡位居榜首，2010 年达到匪夷所思的 27.4 公斤，瑞士以 7.6 公斤位居第四。其他高榜位均被北欧国家瓜分，首先是芬兰的 11.9 公斤，其次是挪威的 8.9 公斤，再次是丹麦和瑞典的 7.4 公斤。与德国相比，咖啡对北欧人而言似乎更像是一种烙印在文化领域的精神财富。这使人不禁联想起西格弗里德·伦茨献给《日德兰咖啡盛宴》的颂歌，还有北欧度假胜地处处免费提供的黑色饮品。[2]

导致西德咖啡消费量在 1950 年代激增的一大原因是 1953 年颁布的《咖啡税法》，联邦议院大刀阔斧地削减了需要缴纳的咖啡税。在西德货币改革之后，人们除了通常的进口关税还要在咖啡消费中缴纳每公斤 10 德国马克的巨额税款，该法颁布后需缴纳税款的额度降到了 3 德国马克。接踵而来的便是咖啡消费的爆发式增长，结果是咖啡税率虽大为降低，这项税收却在短期内远超以往。

与此同时，西德还放宽了针对咖啡进口的限制政策。此前，只有位于汉堡或不来梅的"咖啡贸易公司联合会（Verein der am Caffeehandel beteiligten Firmen）"的成员才被允许从国外进口人们渴望的咖啡豆。当时，在联邦经济部部长路德维希·艾哈德

253

（Ludwig Erhard）的推动下，进口许可证的发放范围大为扩大。[3]于是，许多咖啡烘焙商也开始参与进口业务，他们时常还会向专业进口商进行咨询。接下来资本集中的趋势开始在西德咖啡业中萌生，小型进口商败退，许多周转快速但资金薄弱的烘焙商也被迫退出。[4]另外，越来越多的大型进口商进军零售业，比如德萃咖啡创始人伯恩哈德·霍特福斯的公司就在1948年建立了自己的零售品牌"阿尔科（Arko）"，意为"消费品分销工作组（Arbeitsgemeinschaft für den Vertrieb von Konsumgütern）"。[5]他们最开始只在石勒苏益格－荷尔斯泰因州设置分销店，后来才慢慢扩张到德国的其他地区。

快速成长的咖啡市场在年轻的联邦共和国中形成了三级供应链体系，于是大型烘焙商与包装商会通过分公司或邮售公司将知名品牌的咖啡豆供应给零售商。许多大型烘焙商都可以溯源至德意志帝国的时代，它们在两次世界大战与世界经济危机后确立了自身的市场地位，比如第10章介绍过的咖啡贸易股份公司就是其中之一。而雅各布斯公司（Firma Jacobs）塑造的品牌产品印入人心之深几乎无出其右，其在过去的数十年间坚持不懈放送的各种广告也同样如此。这家公司的历史可以追溯到1895年，约翰·雅各布斯（Johann Jacobs）在不来梅开办了一家"奇货商店（Specialgeschäft）"，正如他在《不来梅新闻》（*Bremer Nachrichten*）上登载广告所宣传的，这家商店销售"咖啡、茶、可可、巧克力和饼干"。[6]雅各布斯本想迁居美国，但最后不得不"窝在不来梅的一家杂货店的柜台后面贩卖来自殖民地的货品"。[7]他的第一项事业没能坚持多久就失败了，1897年他又创建了另一家店铺，这次的经营状况略有好转。1907年，雅各布斯在店铺后院增开了一家小型私人烘焙坊，为顾客提供烤好的咖啡豆。在那个人们习惯用平底锅或滚筒亲手烘焙咖啡豆的时代，这种做法还很新奇，直到日后才逐渐普及。1920 年代，"雅各布斯咖啡"跃升为知名品牌，这在很大程度上要归功于该公司在 1927 年与北德意志劳埃德航运公司（Norddeutschen Lloyd）建立的合作关系。此后，**不来梅号、欧罗巴号和哥伦布号**等不来梅的大型远洋船只都开始供应雅各布斯咖啡。[8]

一段时间后，约翰·雅各布斯从美国来的侄子瓦尔特·J. 雅各布斯将现代的营销方式带至威悉河（Weser）河畔，其特征是积极的广告策略与全新的包装设计。他们的成功在第二次世界大战结束后仍在延续。自 1950 年代起，价格不菲但行之有效的广告攻势在纸媒上大展拳脚。十年后电视成了新媒体，雅各布斯将维科·托里亚尼（Vico Torriani）等明星推上了荧幕。[9]也许至今仍有人能鲜活忆起 1970 年代雅各布斯咖啡产品"加冕（Krönung）"广告中的卡琳·佐玛女士（Frau Karin Sommer）。这个产品既推动了该时期雅各布斯集团的飞跃式成长，也成了享受精致家庭咖啡的完美象征。[10]

255

汉堡的约翰约阿希姆达博文有限两合公司（Johann Joachim Darboven GmbH & Co. KG）几乎持续辉煌了整整一个半世纪，其起源应追溯至 1866 年同名创始人在汉堡止火大街（Straße Brandsende）开业的一家零售店。最初这里的货架上摆满了面包、咖啡、调味料和其他一些来自殖民地的杂货，但没过几年达博文便开始专注于销售咖啡。1869 年，他带着 144 种咖啡在这座易北河畔大城市的世界园艺博览会（Internationale Gartenbauausstellung）上参展。又过了一段时间，达博文也和雅各布斯一样开始经营咖啡烘焙生意。他的事业非常成功，不仅扩建了总店，还在汉堡市内数个地标性地段开设了分店。其中最耀眼的是位于新墙街（Neuer Wall）和邮政大街（Poststraße）拐角处的分店，其选用了印度茶室的装潢风格，令精英阶层深深为之着迷。1927年，达博文公司推出了虽含咖啡因但对胃部刺激较小的"创意咖啡（Idee-Kaffee）"，并申请了专利，该产品立即进入了德国家庭，随后大获成功。"创意咖啡"在第二次世界大战后仍是达博文公司最为重要的产品，而且该公司至今仍是一家家族企业，目前由阿尔贝特·达博文（Albert Darboven）执掌。[11] 达博文公司当然也未能免受这几十年间咖啡市场变化的影响。1987年该公司收购了拥有50家分店的"云荔（Eilles）"，又在2003年于莱比锡开设了达氏家族的首家咖啡馆。与此同时，他们也像许多咖啡供应商一样，提供经认证的"公平贸易咖啡（Fair-Trade-Kaffee）"与"有机咖啡（Bio-Kaffee）"。阿尔伯特·达博文时常表现出强烈的社会责任感，这不仅体现在达博文咖啡生动简明的电视广告中，还体现在他对汉堡文化与社会事业的资助上。

美乐家本是一家咖啡过滤器具生产商，也生产餐具与曲奇饼干，曾宣传："一杯好咖啡当配好糕饼（Zu einer guten Tasse Kaffee gehört auch gutes Gebäck）"。该公司直到1962年才进入咖啡加工业，开拓新事业的契机是当时"美乐家快速过滤器（Melitta-Schnellfilter）"的销量难以上涨。这主要缘于许多德国家庭很难正确使用这款产品——咖啡粉过粗便冲不出香气，过细又会堵住滤纸。作为解决方案，公司领导人霍斯特·本茨（Horst Bentz）推出了"美乐家易滤咖啡粉"。这款产品将咖啡粉磨至与美乐家快速过滤器恰好匹配的程度，还使用了当时在德国尚鲜为人知的真空包装。为了说服主妇，即联邦德国家庭采购事务一如既往的决策人购买该产品，美乐家曲尽其妙地广而告之："嗅香愈少，杯香愈多（Was Sie beim Einkauf an Aroma nicht riechen, davon haben Sie später umso mehr in der Tasse）"。[12] 1966 年，美乐家收购了不来梅的咖啡烘焙公司"卡尔朗宁（Carl Ronning）"以及其名下的著名咖啡品牌，从而进一步推动了咖啡加工业务的发展。[13]

总部位于慕尼黑的"达尔麦亚（Dallmayr）"在咖啡行业的起步也稍晚。该公司原本是一家建立于 17 世纪的熟食加工厂，后在 1870 年被阿洛伊斯·达尔麦亚（Alois Dallmayr）接管，又在 1933 年经不来梅商人康哈德·维尔纳·威勒（Konrad Werner Wille）的劝说而大举进军咖啡业。1985 年，达尔麦亚公司将咖啡烘焙与加工业务分拆为一家独立的公司——其目前仍主要由威勒家族掌控。

这些大型咖啡烘焙企业最为关键的事业核心自始至终都是咖啡品鉴师，他们通常都会享有极高的酬劳。因为对著名品牌而言，使混合而成的最终产品拥有恒定的质量与口味至关重要。然而咖啡豆是一种天然的产品，即便产于同一产区，不同年份的品质也会大不相同，必须利用混合的比例与烘焙的强弱来调整口味，从而生产出大体稳定的成品。于是，咖啡品鉴师的工作就是沉浸于无数瓶瓶罐罐与小包样品之中终日品尝咖啡，对他们而言最必不可少的工具就是呸吐咖啡样品的容器。他们不仅要品尝自己品牌的咖啡，有时还要品尝竞品以作出比较。

联邦德国咖啡经济的繁荣不仅表现为大型烘焙商与包装商的蓬勃兴起，还显现为遍地开花的分销商。除了留存至今的奇堡、爱杜秀和阿尔科，还有已湮没于历史的"弗里洛（Frielo）"、"纽伦堡（Nörenberg）"或"异国咖啡（Übersee-Kaffee）"等品牌，这些品牌的分销店在二战后错落于大街小巷，成为城市风景必不可少的组成部分。[14] 许多分销店不仅销售咖啡，还为顾客提供新鲜的现煮咖啡。正如一份 1960 年前后的小册子所示，这种分销店与

257

一般的食品店有所不同。

> 烘焙咖啡与肥皂、灯油、鲱鱼并列在街角杂货铺货
> 架上的时代即将过去，最时尚的美国分销方式已来到德
> 国消费者的面前。我们专注于销售品牌咖啡，并提供最
> 为新鲜的咖啡饮品。[15]

258　在那个年代的营销中，"美国"就是衡量一切的标准，这与"Kaffee
HAG"在魏玛共和国时代采取的策略异曲同工。当然，这种方法
在面对今天的消费者时效果早已堪忧。

　　分销店挥舞"美国"大旗，开展起在德国早有先例可循的
事业。约瑟夫·凯撒（Josef Kaiser）经营的"凯撒咖啡（Kaiser's
Kaffee）"早在1885年就于杜伊斯堡（Duisburg）建立了首家分销
店。这家公司起家于凯撒的父母在菲尔森（Viersen）经营的贩卖
殖民地货物的小店，约瑟夫·凯撒则走街串巷兜售生咖啡豆将生
意慢慢做大——当时的人们大多会购买生豆然后在自家的炉灶上
烘烤。后来，约瑟夫渐渐开始在店铺出售已烘焙好的熟咖啡豆，
显然经他烘焙后的口味得到了当时消费者的认可。与雅各布斯和
达博文不同，约瑟夫没有借此良机开创品牌进军零售业，而是开
始铺展分销店。凯撒咖啡很快便在柏林建起了分销店，随后又发
展到德意志帝国的其他城市。到了1898年，该公司已拥有自建的
"蒸汽咖啡烘焙厂（Dampf-Kaffee-Rösterei）"以及250家分销店，
其不仅在店铺内销售自烘咖啡，还提供茶、糕点、巧克力和其他
甜食，这一经营理念在当时实属一种创新，为后来者开了先河。
第二次世界大战爆发前夕，他们的1900余家分销店已织成了覆盖
全国的销售网，然而该网络遭到了战争的重创，直到1950年代初

才开始逐步重建起来。

　　咖啡营销的第三种形式是邮寄销售，其在 1950 年代曾风光一时；可以想见，随着当前网络购物的发展趋势，这一行业有可能在将来得到复苏。在"黄金的二十年代"，奇堡是规模最大的邮售公司之一。1920 年代，后来成为奇堡联合创始人之一的马克斯·海茨跟随父亲成了一名咖啡进口商。在他的大胆干预下，父亲的公司在 1929 年世界经济危机的余波中幸存。他不仅利用从亲戚处筹措的借款拯救了公司，还设法接管了一家在汉堡经营彩票业务的店铺。凭借这些生意，他们又熬过了第二次世界大战之中以及之后的短缺经济时期。

　　海茨很早便意识到直销供货大有可为，并计划在二战后立即加以实施。然而事实上想真正实现如此雄心勃勃的计划，还要等到战后的货币改革完成。二战结束后不久，进口商海茨获准进口少量咖啡豆并按固定配额出售给汉堡和不来梅的烘焙厂，这些咖啡豆的品质往往堪忧。然而海茨不甘于遵从官方的要求，决定截留一部分货物自行烘焙并直接销售以增加利润。在经济管控时期，一家进口公司这么做属于非常严重的违规，存在被完全取缔的危险。因此海茨决定寻找一个活动于台前的代理人，不久他物色到了亚美尼亚生意人卡尔·奇林吉里安（Carl Tchilinghiryan）。这位从事椰枣、无花果以及什锦干果贸易的亚美尼亚商人最终与海茨一起成立了"卡尔奇林鲜烤咖啡公司（Frisch-Röst-Kaffee Carl Tchilling）"。二人一再利用"业务补偿（Kompensationsgeschäft）"①的漏洞将大批"奇林咖啡豆（Tchilling-Bohne）"邮寄给客户，"奇堡（Tchi-bo）"

①　即所谓的"对销贸易（Kompensationsgeschäft）"，是一种支付方式，指贸易中的商品或服务不完全以货币支付，而是全部或部分以其他商品或服务一起支付。

的缩写就这样从 1949 年使用至今。[16]

　　通过繁复且高效的商业手段，海茨得以进口比汉堡和不来梅

260　的竞争对手多得多的生咖啡豆，这使他赶在 1953 年放宽进口限制
政策之前积累了决定性的市场优势。奇堡公司还采用了广告营销
方式，这在当时实属游走于法律边缘的行为。此外，咖啡邮包中
经常附带的一些小赠品也受到了消费者的欢迎，比如非常实用的
带标签铁皮罐，还有免费赠阅的《奇堡杂志》(Tchibo Magazin)。
这本杂志的印刷量很快就超过了百万，其中还有一则跟狂野西部
有关的故事，鼓励母亲们时时为家人准备好奇堡咖啡。只有支付
了一定费用的消费者才能享受这些小礼品，因为顾客必须以货到
付款的方式向联邦邮政局支付这些"摩卡钱（Gold Mocca）"。海
茨同样擅于利用怀旧情绪。1960 年前后，奇堡在坦噶尼喀购入了
一处咖啡种植园并作出声明："值得一提的是，汉堡总公司在德属
东非的旧殖民地拥有了一座属于自己的种植园。"[17]

　　亚美尼亚合伙人的什锦干果贸易频遭海难，海茨没用多久就
把奇林吉里安逐渐挤出了公司。邮售业务的增长余地显然已越来
越小，1957 年海茨开始建立分销店。到了 1962 年，奇堡占据了
联邦德国咖啡市场销售份额的七分之一，旗下的 250 家分销店则
组成了一张覆盖西德的巨大营销网。上述种种都得益于不吝成本
且行之有效的广告投入以及"从种植园直接送到您面前（von der
Plantage direkt zu Ihnen）"等巧妙触动消费者的宣传口号。[18] 目前，
奇堡在全球共拥有 12500 名雇员，年营业额约 36 亿欧元。而曾经
的强敌爱杜秀咖啡从 1997 年起也成了这家公司的组成部分。[19]

　　咖啡销售在二战后的德国逐渐形成了一套专业有序的制度化
体系，但这并不足以抵御国际咖啡价格对该行业发展的决定性影

261　响。在最糟的情况下，巴西的一场强霜就能彻底改变一家大型企

业的命运。西德咖啡加工业的高歌猛进在 1970 年代遭遇了最大的窘境。传统大品牌的销售量在日益激烈的竞争下很难继续提升，然后就发生了 1977 年巴西强霜导致的大歉收，生咖啡豆价格由此大幅上涨。1970 年代初，每吨生咖啡豆的售价仅为约 1000 美元，1976 年则达到了 3000 美元的水平，到了 1977 年 4 月则进一步攀升至 7380 美元的高位。由于高昂的咖啡价格大部分都被转嫁给了顾客，销售额自然难免一蹶不振。[20]

虽然很多传统大品牌此时已名存实亡，但联邦德国仍有许多加工厂在咖啡危机的全球化进程中被保存下来。例如 1979 年"Kaffee HAG"在路德维希·罗塞利乌斯的倡议下被美国通用食品公司收购，六年后通用食品公司又被转售至菲利普莫里斯公司（Philip Morris Companies Inc.）旗下；1988 年，菲利普莫里斯公司又收购了卡夫食品公司（Kraft Foods Inc.）。到了 1990 年，卡夫公司则收购了雅各布斯—祖哈德股份公司（Jacobs Suchard AG）。[21]就连久负盛名的凯撒咖啡也没能挺过时代的大潮，最终在 1971 年被腾格曼集团（Tengelmann-Gruppe）收购。如前所述，奇堡于 1997 年吞并了不来梅的爱杜秀。[22]当然并非所有合并案都能顺利进行，比如 1974 年雅各布斯与荷兰咖啡品牌"杜威埃格伯特（Douwe Egberts）"计划合并成一个在咖啡业及茶业市场占主导地位的巨头企业，但该合并案在最后一刻因荷兰股东的反对而以失败告终。[23]最后，雅各布斯公司在 1982 年选择与由祖哈德（Suchard）和托勃龙（Tobler，即瑞士三角巧克力）组成的瑞士联合食品集团（Schweizer Interfood-Konzern）合并。

与日俱增的竞争压力有时也会导致生产商对雇员的绩效要求越来越高。1972 年君特·沃拉夫（Günter Wallraff）作为应聘者潜入美乐家集团，从部分管理层的纳粹思维到雇员承受的巨大心理

262

压力，他揭露了该集团内方方面面的弊病。其调查报告《美乐家报告：过滤器中的褐衫残渣》（*Brauner Sud im Filterwerk. Melitta-Report*）[①] 有风行草偃之效，接连不断的媒体反响与顾客抵制迫使美乐家重新考量自身的企业管理，最终施行了每周40小时工作制以减轻雇员的工作压力。[24]

有时，大型烘焙厂试图通过引入新的加工方法以度过危机，但是顾客并非每次都能接受。比如1980年代初一些公司引入的新型烘焙工艺就遭遇了重大失败。咖啡豆的平均膨胀率在使用该工艺后大为增加，因而显著提升了烘焙后的体积。400克装的"涡轮烘焙（Turboröstung）"咖啡豆看起来与传统的500克装咖啡豆没有什么区别，尽管售价比后者稍低，但大部分消费者仍将其视为隐性涨价。鉴于顾客总是拒绝购买，几个月后这些公司纷纷终止了这一成本高昂的试验，并重新施用旧加工法。[25]

在我们谈论咖啡之国德国时，当然也不能忘记维了四十年的德意志民主共和国。与当时的德意志联邦共和国一样，咖啡在东德也都是人们一成不变的日常生活中为数不多的小乐趣之一。人们甚至比西德人更重视咖啡桌上的群聚欢饮与社会交流，小憩时在工厂食堂内喝上一杯咖啡是工作日必不可少的组成部分。

东德对咖啡的渴求与其潜在的外汇短缺存在矛盾，这一点在进口生咖啡豆时尤为明显：生咖啡豆大都来自非社会主义国家，所以货款必须以美元结付。特别是在国际咖啡价格高涨的那些年里，民主德国领导人屡次遭遇严峻挑战，他们进而迸发出了颇具创造性的想象力。

---

① 该报告标题中的"褐色（Brauner）"一语双关，既指身穿褐衫的纳粹党徒，又指美乐家过滤器中的褐色咖啡液。

东德的外汇短缺导致咖啡供应紧缩，进一步使其境内的咖啡售价居高不下。因此，自始至终都有大量由西方生产的咖啡通过私人渠道甚至非法手段穿过铁幕进入东德。在柏林墙建成之前，人们可以乘坐城市快铁（S-Bahn）将从西德购买的咖啡带入东柏林，虽然这样做有可能会被东德政府处以高额罚款。柏林墙耸立之后，年复一年仍有无数的咖啡豆会以礼品的形式进入民主德国。[26]

尽管价格高昂，但在东德还是可以买到某些品类的咖啡，比如高端品牌"摩娜（Mona）"和"回旋曲（Rondo）"，还有1959 年上市的"科斯塔（Kosta）"与咖啡的替代品"谷物咖啡（Malzkaffee）"①。1970 年代，每公斤"摩娜"售价80 东德马克，每公斤"回旋曲"售价70 东德马克，每公斤"科斯塔"售价60 东德马克，而每公斤谷物咖啡仅售价1 东德马克。当时，一位普通工人的平均月收入约为500 东德马克，退休人员养老金则约为180东德马克，显而易见咖啡是一种奢侈品。但是，它却是一种社会各阶层都有能力沉溺其中的奢侈品。为了使人们都能消费得起，市面上的咖啡常以四分之一磅的小包出售。当然，换算之后其实每公斤的价格反而更贵。[27]

马格德堡（Magdeburg）是东德咖啡生产的重镇，即便两德已然统一，其仍然保有这一地位。20 世纪初，"卡特海纳谷物咖啡

① 一种热饮，由一种或多种经烘焙的谷粒制成，并在商业上被加工成晶体粉末状，经热水冲泡后饮用。该产品通常被当作咖啡和茶的无因替代品，或者在咖啡因饮料稀缺或价格昂贵的情况下被出售。瑞士的"雀巢卡罗（Nestlé Caro）"、美国的"帕斯塔姆（Postum）"和波兰的"因卡（Inka）"是全球知名的谷物咖啡品牌。

工厂（Kathreiners Malzkaffee-Fabriken）"在马格德堡建立，该工厂主要生产以著名教士"塞巴斯蒂安·克奈普（Sebastian Kneipp）"之名命名的谷物咖啡以供应德国的北部和中部市场。到了 1920 年代末，其生产的"克奈普谷物咖啡（Kneipp-Malzkaffee）"与"林德（Linde）"的总产量已达到 14000 吨。马格德堡工厂在第二次世界大战中幸存下来，并在战后恢复了生产。然而没过多久它就被政府没收，以"消费合作社咖啡工厂（Konsum Kaffeewerk）"的名义继续运营，1958 年时又被更名为较为亲切的"纤烤（Röstfein）"并沿用至今。[28] 该工厂于 1954 年接到了第一笔烘焙咖啡豆的小额订单，凭借从东德各地收集而来的设备，其生产逐渐步入正轨并迅速扩大了规模。1970 年代初，马格德堡的六家咖啡工厂每年共加工烘焙咖啡豆 50000 吨。

自瓦尔特·乌布利希（Walter Ulbricht）辞去中央委员会第一书记及东德德国统一社会党第八届代表大会宣布应当提高人民生活水平之后，享用咖啡已成为理所当然之事。[29] 正如 1977 年保罗·格拉茨克（Paul Gratzik）在小说《运输员保罗》（*Transportpaule*）中所明确表述的：

265

人们在新旧两墙之间的生活节律已完全由休息时的那杯咖啡所决定，他们大量饮用又甜又烫的咖啡。面对无政府主义者，只要你断绝他们的咖啡供应，他们就会完全丧失斗争的勇气。面对我们的工人老大哥，你要知道他们可能犯下一切过错，但绝不会有片刻忘记带上咖啡。[30]

从这段文字中我们可以发现，咖啡在东德已然成了工人阶级社会地位与政治影响力的象征。

但正如前述，1977年国际咖啡价格的一路飙升致使东德的咖啡业陷入了彻底的无序状态。依据当时的国家计划，东德每年应进口51900吨生咖啡豆。但鉴于当时的咖啡价格，践行这一计划很可能导致本就负债累累的外汇储备彻底崩溃。德国统一社会党政治局很快意识到威胁已迫在眉睫，便于1977年春委派商业协调部部长亚历山大·沙尔克－戈洛德科夫斯基（Alexander Schalck-Golodkowski）制定对策以解决危机。他先是访问了西方，然后与东德本地的咖啡生产商展开磋商，最终灵光一现地提议大幅减少东德常见品牌中的咖啡豆含量。于是，政治局决定尽可能秘密地大规模劣化所有的咖啡供应。从这时起，"摩娜"和"回旋曲"必须使用市场上最便宜的生咖啡豆，几乎能在家家户户见到的"科斯塔"则被彻底废除。此外作为替代，东德领导层决定推出全新的人民咖啡因饮品品牌"混合咖啡（Kaffee-Mix）"，其特点是咖啡豆含量仅有51%，其余成分都是国内生产的替代物质。同时，食堂等公共场所被禁止销售一切纯咖啡豆饮品。[31]

结果证明"混合咖啡"完全是一场失败。掺假咖啡的味道令人大失所望，添加物堵塞了大量餐饮业咖啡机的过滤网，制造人工香料提升咖啡香气的计划也囿于技术而终告无果。人民很快便对这个品牌嗤之以鼻，并称其为"埃里希的加冕（Erichs Krönung）"①，以戏谑该产品与西方雅各布斯公司的经典咖啡产品"加冕"间的天差地别。为了替代消失的"科斯塔"，消费者大都选择购买稍贵一些的"回旋曲"。但没过多久东德市场上的"回

266

---

① "埃里希"指时任也是最后一位正式的东德领导人，即德国统一社会党总书记暨东德国务委员会主席埃里希·昂纳克（Erich Honecker）。

旋曲"就几近于售罄，人们只得从倒卖者手中购买这种咖啡。当人民意识到劣化咖啡是一种变相提价时，其反响是毁灭性的，因为东德政府严格禁止商品涨价。国家领导层的暗箱操作尤为令人失望，他们本该发布一则恰当的新闻好让人民对这些举措有所准备。于是，民众爆发了对"混合咖啡"的大规模抵制，最终政府在 1977 年默许了该产品退出市场，而大量积存于库房的"埃里希的加冕"则成了这场灾难的遗骸。[32]

　　东德咖啡政策的失败致使某些管制开始松动，咖啡烘焙商获得了有限的经营自由。1980 年代初，"纤烤"与马格德堡工业大学（Technische Hochschule Magdeburg）合作开发的"流化床工艺（Wirbelschichtverfahren）"付诸实践，这种新技术不仅提高了生产效率，还扩大了产量。[33]"纤烤"凭借高效的管理成功度过了两德统一后的转型期，如今已是德国东部"消费者联合注册合作社（Konsumverband eG）"①的主要成员企业。"回旋曲"、"科斯塔"和"摩娜"也在生产中止数年后重返德国市场。[34]

267　　　面对脱缰的生咖啡豆价格，联邦德国与民主德国在咖啡危机时期同时陷入困境，它们各自依照资本主义与社会主义经济体系分别采取不同方式试图解决这一问题。随着两德的统一，一个覆盖德国全境的咖啡市场就此形成。自 1990 年代以来，价格竞争在这里愈演愈烈，这场价格战最初由连锁超市奥乐齐主导，后来经营其他业务的折扣店也加入其中。这些折扣店将咖啡作为诱饵以吸引潜在顾客进店消费。与二十年前一样，在这轮市场风波中承受价格压力最大的依然是老牌咖啡供应商。个别品牌烘焙商为了抵

---

　　①　一个民间商业合作组织，创设于 1933 年，在历经多次变迁后，其目前联合了众多彼此独立的公司企业在以公司形式运营。

御压力开始创设自有品牌折扣店。[35] 奇堡率先在非食品领域大肆扩张以反击价格战，其从 1970 年代开始发展的连锁店——经营各式货品，从纺织品到家用电器，不一而足——至今仍活跃于德国市场。[36] 而部分供应商在日益增长的压力下则开始缔结非法价格协议，这导致德国反垄断机构联邦卡特尔局在 2009 年对它们处以等值于数亿欧元的罚款。[37]

自 1950 年代联邦德国放宽咖啡进口限制以后，咖啡业资本集中化的进程就一直势不可当，但该趋势目前似乎至少在小范围内正被逆转。占据我们城市风景的不再只有大型咖啡供应商的连锁店，越来越多的小型私人烘焙屋已开始向各城市的本地顾客供应新鲜烘焙的咖啡豆。有些烘焙商还会在销售咖啡的同时绵尽社会责任，比如"埃肯弗德咖啡烘焙（Eckernförder Kaffeerösterei）"就是一个典型的例子。这些慈善项目向我们揭示了一点，即咖啡在这个时代已然拥有了深固的社会地位。而德国与这种漆黑饮品密不可分的联系并非一个偶然，是在经历了长达三个世纪的发展后才有了今时今日这种名副其实的声望——德意志：咖啡之国。因此，当我们再次拿起咖啡杯，或许可以燃起对这种传统的自觉，因为每一口汁液中都蕴含着一段人类社会的世界史。

注 释

第 1 章 杯中倒映的咖啡史

1　Siegfried Lenz, *Jütländische Kaffeetafeln. Mit Illustrationen von Kirsten Reinhold*, 3. Auflage, Hamburg 2009, S.8.

2　Tania [Karen] Blixen, *Afrika. Dunkel lockende Welt*, 17. Auflage, Zürich 1989, S.15.

3　Multatuli, *Max Havelaar. Oder die Kaffeeversteigerungen der niederländischen Handelsgesellschaft*, 2. Auflage, Köln 1993; hierzu auch: Sibylle Cramer, *Der Kulturhumorist*, in: » *Die Zeit* «, 41/8. Oktober 1993, S.18.

4　Multatuli, *Max Havelaar*, S.454.

5　Brian Cowan, *The Social Life of Coffee. The Emergence of the British Coffeehouse*, New Haven-London 2005, S.6.

6　C. Coolhaas, H. J. de Fluiter und Herbert P. Koenig, *Kaffee*, [*Tropische und subtropische Wirtschaftspflanzen. Ihre Geschichte, Kultur und volkswirtschaftliche Bedeutung*, Teil 3, Bd. 2], 2. Auflage, Stuttgart 1960; Jean Nicolas Wintgens (Hg.), *Coffee. Growing, Processing, Sustainable Production. A Guidebook for Growers, Processors, Traders and Researchers*, Weinheim 2009.

7　Heinrich Eduard Jacob, *Kaffee. Die Biographie eines weltwirtschaftlichen Stoffes*, [*Stoffgeschichten*, Bd. 2, hg. von Armin Reller und Jens Soentgen], München 2006.

8　Vgl. hierzu das Nachwort von Reller und Soentgen, ebd., S.341−48.

9　Bonnie K. Bealer und Bennett Alan Weinberg, *The World of Caffeine. The Science and Culture of the World's most Popular Drug*, New York-London 2001.

10　Wolfgang Jünger, *Herr Ober, ein' Kaffee! Illustrierte Kulturgeschichte des*

Kaffeehauses, München 1955; Ulla Heise, *Kaffee und Kaffeehaus. Eine Geschichte des Kaffees*, Frankfurt am Main 2002; Cowan, *Social Life of Coffee*.

11 Kristof Glamann, *Dutch-Asia Trade. 1620–1740*, Kopenhagen-Den Haag 1958; Kirti Narayan Chaudhuri, *The Trading World of Asia and the English East India Company 1660–1760*, Cambridge-London-New York-Melbourne 1978.

12 Gervase Clarence-Smith und Steven Topik (Hgg.), *The Global Coffee Economy in Africa, Asia, and Latin America, 1500–1989*, Cambridge 2003.

第2章 何谓咖啡: 植株与饮品

1 [Jacob Spon], *Drey Neue Curieuse Tractätgen von dem Trancke Café, Sinesischen The, und der Chocolata*, Bautzen 1686 (Neudruck, mit einem Nachwort von Ulla Heise, Leipzig, 1986), S.3.

2 Ebd.

3 John Ovington, *A Voyage to Suratt in the Year 1689*, London 1696, S.466: "It is ripe at a proper Season of the Year, and is Subject to Blasts, as our Corn and Fruits are. It thrives near the Water, and grows in Clusters like our Holly-Berries; the Berry it self resembles a Bay-Berry; two of which are inclos'd in one Shell, which separates when it is broken. The Leaf of it is like a Laurel's in bigness, but very thin. The tree it self neither shoots out in largeness, nor is very long productive of Fruit, but is still supplied by new planting of others."

4 *A Voyage to Arabia Fœlix through the Eastern Ocean and the Streights of the Red-Sea, being the First made by the French in the Years 1708, 1709, and 1710*, London 1710, S.234–37.

5 Wintgens, *Coffee*, S.56.

6 Ebd., S.3.

7 Ebd., S.51.

8 Ebd., S.174.

9 Friedlieb Ferdinand Runge, *Hauswirthschaftliche Briefe, Drittes Dutzend, Sechsunddreißigster Brief*, Weinheim 1988, S.165f.

10 Bealer / Weinberg, *World of Caffeine*, S.XVII – XX.

11 Ebd., S.216f., 233.

12 Ebd., S.219, 221.

13 Wintgens, *Coffee*, S29f.

14 Ebd., S.39ff., 61.

15 Ebd., S.397.

16 Steven Topik, The Integration of the World Coffee Market, in: William Gervease Clarence-Smith und Steven Topik (Hgg.), *The Global Coffee Economy in Africa, Asia, and Latin America, 1500–1989*, Cambridge 2003, S.35.

17 Wintgens, *Coffee*, S.168f.

18 Ebd., S.359f.

19 Ebd., S.636f.

20 Topik, *Integration*, S.35.

21 Wintgens, *Coffee*, S.169.

22 *A Voyage to Arabia Fœlix*, S.238f.: "... these Trees are found planted under other Trees, said to be a Kind of Poplar, which serve to shade and shelter them from the excessive Heat of the Sun.' Tis probable, that without this Shelter, which keeps it cool underneath, the Flower of the Coffee wou'd be quickly burnt, and never produce any Fruit, as appears by some situated in the same Place, which want those beneficial Neighbours."

23 Wintgens, *Coffee*, S.403.

24 Judith Thurman, *Tania Blixen. Ihr Leben und Werk*, Reinbek 1991, S.168.

25 Wintgens, *Coffee*, S.611–16.

26 Ebd., S.610f., 616–21.

27 Ebd., S.634–62.

28　Chaudhuri, *Trading World of Asia*, S.360.

29　Ebd., S.367.

30　Übers. n.: Michel Tuchscherer, Coffee in the Red Sea Area from the Sixteenth to the Nineteenth Century, in: William Gervease Clarence-Smith und Steven Topik (Hgg.), *The Global Coffee Economy in Africa, Asia, and Latin America, 1500–1989*, Cambridge 2003, S.64.

第 3 章　旧乡卡法

1　Cowan, *Social Life of Coffee*, S.22.

2　*A Voyage to Arabia Fœlix*, S.246.

3　Paul B. Henze, *Layers of Time. A History of Ethiopia*, New York 2000.

4　Dieter Woelk, *Agarthachides von Knidos. Über das Rote Meer. Übersetzung und Kommentar*, Diss. Phil., Bamberg 1966; Wilfred H. Schoff (Hg.), *The Periplus of the Erythræan Sea. Travel and Trade in the Indian Ocean by a Merchant of the First Century*, London-Bombay-Calcutta 1912.

5　Woelk, *Agarthachides*, S.23f.

6　C. F. Beckingham und G. W. B. Huntingford (Hgg.), *The Prester John of the Indies. A True Relation of the Lands of the Prester John being the Narrative of the Portuguese Embassy to Ethiopia in 1520 written by Father Francisco Alvares*, 2 Bde., Cambridge 1961; Ulrich Knefelkamp, *Die Suche nach dem Reich des Priesterkönigs Johannes, dargestellt anhand von Reiseberichten und anderen ethnographischen Quellen des 12. bis 17. Jahrhunderts*, Gelsenkirchen 1986.

7　Reiner Klingholz, Wo die wilde Bohne wächst, in: *Geo*, 1/2003, S.49f.

8　Max Grühl, *Vom heiligen Nil. Im Reich des Kaisergottes von Kaffa*, Berlin 1929, S.254f.

9　Ebd., S.255.

10　Klingholz, *Wo die wilde Bohne wäächst*, S.49.

11 Werner J. A. Lange, *A History of the Southern Gonga* (*Southwestern Ethiopia*), Wiesbaden 1982, S.180.

12 Ebd., S.188, Lange verwendet die Schreibweise "Minǧiločči".

13 Ebd., S.299f.

14 Lewis J. Krapf, *Travels, Researches, and Missionary Labors, during an Eighteen Years' Residence in Eastern Africa* ..., Boston 1860, S.46.

15 Beckingham / Huntingford, *Prester John of the Indies*, S.458.

16 Derick Garnier, *Ayutthaya. Venice of the East*, Bangkok 2004, S.111-32.

17 Antoinette Schnyder-von Waldkirch, *Wie Europa den Kaffee entdeckte. Reiseberichte als Quellen zur Geschichte des Kaffees*, Zürich 1988, S.210f.

18 Charles Jacques Poncet, *A Voyage to Aethiopia*, London 1709.

19 Zit. n.: Schnyder-von Waldkirch, *Wie Europa den Kaffee entdeckte*, S.94.

20 *A Voyage to Arabia Fælix*, S.246: "... but that Description, where the Plant in Question is compar'd to the Myrtle, is so different from the Coffee-Tree, which our People have seen in Arabia, that there must be some Mistake in the Matter; ..."

21 Krapf, *Travels*, S.49.

22 Friedrich J. Bieber, *Kaffa. Ein altkuschitisches Volkstum in Inner Afrika. Nachrichten über Land und Volk, Brauch und Sitte der Kaffitscho oder Gonga und das Kaiserreich Kaffa*, Bd. 1, Münster 1920, S.9f.

23 Lange, *History of the Southern Gonga*, S.306f.

24 Ebd., S.11.

25 Ebd., S.VIII.

26 Grühl, *Vom Heiligen Nil*, S.263.

27 Ebd.

28 Ebd., S.241.

29 Ebd., S.244.

30 Ebd., S.242.

31 Ebd., S.242f.

32　Krapf, *Travels*, S.47.

33　Bealer / Weinberg, *World of Caffeine*, S.4.

34　Grühl, *Vom Heiligen Nil*, S.251.

35　Klingholz, *Wo die wilde Bohne wächst*, S.50.

36　Coolhaas / de Fluiter / Koenig, *Kaffee*, S.286.

37　Klingholz, *Wo die wilde Bohne wächst*, S.48, 58.

38　Krapf, *Travels*, S.55.

39　Bieber, *Kaffa*, S.377.

40　Ebd., S.376ff.

41　Klingholz, *Wo die wilde Bohne wächst*, S.50f.

42　Bealer / Weinberg, *World of Caffeine*, S.3.

43　Zit. n.: Bealer / Weinberg, *World of Caffeine*, S.4: "The Gallæ is a wandering nation of Africa, who in their incursions to Abyssinia, are obliged to traverse immense deserts, and being desirous of falling on the towns and villages of that country without warning, carry nothing to eat with them but the berries of the Coffee tree roasted and pulverized, which they mix with grease to a certain consistency that will permit of its being rolled into masses about the size of billiard balls and then put in leathern bags until required for use."

44　Ralph Hattox, *Coffee and Coffeehouses. The Origins of a Social Beverage in the Medieval Near East*, Seattle 1985, S.16.

45　Ebd., S.17.

46　Schnyder-von Waldkirch, *Wie Europa den Kaffee entdeckte*, S.94.

47　Richard Francis Burton, *First Footsteps in East Africa. Or, an Exploration of Harar*, London 1856, S.353: "In the best coffee countries, Harar and Yemen, the berry is reserved for exportation. The southern Arabs use for economy and health-the bean being considered heating-the kishr or follicle. This in Harar is a woman's drink. The men considering the berry too dry and heating for their arid atmosphere, toast the leaf on a girdle, pound it and prepare an infusion … . The boiled coffee-leaf has been tried and approved of in England; we omit, however, to toast it."

48 Grühl, *Vom heiligen Nil*, S.264.

49 Ebd., S.265f.

50 Bieber, *Kaffa*, S.254.

51 Ulrike Schuerkens, *Geschichte Afrikas*, Köln-Weimar-Wien 2009, S.106.

52 Henze, *Layers of Time*, S.20.

53 Heise, *Kaffee und Kaffeehaus*, S.11.

54 Tuchscherer, *Coffee in the Red Sea Area*, S.51.

55 Ebd., S.52.

56 Zit. n.: Schnyder-von Waldkirch, *Wie Europa den Kaffee entdeckte*, S.94.

57 Tuchscherer, *Coffee in the Red Sea Area*, S.65f.

58 Ebd., S.55f.

59 Coolhaas / de Fluiter / Koenig, *Kaffee*, S.286.

60 Wintgens, *Coffee*, S.397.

61 Klingholz, *Wo die wilde Bohne wächst*, S.51f.

第 4 章　启航之所：阿拉伯菲利克斯

1 Horst Kopp (Hg.), *Länderkunde Jemen*, Wiesbaden 2005, S.141.

2 1. Buch der Könige 10: 1–13; 2. Buch der Chronik 9: 11–13; Matthäus 12: 42, Lukas 11: 31; Sure 27.

3 Kopp, *Jemen*, S.142.

4 Ebd., S.143.

5 Ulrich Haarmann (Hg.), *Geschichte der Arabischen Welt*, München 1987, S.326.

6 Ebd., S.331.

7 Kopp, *Jemen*, S.156.

8 Hattox, *Coffee and Coffeehouses* S.12.

9 Ebd., S.18.

10 Tuchscherer, *Coffee in the Red Sea Area*.

11 A Journall kept by John Jourdain, zit. n.: Schnyder-von Waldkirch, *Wie Europa den Kaffee entdeckte*, S.78.

12 Ebd., S.161f.

13 *A Voyage to Arabia Fœlix*.

14 Carsten Niebuhr, *Reisebeschreibung nach Arabien und andern umliegenden Ländern. Mit einem Vorwort von Stig Rasmussen und einem biographischen Porträt von Barthold Georg Niebuhr*, Zürich 1992, S.891.

15 Ebd., S.382.

16 Ebd., S.335.

17 Ovington, *A Voyage to Suratt*, S.466.

18 Carsten Niebuhr, *Beschreibung von Arabien. Aus eigenen Beobachtungen und im Lande selbst gesammleten Nachrichten*, Kopenhagen 1772, S.144.

19 Ebd., S.156.

20 Kopp, *Jemen*, S.109f.

21 Ebd., S.110.

22 Ebd., S.111.

23 Ebd., S.13, 36.

24 Niebuhr, *Reisebeschreibung*, S.398.

25 Tuchscherer, *Coffee in the Red Sea Area*, S.54.

26 *A Voyage to Arabia Fœlix*, S.246.

27 Ebd., S.238f.

28 Ebd., S.242.

29 Ebd., S.241f.

30 Niebuhr, *Reisebeschreibung*, S.330.

31 Chaudhuri, *Trading World of Asia*, S.381ff.

32 Kopp, *Jemen*, S.77.

33 Niebuhr, *Beschreibung von Arabien*, S.247.

34 Kopp, *Jemen*, S.5.

35　Ebd., S.31ff.

36　Niebuhr, *Reisebeschreibung*, S.316f.

37　Ebd., S.348.

38　Ebd., S.317.

39　Ebd., S.335.

40　Ebd., S.317f.

41　Ebd., S.318.

42　Ebd.

43　Chaudhuri, *Trading World of Asia*, S.381ff.

44　Ebd., S.374.

45　Ebd., S.377.

46　Peter Boxhall, The Diary of a Mocha Coffee Agent, in: *Arabian Studies*, 1/1974, S.102.

47　Niebuhr, *Reisebeschreibung*, S.432.

48　Ebd.

49　Ebd., S.433.

50　Ebd.

51　Ebd.

52　Ebd., S.433f.

53　Ovington, *A Voyage to Suratt*, S.460.

54　Chaudhuri, *Trading World of Asia*, S.374; Kopp, *Jemen*, S.99.

55　Ovington, *A Voyage to Suratt*, S.461.

56　Hans Becker, *Volker Höhfeld und Horst Kopp, Kaffee aus Arabien. Der Bedeutungswandel eines Weltwirtschaftsgutes und seine siedlungsgeographische Konsequenz an der Trockengrenze der Ökumene*, Wiesbaden 1979, S.27.

57　Ovington, *A Voyage to Suratt*, S.461.

58　Chaudhuri, *Trading World of Asia*, S.371.

59　Ebd., S.372f.

60　Niebuhr, *Reisebeschreibung*, S.355f.

61 Ebd., S.360.

62 Ebd., S.363.

63 Ebd.

64 Tuchscherer, *Coffee in the Red Sea Area*, S.58.

65 Kopp, *Jemen*, S.100.

第 5 章 东方世界的咖啡热望

1 Annemarie Schimmel, *Sufismus. Eine Einführung in die islamische Mystik*, 4. Auflage, München 2008, S.19f.

2 Hattox, *Coffee and Coffeehouses*, S.74.

3 Ebd., S.75f.

4 *A Voyage to Arabia Fœlix*, S.244f.

5 Bealer / Weinberg, *World of Caffeine*, S.11.

6 Martin Krieger, *Geschichte Asiens*, Köln-Weimar-Wien 2003, S.128–33.

7 Zit. n.: Schnyder-von Waldkirch, *Wie Europa den Kaffee entdeckte*, S.50.

8 Tuchscherer, *Coffee in the Red Sea Area*, S.51.

9 Zit. n: Schnyder-von Waldkirch, *Wie Europa den Kaffee entdeckte*, S.51.

10 Ebd.

11 Zit. n: Becker / Höhfeld / Kopp, *Kaffee aus Arabien*, S.9.

12 Bealer / Weinberg, *World of Caffeine*, S.14.

13 Hattox, *Coffee and Coffeehouses*, S.86.

14 Zit. n: Schnyder-von Waldkirch, *Wie Europa den Kaffee entdeckte*, S.59.

15 *A Voyage to Arabia Fœlix*, S.242: "... their Manner is just the same as that all over the Levant, which we imitate daily in France, with, this Difference, that the Arabs take it the Moment it is boil'd, without letting it stand to settle, always without Sugar, and in very small cups. There are some among them, who, in drawing the Coffee-Pot from the Fire, wrap wet Cloth about it; this causes the Grounds to fall immediately to the Bottom, and clears the Liquor; by this Means also there rises a

Sort of Cream a-top, and, when 'tis pour'd into the Cups, it steams a great deal more, diffusing a kind of oily Vapour, which they take a Delight in smelling to, because of the good Quantities they attribute to it."

16 *A Voyage to Arabia Fœlix*, S.243: "They take the Husk or Bark of the Coffee perfectly ripe, grind and put it in a little Skibbet, or earthen Pan, over a Charcole-fire keep it constantly stirring, that it might not burn like the Coffee, but only get a Colour, in the mean Time they have a Coffee-Pot of Water boiling, and when the Husk is ready throw it with a fourth Part, at least, of the outer Skin, letting it boil like ordinary Coffee, The colour of this Liquor like that of the better sort of English Beer. These Husks are kept in Places very dry, and close shut up, for the Moisture gives them an ill Taste."

17 Niebuhr, *Reisebeschreibung*, S.323.

18 Tuchscherer, *Coffee in the Red Sea Area*, S.53.

19 Hattox, *Coffee and Coffeehouses*, S.7.

20 Haarmann, *Geschichte der Arabischen Welt*, S.337.

21 Hattox, *Coffee and Coffeehouses*, S.72.

22 Tuchscherer, *Coffee in the Red Sea Area*, S.53.

23 Ebd., S.52−55.

24 Adam Olearius, *Vermehrte Newe Beschreibung der Muscowitischen und Persischen Reyse*, Schleswig 1656, S.558.

25 Ebd.

26 Thomas Bowrey, *A Geographical Account of Countries Round the Bay of Bengal, 1669 to 1679*, hg. von Richard Carnac Temple, Neudruck der Ausgabe von 1905, New Delhi 1997, S.96f.: "They Seldome or Never accustome themselves to Walkinge for recreations Sake, as wee Europeans doe, but if they hold any Conversation it must be Sittinge, and not Upon Chairs, Stools, or benches, but Upon Carpets or Matts Spread Upon the ground, and on them they Sit crosse legged with much facilitie, Often Smoakinge their Hoocars as they call [them] of tobacco, drinke [ing] much Coffee and often chawinge Betelee Areca, which they call

Paune."

27 Ovington, *A Voyage to Suratt*, S.456.

28 Ebd., S.458f.

29 Niebuhr, *Reisebeschreibung*, S.438.

30 Glamann, *Dutch-Asia Trade*, S.190.

31 Hattox, *Coffee and Coffeehouses*, S.73.

32 Ebd.

33 Niebuhr, *Reisebeschreibung*, S.311f.

34 Ebd., S.316.

35 Ebd., S.312.

36 Ebd., S.346.

37 Bealer / Weinberg, *World of Caffeine*, S.13f.

38 Ebd., S.14.

39 Zit. n.: Schnyder-von Waldkirch, *Wie Europa den Kaffee entdeckte*, S.47.

40 Ebd.

41 Hattox, *Coffee and Coffeehouses*, S.109f.

42 Niebuhr, *Reisebeschreibung*, S.190.

43 Hattox, *Coffee and Coffeehouses*, S.3f.

44 Bealer / Weinberg, *World of Caffeine*, S.14f.

45 Ebd., S.12−14.

46 Ebd., S.15.

第 6 章 远抵欧罗巴

1 Cowan, *Social Life of Coffee*, S.17.

2 Ebd.

3 Zit. n. Schnyder − von Waldkirch, *Wie Europa den Kaffee entdeckte*, S.38.

4 Ebd.

5 Ebd., S.40.

6   Zit. n.: Bealer / Weinberg, *World of Caffeine*, S.69.

7   Chaudhuri, *Trading - World of Asia*, S.360.

8   Cowan, *Social Life of Coffee*, S.5.

9   Ebd., S.18.

10 见雅各布·斯彭（Jacob Spon）《论三种奇特的新饮品：咖啡、中国茶和可可》（*Drey Neue Curiose Tractätgen von dem Trancke Café, Sinesischen The, und der Chocolata*）一书中乌拉·海泽（Ulla Heise）撰写的后记。

11 John Coackley Lettsom und John Ellis, *Geschichte des Thees und Koffees*, Leipzig 1776（Neudruck: Leipzig 1985）.

12 Francis Bacon, Der utopische Staat, in: *Der utopische Staat*, hg. v. Klaus J. Heinisch, Reinbek 2005, S.207.

13 Cowan, *Social Life of Coffee*, S.21.

14 Ebd., S.21.

15 Ebd., S.25.

16 Ebd., S.22.

17 Ebd.

18 Ebd., S.6-10.

19 Vgl. allg.: Steven Shapin, *Social History of Truth, Civility and Science in 17th-Century England*, Chicago 1994.

20 Cowan, *Social Life of Coffee.*, S.10-14.

21 Zit. n.: ebd., S.26: "... this variety ... may bee a meanes to put drunkenness out of countenance, which in these wilde parts too prevalent."

22 Cowan, *Social Life of Coffee*, S.28f.

23 Bealer / Weinberg, *World of Caffeine*, S.69.

24 *A Voyage to Arabia Felix*, S.241: "The Curious in observing this Bough, the Leaves and the Fruit of which are drawn of the Natural Size, will easily perceive how very different this is from all those, which we have seen in many Books, where the Authors have pretended to represent the Bough of the Coffee-Tree."

25 *A Voyage to Arabia Felix*, S.249.

26 Monique Lansard, Der Kaffee in Frankreich im 17. und 18. Jahrhundert. Modeerscheinung oder Institution?, in: Daniela U. Ball (Hg.), *Kaffee im Spiegel europöischer Trinksitten. Coffee in the Context of European Drinking Habits*, Zürich 1991, S.128f.

27 Cowan, *Social Life of Coffee*, S.25.

28 Glamann, *Dutch-Asiatic Trade*, S.184.

29 Zit. n.: Bealer / Weinberg, *World of Caffeine*, S.67.

30 Michael North, *Genuß und Glück des Lebens. Kulturkonsum im Zeitalter der Aufklärung*, Köln-Weimar-Wien 2003, S.196.

31 Hans-Jürgen Gerhard, Entwicklungen auf europäischen Kaffeem ärkten 1735–1810. Eine preishistorische Studie zur Geschichte eines Welthandelsgutes. in: Rainer Gömmel und Markus A. Denzel (Hgg.), *Weltwirtschaft und Wirtschaftsordnung. Festschrift für Jürgen Schneider zum 65. Geburtstag*, Stuttgart 2002, S.154.

32 North, *Genuß und Glück des Lebens*, S.206.

33 Ebd., S.207.

34 Johann Christian Müller, *Meines Lebens Vorfälle und Neben-Umstände*, Bd. 1, hg. von Katrin Löffler und Nadine Sobirai, Leipzig 2007, S.275.

35 Jünger, *Herr Ober*, S.170.

36 Müller, *Vorfälle und Neben-Umstände*, S.271f.

37 Zit. n.: North, *Genuß und Glück des Lebens*, S.209.

38 Zit. n.: Jünger, *Herr Ober*, S.162.

39 North, *Genuß und Glück des Lebens*, S.200.

40 Ebd., S.200f.

41 Müller, *Vorfälle und Neben-Umstände*, S.275.

42 Zit. n.: Jünger, *Herr Ober*, S.168.

43 Zit. n.: ebd., S.172.

44 Bealer / Weinberg, *World of Caffeine*, S.75.

45 Zit. n.: ebd., S.70: "On bended knee, the black slaves of the Ambassador,

arrayed in the most gorgeous costumes, served the choicest Mocha coffee in tiny cups of egg-shell porcelain, but, strong and fragrant, poured out in saucers of gold and silver, placed on embroidered silk doylies fringed with gold bullion, to the grand dames, who fluttered their fans with many grimaces, bending their piquant faces-be-rouged, be-powdered, and be-patched-over the new and steaming beverage."

46　Bealer / Weinberg, *World of Caffeine*, S.70f.

47　Ebd., S.71.

48　Jünger, *Herr Ober*, S.159ff.

49　Bealer / Weinberg, *World of Caffeine*, S.67f.

50　Zit. n.: Jünger, *Herr Ober*, S.162f.

51　Zit. n.: North, *Genuß und Glück des Lebens*, S.209.

52　Ebd., S.210f.

53　Ebd., S.211.

54　Mats Essemyr, Prohibition and Diffusion. Coffee and Coffee Drinking in Sweden, in: Daniela U. Ball (Hg.), *Kaffee im Spiegel europäischer Trinksitten. Coffee in the Context of European Drinking Habits*, Zürich 1991, S.84.

55　关于咖啡代用品的发展情况，见: Hans-Jürgen Teuteberg, Zur Kulturgeschichte der Kaffee-Surrogate, in: Daniela U. Ball (Hg.), *Kaffee im Spiegel europäischer Trinksitten. Coffee in the Context of European Drinking Habits*, Zürich 1991, S.169-99。

第 7 章　善舞之肆: 欧洲的咖啡馆

1　Heise, *Kaffee und Kaffeehaus*, S.155-161.

2　Jünger, *Herr Ober*, S.163.

3　Heise, *Kaffee und Kaffeehaus*, S.159.

4　Markman Ellis, *The Coffee House. A Cultural History*, London 2004, S.62.

5　Zit. n.: Jünger, *Herr Ober*, S.118.

6　Glamann, *Dutch-Asia Trade*, S.186.

7　Zit. n.: Christian Hochmuth, *Globale Güter-lokale Aneignung. Kaffee, Tee, Schokolade und Tabak im frühneuzeitlichen Dresden*, Konstanz 2008, S.169.

8　Ebd.

9　Ellis, *Coffee House*, S.67.

10　Hochmuth, *Globale Güter*, S.155f.

11　Peter Burke, *Städtische Kultur in Italien zwischen Hochrenaissance und Barock. Eine historische Anthropologie*, Berlin 1988, S.111−29.

12　North, *Genuß und Glück des Lebens*, S.196.

13　Jünger, *Herr Ober*, S.32.

14　Bealer / Weinberg, *World of Caffeine*, S.71.

15　Ebd., S.64, 71f.

16　Ebd., S.72.

17　Ebd., S.73f.

18　Hochmuth, *Globale Güter*, S.171.

19　Charles de Montesquieu, *Perserbriefe*, übers. von Jürgen von Stackelberg, Frankfurt am Main 1988, S.66f.

20　North, *Genuß und Glück des Lebens*, S.196.

21　Zit. n.: Ellis, *Coffee House*, S.59.

22　Zit. n.: ebd., S.60.

23　Ebd., S.56.

24　Zit. n.: ebd., S.56: "... sat in good discourse with some gentlemen concerning the Roman Empire ..."

25　Ebd., S.56f.

26　Ebd., S.78.

27　Hochmuth, *Globale Güter*, S.172.

28　Jünger, *Herr Ober*, S.163.

29　Hochmuth, *Globale Güter*, S.156ff., 162f.

30　Ebd., S.158.

31　Ebd., S.158f.

32　具体内容见以"结构史学（Strukturgeschichte）"方法撰写的哲学博士论文：Wolfgang Nahrstedt, *Die Entstehung der » Freizeit « zwischen 1750 und 1850. Dargestellt am Beispiel Hamburgs*, Hamburg 1972, S.176。

33　Ebd., S.177f.

34　Martin Krieger, *Geschichte Hamburgs*, München 2006, S.70.

35　Jünger, *Herr Ober*, S.163f.

36　Ebd., S.165.

37　Heise, *Kaffee und Kaffeehaus*, S.132.

38　Zit. n.: ebd., S.134.

39　Zit. n.: ebd., S.133.

40　Ebd., S.134.

41　Jünger, *Herr Ober*, S.165.

42　Zit. n.: ebd., S.167.

43　Hochmuth, *Globale Güter*, S.156.

44　Heinz Schilling, *Höfe und Allianzen. Deutschland 1648-1763*, Berlin 1998, S.356f.

45　Ebd., S.244-50.

46　也有观点认为他是塞尔维亚人，见：Jünger, *Herr Ober*, S.116。

47　Ebd., S.116f.

48　Bealer / Weinberg, *World of Caffeine*, S.77.

49　Jünger, *Herr Ober*, S.117.

50　Ebd., S.117f.

51　North, *Genuß und Glück des Lebens*, S.197.

52　Ebd., S.198f.

53　Zit. n.: Gerhard, *Entwicklungen auf europäischen Kaffeemärkten*, S.153.

54　Müller, *Meines Lebens Vorfälle und Neben-Umstände*, S.209.

第8章 应许之地：殖民时代的种植扩张

1 S. allgemein: Holden Furber, *Rival Empires of Trade in the Orient 1600–1800*, Minneapolis 1976.

2 Zit. n.: Becker / Höhfeld / Kopp, *Kaffee aus Arabien*, S.9: "... the seedes and the huske, both which are useful in making the drinke, were found only at Moka, although the beverage is used in Turkey and in other parts of Arabia, Persia and India."

3 Ovington, *A Voyage to Suratt*, S.460.

4 Ebd., S.461.

5 Bowrey, *Geographical Account*, S.104: "The Cables, Strapps, &c. are made of Cayre, vizt. The Rhine of Coco nuts very fine Spun, the best Sort of which is brought from the Maldiva Isles."

6 Becker / Höhfeld / Kopp, *Kaffee aus Arabien*, S.10.

7 Chaudhuri, *Trading-World of Asia*, S.369.

8 Ebd.

9 Ebd., S.360.

10 Ebd., S.370.

11 Ebd., S.360f.

12 Ovington, *A Voyage to Suratt*, S.464: "The Natives [of Mokka] were very civil and courteous to the English, especially 'till the Year 1687, when the War commenc'd between the English and the Mogul, which was so severe among the poor Moor merchants, and such a disturbance and loss to the Innocent Indians that Traded hither, that it has quite (in a Manner) destroy'd the Traffick of this Port, and driven the Trade to several other parts in this Sea. This War has since occasion'd the utter Ruin of several Indian, Turkey, and Arabic Merchants."

13 Chaudhuri, *Trading-World of Asia*, S.361.

14 Ebd., S.362.

15 Bealer / Weinberg, *World of Caffeine*, S.67.

16 Chaudhuri, *Trading-World of Asia*, S.363.

17 Ebd., S.363f.

18 Zit. n.: ebd., S.365: "You must take the properest and wisest measures to purchase our Coffee on the cheapest terms possible, which of late years has been but a dull Commodity in Europe, occasioned by the excessive large Imports of the Dutch from Java, the French also bring some from the island of Bourbon, and our Plantations in the West Indies are likely fallen into the method of raising it …"

19 Glamann, *Dutch-Asia Trade*, S.183f.

20 Ebd.

21 Ebd., S.186.

22 Ebd., S.190, 193.

23 Ebd., S.186ff.

24 Ebd., S.194.

25 Ebd., S.188, 201.

26 Ebd., S.195f.

27 Topik, *Integration*, S.28.

28 Krieger, *Kaufleute, Seeräuber und Diplomaten. Der dänische Handel auf dem Indischen Ozean (1620–1868)*, Köln-Weimar-Wien 1998, S.86.

29 Ebd.

30 Ebd., S.142, 172.

31 Ebd., S.183.

32 Heise, *Kaffee und Kaffeehaus*, S.49.

33 Zit. n.: Cowan, *Social Life of Coffee*, S.27: "I should rather wish our supply [of coffee came] from our own plantations, than from Turkye."

34 Ebd.

35 *A Voyage to Arabia Fœlix*, S.247: "… that the Arabs, jealous of a Benefit which is found only among themselves, suffer no Coffee-Beans to be,

carry'd out of their Contry, which have not first pass'd thro' the Fire, or boiling Water, to cause the Bud, as they say, to dye; to the End that, if any should think to sow it elsewhere, it might be to no purpose."

36　Topik / Clarence-Smith, *The Global Coffee Economy*, S.5.

37　Heise, *Kaffee und Kaffeehaus*, S.47.

38　Coolhaas / de Fluiter / Koenig, Kaffee, S.288.

39　Glamann, *Dutch-Asia Trade*, S.192.

40　Anthony Wild, *Black Gold. The Dark History of Coffee*, London 2005, S.98f.

41　*A Voyage to Arabia Fœlix*, S.246.

42　Chaudhuri, *Trading-World of Asia*, S.359.

43　Topik, *Integration*, S.27.

44　*A Voyage to Arabia Fœlix*, S.248.

45　Heise, *Kaffee und Kaffeehaus*, S.49.

46　Wild, *Black Gold*, S.99.

47　Ebd.

48　Ebd., S.99.

49　Ebd., S.100.

50　Heise, *Kaffee und Kaffeehaus*, S.49.

51　Wild, *Black Gold*, S.99.

52　K. M. De Silva, *A History of Sri Lanka*, London-Berkeley-Los Angeles 1981, S.167.

53　Ebd., S.168f.

54　Wild, *Black Gold*, S.102f.

55　Ebd., S.103.

56　Heise, *Kaffee und Kaffeehaus*, S.50.

57　Topik, *Integration*, S.28.

58　Tuchscherer, *Red Sea Area*, S.56.

59　Ebd., S.56f.

第 9 章 世界性贸易品

1 Topik, *Integration*, S.31.

2 Coolhaas / de Fluiter / Koenig, *Kaffee*, S.4f., S.231.

3 De Silva, Sri Lanka, S.273.

4 Ebd., S.34.

5 Ebd., S.270.

6 Krieger, *Hamburg*, S.92.

7 Topik, *Integration*, S.33f.

8 Ebd., S.32.

9 Coolhaas / de Fluiter / Koenig, *Kaffee*, S.245.

10 Ellis, *Coffee House*, S.226.

11 Topik, *Integration*, S.36.

12 Clarence-Smith / Topik, *The Global Coffee Economy*, S.11.

13 Ebd., S.3.

14 Ebd., S.11.

15 Ray Desmond, *Kew. The History of the Royal Botanic Gardens*, 2. Auflage, London 1998, S.252.

16 Ebd., S.252f.

17 Clarence-Smith / Topik, *The Global Coffee Economy*, S.10.

18 Wintgens, *Coffee*, S.397f.

19 Tuchscherer, *Coffee in the Red Sea Area*, S.57.

20 Ebd., S.57f.

21 Ebd., S.59.

22 Ebd., S.58f.

23 Topik, *Integration*, S.29.

24 Tuchscherer, *Coffee in the Red Sea Area*, S.63f.

25 Zit. n.: ebd., S.64.

26 Becker / Höhfeld / Kopp, *Kaffee aus Arabien*, S.52.

27　Ebd.

28　Ebd.

29　Coolhaas / de Fluiter / Koenig, *Kaffee*, S.257ff.

30　Christian Degn, *Die Schimmelmanns im atlantischen Dreieckshandel. Gewinn und Gewissen*, 3. Auflage, Neumünster 2000, S.385−94.

31　Krieger, *Geschichte Asiens*, S.238f.

32　Clarence-Smith / Topik, *The Global Coffee Economy*, S.9.

33　Michael North, *Geschichte der Niederlande*, 2. Auflage, München 2003, S.89f.

34　Eduard Douwes-Dekker (Multatuli), *Max Havelaar. Oder die Kaffeeversteigerungen der niederländischen Handelsgesellschaft*, 2. Auflage, Köln 1993, S.303f.

35　Cramer, *Kulturhumorist*, S.18.

36　Krieger, *Geschichte Asiens*, S.178.

37　De Silva, *Sri Lanka*, S.268f.

38　Ebd., S.272.

39　Ebd., S.269f.

40　Ebd., S.286.

41　Ebd., S.286f.

42　Ebd., S.273f.

43　Ebd., S.284.

44　Coolhaas / de Fluiter / Koenig, *Kaffee*, S.252f.

45　Wild, *Black Gold*, S.172f.

46　Ebd., S.174.

47　Ebd., S.173.

48　Ebd., S.175.

49　Clarence-Smith / Topik, *The Global Coffee Economy*, S.6ff.

50　Wild, *Black Gold*, S.175.

51　Clarence-Smith / Topik, *The Global Coffee Economy*, S.8.

52 Topik, *Integration*, S.32.

53 Coolhaas / de Fluiter / Koenig, *Kaffee*, S.259−62.

54 Clarence-Smith / Topik, *The Global Coffee Economy*, S.10.

55 Coolhaas / de Fluiter / Koenig, *Kaffee*, S.282ff.

56 Markus Boller, *Kaffee, Kinder, Kolonialismus. Wirtschafts- und Bevölkerun-gsentwicklung in Buhaya (Tansania)in der deutschen Kolonialzeit*, Münster-Hamburg 1994, S.120.

57 Ebd., S.135f.

58 Ebd., S.122f.

59 Ebd., S.123f.

60 Coolhaas / de Fluiter / Koenig, *Kaffee*, S.284f.

61 *Wirtschaft.t-online*, 16. Januar 2009.

62 Andreas Boueke, Kleine Hände ernten Kaffee, in: *Mitteldeutsche Kirchenze-itungen*, Online-Ausgabe, 6. März 2010.

63 Kaffee aus Nicaragua, *Spiegel-Online*, 19. August 2010.

64 联合国儿童基金会（Unicef-Pressenotiz）世界无童工日（Welttag gegen Kinderarbeit）官方线上消息，2007 年 6 月 12 日。

第 10 章 嬗变之时：20 世纪的咖啡革命

1 Lars Oldenbüttel, Ludwig Roselius. Kaufmann und Visionär, in: Kraft Foods Deutschland (Hg.), *100 Jahre Kaffee HAG. Die Geschichte einer Marke*, Bremen 2006, S.10ff.

2 Ebd., S.12; Alexander Schug, 100 Jahre Kaffee-Handels-Aktiengesellschaft, in: Kraft Foods Deutschland (Hg.), *100 Jahre Kaffee HAG. Die Geschichte einer Marke*, Bremen 2006, S.34.

3 Florentine Fitzen, *Gesünder Leben. Die Lebensreformbewegung im 20. Jahrhundert*, Stuttgart 2006, S.336f.

4 Zit. n.: ebd., S.182.

5   Hans Lange und Jan Beernd Rothfos (Hgg.), *Kaffee. Die Zukunft*, Hamburg 2005, S.89−96.

6   Oldenbüttel, *Ludwig Roselius*, S.13f.

7   Zit. n.: ebd., S.15.

8   Schug, *Kaffee-Handels-Aktiengesellschaft*, S.39f.

9   Oldenbüttel, *Ludwig Roselius*, S.17−22.

10 Schug, *Kaffee-Handels-Aktiengesellschaft*, S.40−47.

11 Ebd., S.47−53。

12 Oldenbüttel, *Ludwig Roselius*, S.22−30.

13 Lange / Rothfos, *Kaffee*, S.245.

14 Ebd., S.148.

15 Coolhaas / de Fluiter / Koenig, *Kaffee*, S.222.

16 Lange / Rothfos, *Kaffee*, S.149.

17 Ebd., S.149f.

18 Ebd.

19 Friedhelm Schwarz, *Nestlé. Macht durch Nahrung*, Stuttgart-München 2000, S.22f.

20 Ebd., S.24.

21 Ebd., S.24ff.

22 Lange / Rothfos, *Kaffee*, S.150−59.

23 Roland Peter, Myriam Reis-Liechti und Christian Ruch, *Geschäfte und Zwangsarbeit. Schweizer Industrieunternehmen im » Dritten Reich «*, Zürich 2001.

24 Lange / Rothfos, *Kaffee*, S.150.

25 Nur 50 Prozent Bohnenkaffee, in: *Der Spiegel*, 47/1947, S.14.

26 *Hamburger Abendblatt*, Online, 29. März 2003.

27 Gold entdeckt, in: *Der Spiegel*, 32/1965, S.42.

28 *Hamburger Abendblatt*, Online, 29. März 2003.

29 General Foods greift an, in: *Der Spiegel*, 37/1955, S.14f.

30　Ebd., S.14.

31　Ebd.

32　Ebd., S.16.

33　Lange / Rothfos, *Kaffee*, S.158f.

34　*Gold entdeckt.*

35　Wild, *Black Gold*, S.272.

36　Ellis, *Coffee House*, S.237.

37　Ebd., S.225f.

38　Ebd., S.227f.

39　Ellis, *Coffee House*, S.228f.

40　Zit. n.: ebd., S.229: "You order your Espresso or Cappuccino and then fearfully watch the monster produce same. Like a proud engineer the man behind the monster turns his steam levers; the great machine begins to throb and hiss, and just as you begin to think the explosion is inevitable, it starts to drip the brown nectar gently into the tiny white cup awaiting it. You sip the delicious brew, sigh appreciatively and think, 'What a show for the money!'"

41　Ellis, *Coffee House*, S.230.

42　Ebd., S.231, 234f.

43　Ebd., S.230.

44　Zit. n.: ebd., S.248.

45　Ellis, S.248.

46　*Spiegel-Online*, 12. März 2007.

47　Ellis, *Coffee House*, S.248f.

48　Hannah Beitzer, Ready to Go, in: *Süddeutsche Zeitung*, 15. Juli 2011, S.18.

第 11 章　德意志：咖啡之国

1　Mechthild Hempe, *100 Jahre Melitta. Geschichte eines Markenunternehmens*, Köln 2008, S.86.

2 资料来源：德国咖啡协会（Deutscher Kaffeeverband）新闻报道。

3 Heiß wie die Hölle, in: *Der Spiegel*, 42/1962, S.40.

4 Ebd.

5 Ebd., S.43.

6 Henner Alms, Hermann Pölking-Eiken und Rolf Sauerbier u.a., *100 Jahre Jacobs Café*, Bremen 1994, S.11.

7 Zit. n.: ebd., S.12.

8 Ebd., S.23f.

9 Ebd., S.54, 62.

10 Ebd., S.56.

11 J. J. Darboven (Hg.), *Ein Jahrhundert im Zauber einer Kaffeestunde*, Darmstadt 1966, o.S.

12 Zit. n.: Hempe, *100 Jahre Melitta*, S.81.

13 Ebd., S.82.

14 *Heiß wie die Hölle*, S.38f.

15 Zit. n.: ebd., S.40.

16 Ebd., S.44.

17 Zit. n.: ebd., S.55.

18 Ebd., S.38f.

19 Gerald Drissner, Business mit der Bohne, in: *Merian*, 11/2008, S.107.

20 Schug, *Kaffee-Handels-Aktiengesellschaft*, S.57f.

21 Ebd., S.58ff.

22 Dietmar H. Lamparter, Hanseatische Melange, in: *Zeit Online*, 20. Dezember 1996.

23 *100 Jahre Jacobs Kaffee*, S.60.

24 Günter Wallraff, Brauner Sud im Filterwerk, in: ders., *Neue Reportagen, Untersuchungen und Lehrbeispiele*, Reinbek 1974, S.7–29.

25 Hempe, *100 Jahre Melitta*, S.110f.

26 Alms / Pölking-Eiken / Sauerbier, *100 Jahre Jacobs Café*, S.47.

27 Volker Wünderlich, Die » Kaffeekrise « von 1977. Genussmittel und Verbrauch-erprotest in der DDR, in: *Historische Anthropologie*, 11/2003, S.242f.

28 Röstfein Kaffee (Hg.), *Hundert Jahre röstfeiner Geschmack*, Magdeburg 2008, S.9–13.

29 Wünderlich, *Kaffeekrise*, S.241f.

30 Paul Gratzik, *Transportpaule, oder wie man über den Hund kommt*, Berlin 1977, S.45, zit. n.: Wünderlich, *Kaffeekrise*, S.244.

31 Wünderlich, *Kaffeekrise*, S.247.

32 Ebd., S.253–57.

33 Röstfein Kaffee, *Hundert Jahre röstfeiner Geschmack*, S.20.

34 Ebd., S.60f.

35 Vgl. hierzu: Kaffeeröster führen barbarischen Wettbewerb, Interview mit Albert Darboven, in: *Handelsblatt Online*, 5. November 2009.

36 Lamparter, *Hanseatische Melange*.

37 Hohe Geldbußen gegen deutsche Kaffeeröster, in: *Welt Online*, 21. Dezember 2009.

参考文献

已出版原始资料

A Voyage to Arabia Fœlix through the Eastern Ocean and the Streights of the Red-Sea, being the First made by the French in the Years 1708, 1709, and 1710, London 1710.

Bacon, Francis, Neu-Atlantis, in: Der utopische Staat, hg. v. Klaus J. Heinisch, Reinbek 2005, S. 171–215.

Beckingham, C.F. / Huntingford, G.W.B. (Hgg.), The Prester John of the Indies. A True Relation of the Lands of the Prester John being the Narrative of the Portuguese Embassy to Ethiopia in 1520 written by Father Francisco Alvares, 2 Bde., Cambridge 1961.

Blixen, Karen, Afrika. Dunkel lockende Welt, 17. Auflage, Zürich 1989.

Bowrey, Thomas, A Geographical Account of Countries Round the Bay of Bengal, 1669 to 1679, hg. von Richard Carnac Temple, Neudruck der Ausgabe von 1905, Neu Delhi 1997.

Burton, Richard Francis, First Footsteps in East Africa. Or, an Exploration of Harar, London 1856.

Douwes-Dekker, Eduard (Multatuli), Max Havelaar. Oder die Kaffeeversteigerungen der niederländischen Handelsgesellschaft, 2. Auflage, Köln 1993.

Krapf, J. Lewis, Travels, Researches, and Missionary Labors, during an Eighteen Years' Residence in Eastern Africa ..., Boston 1860.

Lenz, Siegfried, Jütländische Kaffeetafeln. Mit Illustrationen von Kirsten Reinhold, 3. Auflage, Hamburg 2009.

Lettsom, John Coackley / Ellis, John, Geschichte des Thees und Koffees, Leipzig 1776 (Neudruck: Leipzig 1985).

Montesquieu, Charles de, Perserbriefe, übers. von Jürgen von Stackelberg, Frankfurt am Main 1988.

Müller, Johann Christian, Meines Lebens Vorfälle und Neben-Umstände, Bd. 1, hg. von Katrin Löffler und Nadine Sobirai, Leipzig 2007.

Niebuhr, Carsten, Beschreibung von Arabien. Aus eigenen Beobachtungen und im Lande selbst gesammelten Nachrichten, Kopenhagen 1772.

Ders., Reisebeschreibung nach Arabien und andern umliegenden Ländern. Mit einem Vorwort von Stig Rasmussen und einem biographischen Porträt von Barthold Georg Niebuhr, Zürich 1992.

Olearius, Adam, Vermehrte Newe Beschreibung der Muscowitischen und Persischen Reyse, Schleswig 1656.

Ovington, John, A Voyage to Suratt in the Year 1689, London 1696.

Poncet, Charles Jacques, A Voyage to Ethiopia in the Years 1698, 1699 and 1700, London 1709.

Runge, Friedlieb Ferdinand, Hauswirthschaftliche Briefe. Erstes bis drittes Dutzend. Mit einem Nachwort von Heinz H. Bussemas und Günther Harsch, Weinheim 1988.

Schoff, Wilfred H. (Hg.), The Periplus of the Erythræan Sea. Travel and Trade in the Indian Ocean by a Merchant of the First Century, London-Bombay-Kalkutta 1912.

[Spon, Jacob], Drey Neue Curiose Tractätgen. Von dem Trancke Café, Sinesischen The, und der Chocolata, [Neudruck der Ausgabe Bautzen 1686, mit einem Nachwort von Ulla Heise], Leipzig 1986.

Woelk, Dieter (Hg.), Agatharchides von Knidos. Über das Rote Meer. Übersetzung und Kommentar, Diss. Phil., Bamberg 1966.

已出版专著和刊物

Alms, Henner / Pölking-Eiken, Herrmann / Sauerbier, Rolf u.a., 100 Jahre Jacobs Café, Bremen 1994.

Bealer, Bonnie K. / Weinberg, Bennett Alan, The World of Caffeine. The Science and Culture of the World's most Popular Drug, New York-London 2001.

Becker, Hans / Höhfeld, Volker / Kopp, Horst, Kaffee aus Arabien. Der Bedeutungswandel eines Weltwirtschaftsgutes und seine siedlungsgeographische Konsequenz an der Trockengrenze der Ökomene, Wiesbaden 1979.

Becker, Ursula, Kaffee-Konzentration. Zur Entwicklung und Organisation des hanseatischen Kaffeehandels, Stuttgart 2002.

Bieber, Friedrich J., Kaffa. Ein altkuschitisches Volkstum in Inner Afrika. Nachrichten über Land und Volk, Brauch und Sitte der Kaffitscho oder Gonga und das Kaiserreich Kaffa, Bd. 1, Münster 1920.

Boller, Markus, Kaffee, Kinder, Kolonialismus. Wirtschafts- und Bevölkerungsentwicklung in Buhaya (Tansania) in der deutschen Kolonialzeit, Münster-Hamburg 1994.

Boueke, Andreas, Kleine Hände ernten Kaffee, in: Mitteldeutsche Kirchenzeitungen, Online-Ausgabe, 6. März 2010.

Boxhall, Peter, The Diary of a Mocha Coffee Agent, in: Arabian Studies, 1/1974, S. 102–18.

Burke, Peter, Städtische Kultur in Italien zwischen Hochrenaissance und Barock. Eine historische Anthropologie, Berlin 1988.

Chaudhuri, Kirti Narayan, The Trading World of Asia and the English East India Company 1660–1760, Cambridge-London-New York-Melbourne 1978.

Clarence-Smith, Gervase / Topik, Steven (Hgg.), The Global Coffee Economy in Africa, Asia, and Latin America, 1500–1989, Cambridge 2003.

Coolhaas, C. / de Fluiter H. J. / Koenig, Herbert P., Kaffee, [Tropische und subtropische Wirtschaftspflanzen. Ihre Geschichte, Kultur und volkswirtschaftliche Bedeutung, Teil 3, Bd. 2], 2. Auflage, Stuttgart 1960.

Cowan, Brian, The Social Life of Coffee. The Emergence of the British Coffeehouse, New Haven-London 2005.

Cramer, Sibylle, Der Kulturhumorist, in: Die Zeit, 41, 8. Oktober 1993, S. 18.

Darboven, J. J. (Hg.), Ein Jahrhundert im Zauber einer Kaffeestunde, Hamburg 1966.

De Silva, K. M., A History of Sri Lanka, London-Berkeley-Los Angeles 1981.

Degn, Christian, Die Schimmelmanns im Atlantischen Dreieckshandel. Gewinn und Gewissen, 3. Auflage, Neumünster 2000.

Desmet-Grégoire, Hélène, Die Ausbreitung des Kaffees bei den Gesellschaften des Vorderen Orients und des Mittelmeerraums. Übernahme und Herstellung von Gegenständen, Anpassung der Sitten, in: Daniela U. Ball (Hg.), Kaffee im Spiegel europäischer Trinksitten. Coffee in the Context of European Drinking Habits, Zürich 1991, S. 103–26.

Desmond, Ray, Kew. The History of the Royal Botanic Gardens, 2. Auflage, London 1998.

Drissner, Gerald, Business mit der Bohne, in: Merian 11/2008, S. 102–8.

Ellis, Markman, The Coffee House. A Cultural History, London 2004.

Essemyr, Mats, Prohibition and Diffusion. Coffee and Coffee Drinking in Sweden, in: Daniela U. Ball (Hg.), Kaffee im Spiegel europäischer Trinksitten. Coffee in the Context of European Drinking Habits, Zürich 1991, S. 83–92.

Fitzen, Florentine, Gesünder Leben. Die Lebensreformbewegung im 20. Jahrhundert, Stuttgart 2006.

Furber, Holden, Rival Empires of Trade in the Orient 1600–1800, Minneapolis 1976.

Garnier, Derick, Ayutthaya. Venice of the East, Bangkok 2004.

Gerhard, Hans-Jürgen, Entwicklungen auf europäischen Kaffeemärkten 1735–1810. Eine preishistorische Studie zur Geschichte eines Welthandelsgutes, in: Rainer Gömmel / Markus A. Denzel (Hgg.), Weltwirtschaft und Wirtschaftsordnung. Festschrift für Jürgen Schneider zum 65. Geburtstag, Stuttgart 2002, S. 151–68.

Glamann, Kristof, Dutch-Asia Trade. 1620–1740, Kopenhagen-Den Haag 1958.

Grühl, Max, Vom heiligen Nil. Im Reich des Kaisergottes von Kaffa, Berlin 1929.

Haarmann, Ulrich (Hg.), Geschichte der Arabischen Welt, München 1987.

Hattox, Ralph, Coffee and Coffeehouses. The Origins of a Social Beverage in the Medieval Near East, Seattle 1985.

Heise, Ulla, Kaffee und Kaffeehaus. Eine Geschichte des Kaffees, Frankfurt am Main 2002.

Hempe, Mechthild, 100 Jahre Melitta. Geschichte eines Markenunternehmens, Köln 2008.

Henze, Paul B., Layers of Time. A History of Ethiopia, New York 2000.

Hochmuth, Christian, Globale Güter – lokale Aneignung. Kaffee, Tee, Schokolade und Tabak im frühneuzeitlichen Dresden, Konstanz 2008.

Jacob, Heinrich Eduard, Kaffee. Die Biographie eines weltwirtschaftlichen Stoffes, [Stoffgeschichten, Bd. 2, hg. von Armin Reller und Jens Soentgen], München 2006.

Jünger, Wolfgang, Herr Ober, ein' Kaffee! Illustrierte Kulturgeschichte des Kaffeehauses, München 1955.

Klingholz, Reiner, Wo die wilde Bohne wächst, in: Geo 1/2003, S. 44–60.

Knefelkamp, Ulrich, Die Suche nach dem Reich des Priesterkönigs Johannes, dargestellt anhand von Reiseberichten und anderen ethnographischen Quellen des 12. bis 17. Jahrhunderts, Gelsenkirchen 1986.

Kopp, Horst (Hg.), Länderkunde Jemen, Wiesbaden 2005.

Krieger, Martin, Kaufleute, Seeräuber und Diplomaten. Der dänische Handel auf dem Indischen Ozean (1620–1868), Köln-Weimar-Wien 1998.

Ders., Geschichte Asiens, Köln-Weimar-Wien 2003.

Ders., Geschichte Hamburgs, München 1996.

Lamparter, Dietmar H., Hanseatische Melange, in: Zeit Online, 20. Dezember 1996.

Lange, Hans / Rothfos, Jan Beernd (Hgg.), Kaffee. Die Zukunft, Hamburg 2005.

Lange, Werner J., A History of the Southern Gonga (Southwestern Ethiopia), Wiesbaden 1982.

Lansard, Monique, Der Kaffee in Frankreich im 17. und 18. Jahrhundert. Modeerscheinung oder Institution?, in: Daniela U. Ball (Hg.), Kaffee im Spiegel europäischer Trinksitten. Coffee in the Context of European Drinking Habits, Zürich 1991, S. 127–43.

Lengerke, Hans J. von, The Nilgiris. Weather and Climate of a Mountain Area in South India, Wiesbaden 1977.

Nahrstedt, Wolfgang, Die Entstehung der »Freizeit« zwischen 1750 und 1850. Dargestellt am Beispiel Hamburgs. Ein Beitrag zur Strukturgeschichte, Diss. Phil., Hamburg 1972.

N.N., Heiß wie die Hölle, in: Der Spiegel, 42/1962, S. 38–56.

North, Michael, Genuß und Glück des Lebens. Kulturkonsum im Zeitalter der Aufklärung, Köln-Weimar-Wien 2003.

Ders., Geschichte der Niederlande, 2. Auflage, München 2003.

Oldenbüttel, Lars, Ludwig Roselius. Kaufmann und Visionär, in: Kraft Foods Deutschland (Hg.), 100 Jahre Kaffee HAG. Die Geschichte einer Marke, Bremen 2006, S. 9–31.

Röstfein Kaffee (Hg.), Hundert Jahre röstfeiner Geschmack, Magdeburg 2008.

Roland, Peter / Reis-Liechti, Myriam / Ruch, Christian, Geschäfte und Zwangsarbeit. Schweizer Industrieunternehmer im »Dritten Reich«, Zürich 2001.

Schilling, Heinz, Höfe und Allianzen. Deutschland 1648–1763, Berlin 1998.

Schimmel, Annemarie, Sufismus. Eine Einführung in die islamische Mystik, 4. Auflage, München 2008.

Schnyder-von Waldkirch, Antoinette, Wie Europa den Kaffee entdeckte. Reiseberichte als Quellen zur Geschichte des Kaffees, Zürich 1988.

Schuerkens, Ulrike, Geschichte Afrikas, Köln-Weimar-Wien 2009.

Schug, Alexander, 100 Jahre Kaffee-Handels-Aktiengesellschaft, in: Kraft Foods Deutschland (Hg.), 100 Jahre Kaffee HAG. Die Geschichte einer Marke, Bremen 2006, S. 33–61.

Schwarz, Friedhelm, Nestlé. Macht durch Nahrung, Stuttgart-München 2000.

Shapin, Steven, Social History of Truth. Civility and Science in Seventeenth-Century England, Chicago 1994.

Teuteberg, Hans-Jürgen, Zur Kulturgeschichte der Kaffee-Surrogate, in: Daniela U. Ball (Hg.), Kaffee im Spiegel europäischer Trinksitten. Coffee in the Context of European Drinking Habits, Zürich 1991, S. 169–99.

Thurman, Judith, Tania Blixen. Ihr Leben und Werk, Reinbek 1991.

Topik, Steven, The Integration of the World Coffee Market, in: William Gervase Clarence-Smith / Steven Topic (Hgg.), The Global Coffee Economy in Africa, Asia, and Latin America, 1500–1989, Cambridge 2003, S. 21–49.

Tuchscherer, Michel, Coffee in the Red Sea Area from the Sixteenth to the Nineteenth Century, in: William Gervase Clarence-Smith / Steven Topic (Hgg.), The Global Coffee Economy in Africa, Asia, and Latin America, 1500–1989, Cambridge 2003, S. 50–66.

Wallraff, Günter, Brauner Sud im Filterwerk, in: ders., Neue Reportagen, Untersuchungen und Lehrbeispiele, Reinbek 1974, S. 7–29.

Wild, Anthony, Black Gold. The Dark History of Coffee, London 2005.

Wintgens, Jean Nicolas (Hg.), Coffee. Growing, Processing, Sustainable Production. A Guidebook for Growers, Processors, and Researchers, Weinheim 2009.

Wünderlich, Volker, Die »Kaffeekrise« von 1977. Genussmittel und Verbraucherprotest in der DDR, in: Historische Anthropologie, 11/2003, S. 240–61.

图片版权说明

图 1：John Coackley Lettsom/John Ellis, Geschichte des Thees und Koffees, Leipzig 1776, (Neudruck: Leipzig 1985), eingelegtes Faltblatt.

图 2、3、5、6: Antoinette Schnyder-v. Waldkirch, Wie Europa den Kaffee entdeckte. Reiseberichte als Quellen zur Geschichte des Kaffees, Zürich 1988, S. 41, 56 und 71.

图 4：Horst Kopp (Hg.), Länderkunde Jemen, Wiesbaden 2005, S. 31.

图 7、8、9、10: Markman Ellis, The Coffee House. A Cultural History, London 2004, zwischen S. 178 und 179.

图 11：Ulla Heise, Kaffee und Kaffeehaus. Eine Geschichte des Kaffees, Frankfurt a.M. 2002, vor S. 129.

图 12：Ralph S. Hattox, Coffee and Coffeehouses. The Origins of a Social Beverage in the Medieval Near East, Seattle/London 1985, nach S. 52.

图 13、14、17: Kraft Foods Deutschland (Hg.): 100 Jahre Kaffee HAG –Die Geschichte einer Marke, Bremen 2006, S. 46, 58 und 59.

图 15、16: Mechthild Hempe, 100 Jahre Melitta. Geschichte eines Markenunternehmens, Köln 2008, S. 102 und 117.

图 18：Siegfried Lenz, Jütländische Kaffeetafeln. Mit Illustrationen von Kirsten Reinhold, 3. Auflage, Hamburg 2009, S. 9.

图 19、20: Reiner Klingholz: Wo die wilde Bohne wächst, in: Geo. Das Reportage-Magazin, Heft 01, Januar 2003, S. 48 und 51.

索　引

（索引中页码为德文版页码，即本书页边码）

人名

图书在版编目（CIP）数据

杯中的咖啡：一种浸透人类社会的嗜好品 / (德)
马丁·克里格 (Martin Krieger) 著；汤博达译. -- 北
京：社会科学文献出版社，2022.12
（思想会）
书名原文：Kaffee: Geschichte eines
Genussmittels
ISBN 978-7-5228-0462-0

Ⅰ. ①杯…　Ⅱ. ①马…②汤…　Ⅲ. ①咖啡-文化史
-世界　Ⅳ. ①TS971.23

中国版本图书馆CIP数据核字（2022）第129329号

审图号：GS（2022）4208号

思想会

杯中的咖啡：一种浸透人类社会的嗜好品

著　　者 / 〔德〕马丁·克里格（Martin Krieger）
译　　者 / 汤博达

出 版 人 / 王利民
责任编辑 / 刘学谦　陈旭泽
责任印制 / 王京美

出　　版 / 社会科学文献出版社·当代世界出版分社（010）59367004
　　　　　　地址：北京市北三环中路甲29号院华龙大厦　邮编：100029
　　　　　　网址：www.ssap.com.cn
发　　行 / 社会科学文献出版社（010）59367028
印　　装 / 南京爱德印刷有限公司

规　　格 / 开　本：889mm×1194mm 1/32
　　　　　　印　张：9.75　插页：0.375　字　数：229千字
版　　次 / 2022年12月第1版　2022年12月第1次印刷
书　　号 / ISBN 978-7-5228-0462-0
著作权合同
登 记 号 / 图字01-2021-7586号
定　　价 / 88.00元

读者服务电话：4008918866